国家自然科学基金项目（项目号：51678126）
东南大学校级教材建设项目

建筑城市 城市建筑设计实务

Building the City

Urban Architecture Design and Practice

唐　斌　著

东 南 大 学 出 版 社 · 南 京

内 容 提 要

本书的内容按照现象认知、科学诠释、分析与操作及运作组织四个方面展开。其中第一部分从现象和学理层面讨论了当代建筑与城市之间的互动关系，并从形态与功能两个维度进一步讨论了这种相关性的问题；第二部分提出了建筑城市性的基本概念与模式建构，是全书论述的理论核心；第三、四两部分分别从功能和形态两个具体方面探讨了基于城市建筑与城市系统互动性的分析方法和设计策略，是方法层面对建筑城市性理念的运用基础；第五部分探讨了城市建筑的设计管控、组织与运作方法等相关问题，紧扣城市规划、城市设计的相关性，是操作层面的一种应对。

本书适于建筑学、城市规划专业的师生以及建筑设计从业人员和城市规划管理人员阅读、参考。

图书在版编目(CIP)数据

建筑城市 :城市建筑设计实务 / 唐斌著. -- 南京 :
东南大学出版社，2020.10

ISBN 978-7-5641-9141-2

Ⅰ. ①建… Ⅱ. ①唐… Ⅲ. ①城市规划-建筑设计
Ⅳ. ①TU984

中国版本图书馆 CIP 数据核字(2020)第 189800 号

书　　名：建筑城市——城市建筑设计实务
JIANZHU CHENGSHI—CHENGSHI JIANZHU SHEJI SHIWU
著　　者：唐　斌
责任编辑：魏晓平
出版发行：东南大学出版社
社　　址：南京市四牌楼 2 号　　邮编：210096
出 版 人：江建中
网　　址：http://www.seupress.com
电子邮箱：press@seupress.com
印　　刷：江阴金马印刷有限公司
经　　销：全国各地新华书店
开　　本：889 mm×1194 mm　1/16
印　　张：12.75
字　　数：352 千字
版　　次：2020 年 10 月第 1 版
印　　次：2020 年 10 月第 1 次印刷
书　　号：ISBN 978-7-5641-9141-2
定　　价：58.00 元

序　言

城市建筑设计实务(Urban Architecture Design and Practice)既是一本针对城市设计实务课程的教材,也是一本学习建筑设计、开拓建筑设计视野的参考书。

随着城市越来越走向系统的复合,系统的复杂性越来越强,当代对于城市建筑的理解和设计操作,远远超出其本体的范畴,而与城市系统以及系统中的相关元素产生越发强烈的关联性。在完整的建筑学知识构架中,空间、功能与形态只是其中的内核,一旦脱离具体的城市环境,内在自洽的逻辑就会受到质疑和挑战。更为具体的城市环境能从更为宏观的层面给予建筑设计良好的定义。我的博士导师就曾经常提及,一个好的总体往往决定了设计成功的一半,说的就是这个道理。

当城市的系统性走向复杂,传统的建筑学理论和方法是否还能为建筑设计操作提供有力的支撑,是当下值得讨论的问题。在现代建筑师职业产生之前,建筑的产生是在各种“规则”限定下的自觉或非自觉行为,具有一定的自组织性。所以理解城市建筑产生了另一个有意义的词性变化——建筑城市。简单的词序调整背后,实际上揭示了一种城市生长过程。在该过程中至少可以解读出一种建筑学针对大尺度城市问题的方式:小尺度与渐进性,在过程中产生出系统,并受到系统的约束和调控。这是与从宏观出发的系统性建构所不同的理解。在城市化发展到一定的程度时,城市系统的复杂性成为城市最重要的特征之一,而建筑学的视角无疑提供了一条解决系统复杂性问题的有效途径。一方面这是因为建筑学自身带有的微观属性,在复杂系统论的语境下与城市系统建构有着直接的相关性,另一方面也促成了建筑学自身内涵与外延的扩展。正如库哈斯在普利策奖的获奖感言中所说,这是下一个五十年建筑学保持自身存在和发展的必由之路。

建筑学近代的发展中通过学科的分化形成了规划、建筑、景观等不同的学科领域,这是科学发展的一种趋势,但也存在着一定的问题。人为的学科拆分使得学科之间的相关性也在剥离,产生了诸如规划学生缺乏三维空间的操作能力,建筑学生对城市理解得抽象等不可避免的现象。或许专业分工的趋势不能回归到原本的统一学科构架之下，但至少对建筑学而言，具备城市意识，是建立完整的知识构架不可回避的方面；合理运用建筑学的方法也能够处理城市中的大尺度问题；同时建筑学的方法不同于城市规划视角，自下而上是其最为本质的特征，在实现了建筑本体的同时也完成了对城市系统的建构。

在这种理解框架下，建筑设计就与城市设计产生了内在的必然联系。正如王建国院士所言，当我们推开窗户，看到的一切都属于城市设计的范畴。建筑设计理应属于城市设计的某个微观方面。但城市设计"设计城市而不设计具体建筑"的内在表明，城市建筑的设计不是简单地等同于微观层面的城市设计，可视为对城市设计所做的地块导则的具体化。同时建筑设计也可通过对原有城市设计的优化提出有益的反馈，而呈现一种互动性。建筑设计就成为自下而上的一种城市设计和由外而内的建筑设计操作的合体，在受到城市系统性与建筑内在逻辑检验的同时，也回应着城市相应功能、形态等方面的设问。双向的过程伴随着建筑设计概念的生成与操作发展，指向建筑在对应场地中楔入的有效性。

城市建筑之所以能够具备超出于本体之外的作用效能，在于在城市系统中微观组成要素的构成机制。在复杂系统论中有着局部之和大于整体的基本判断，推演于城市，就是由微观的建筑或建筑群组之间的相互关系而产生的瞬时性特征决定了城市系统运作的状态。建筑城市性(Architecture Urbanism)就是揭示这种互动作用内在机制的途径。在复杂的城市系统下，需要寻求一种新的解读方法或操作方式来解决城市系统的微观建构问题。基于元胞自动机(CA)和神经网络的建筑城市性研究方法具备这样的可能。作为联系建筑与城市的桥梁，建筑城市性并非一个建筑属性的新定义，而是在重新认识到建筑与城市互动关系之后对建筑学语境的回归，既是一种诠释方法，也是一种操作途径。

本书的内容框架按照现象认知、科学诠释、分析与操作及运作组织四个方面展开。这符合科学研究的基本论述结构，也与人们对城市与建筑问题的理解相关。其中第一部分从现象和学理层面讨论了当代建筑与城市之间的互动关系，并从形态与功能两个维度进一步讨论了这种相关性的问题；第二部分提出了建筑城市性的基本概念与模式建构，是全书论述的理论核心；第三、四两部分分别从功能和形态两个具体方面探讨了基于城市建筑与城市系统互动性的分析方法和设计策略，是方法层面对建筑城市性理念的运用基础；第五部分探讨的城市建筑的设计管控、组织与运作方法等相关问题，紧扣城市规划、城市设计的相关性，是操作层面的一种应对。

本书的基础研究在笔者的博士阶段完成，基于笔者在多年的教学与实践中对书中的理念和方法的不断检验和调整，完整的成果历经多年而出版。对于庞大而系统的城市建筑设计理论与方法知识构架而言，本书也是一家之言。在编写过程中难免有缺陷与错误存在，望广大师生与读者批评指正，以期本书能作为具有实效性的教学与设计参考，为当下中国的建筑设计与创作提供一定的指导性。

本书的编写得到国家自然科学基金项目（项目号：51678126）和东南大学校级教材建设项目经费支持，在此表示感谢！

唐　斌

2020 年 5 月于南京

目 录

1 当代城市与建筑

“城市建筑包含两种不同的意义：一方面，它表明城市是一个巨型的人造物体，一种庞大而复杂且历时增长的工程和建筑作品；另一方面，它指城市某些至关重要的方面即城市建筑体，其特征和城市本身一样，是由它们自身的历史和形式来决定的。在这两种意义中，虽然建筑只能反映复杂和庞大的实体或结构的某一方面，但作为这种实体或结构的最终和确定的事实，建筑却构成了讨论问题的最为具体的实际出发点。”

——阿尔多·罗西

1.1 城市建筑认知的两个维度

城市建筑是指在城市中各种视觉、物质、体量、形态、经济、信息和交通等关系下存在的空间实体，它除了满足自身功能和形态的需求之外，还应对城市各种关联做出回应。在阿尔多·罗西(Aldo Rossi)所定义的两种意义中虽然建筑只能反映复杂和庞大的实体或结构的某一方面，但作为这种实体或结构的最终和确定的事实，建筑却构成了讨论问题的最为具体的实际出发点[1]。

因此，对于城市建筑的认知与解读应基于两个不同的层面：当今的城市维度和当代建筑的发展维度。

1.1.1 城市是“一张网”

随着经济全球化与信息网络化，城市结构呈现网络化的趋势。其特征在于小范围有机分散的同时，大范围的网络中心形成空前的集中。与传统意义的中心地概念相比，网络系统的城市集中显示新的结构特征(表 1.1)。

表 1.1 网络系统城市集中的新的结构特征

	中心地体系	网络体系
属性	中心性	结节性
规模	规模独立	规模中立
趋势	趋于首位性与从属性	趋于弹性与互补
功能	相似性商品与服务	个性化商品与服务
可达性	垂直可达性	水平可达性
流态	单向流为主	双向流
成本	运输成本	信息成本
竞争方式	完全竞争	价格歧视的不完全竞争

来源：城市空间有机集中规律探索，城市规划汇刊，2000(3)，p47-60

按照瑞士学者弗朗茨·奥斯瓦德(Franz Oswald)和彼得·贝克尼(Peter Baccini)在《大都市设计方法：网络城市》(*Netzastadt: Designing the Urban*)中的定义，网络城市有三个基本组成部分：节点、连线、边界。其中节点代表了人口、商品及信息的高密集地区；连线代表了两个节点之间人口、商品和信息的流动;边界指城市网络的空间、时间或结构的划分。边界具有两方面的内容:其一,它是地理学上的划分(建立在不同的标准之上,如政治、经济、地形等),经过一段特定时间,这些城市元素组成的系统具有开放性,系统内部的节点与系统外部的节点互相连接,可以与它边界以外的地方进行人、商品和信息的交换。其二,边界与规模的选择互相联系,网络城市模型按城市系统中经济和政治的组织结构,分为住宅、当地单元、社区、地区、国家五个不同的层次等级(图 1.1)[2]。在网络城市中,每个等级的网络都可以作为下一等级网络中的节点,同样每个等级的网络节点又可以转化为上一级的网络(图 1.2)。

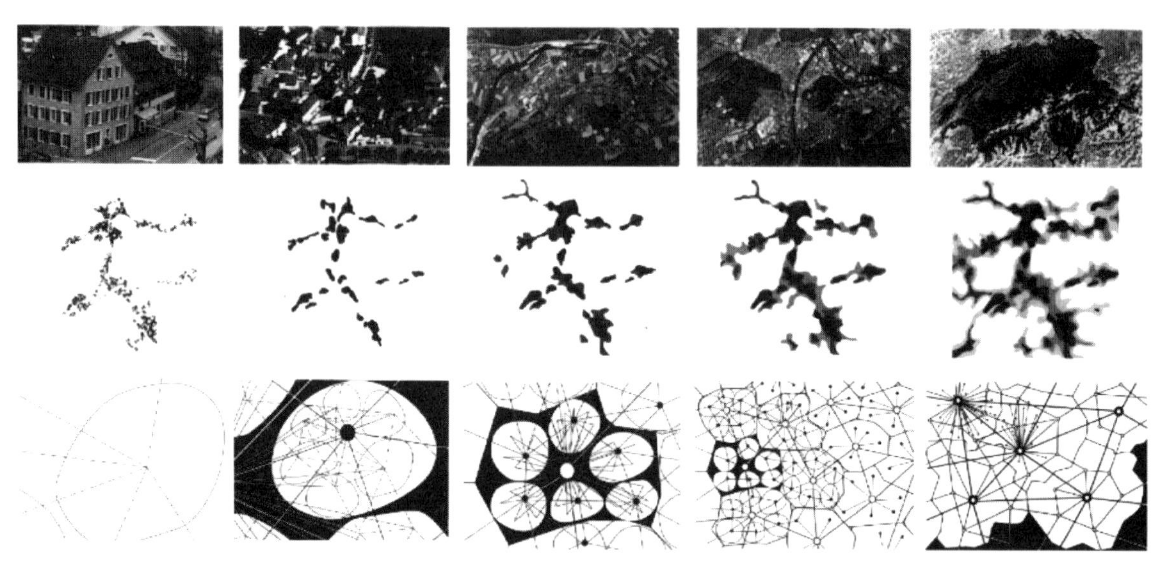

图 1.1　网络城市模型的五个层级
来源:大都市设计方法:网络城市,2007,p46、47

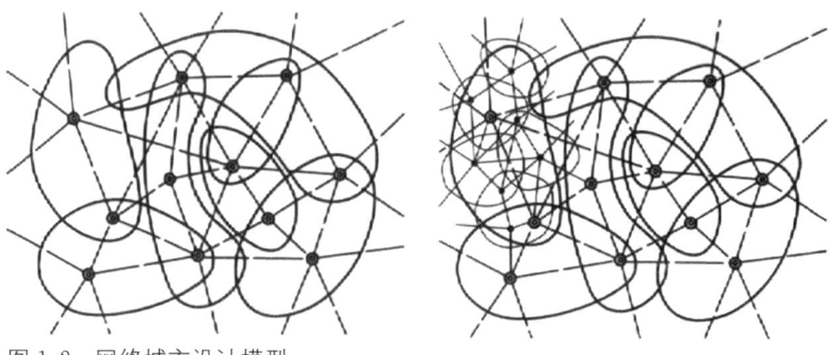

图 1.2　网络城市设计模型
左图为节点和连线的跨边界的网络,右图为三种大小等级的节点和连线
来源:大都市设计方法:网络城市,2007,p45

网络城市有开放性、非平衡性、非线性和内部涨落等耗散结构特征[3]。

开放性是指在城市网络中的每个元素并非封闭的个体,与网络中不同层级内的其他元素存在多样性的系统关联和流动关系,呈现出动态特征,元素之间物质、信息、能量的流动使得城市系统远离平衡态。

非平衡性是指在网络城市中,由于节点的存在,使得城市中的物质、信息相对集中,与城市其他地区形成一定的"势能差"。非平衡性的存在为城市网络中元素之间"流"的形成、城市系统的动态演进提供了可能。非线性是指在网络城市中,元素的变化不是单一因素影响的结果,而是多重因素影响的叠合,这些因素不以空间距离为参照,可以跨越物理空间实现元素间的互动。同时,元素的演化具有"蝴蝶效应",通过元素之间的相互作用产生连锁反应,导致城市系统的多样性和不确定性。

城市系统的开放性、非平衡性和非线性促使城市网络中"涨落"的形成。涨落维持在一定的范围内,系统通过自组织进行"自愈",而超出一定的范围则会导致系统的失衡,走向崩溃或向新的组织结构转化。

因此,在网络城市中,开放性是根本,非平衡性与非线性是基本原则,涨落是其演化的方式和结果。

1.1.2 网络城市下的城市建筑

城市作为一个复杂的巨型系统,对其结构模式的研究历经了不同的过程。在树形结构模式下,强调城市系统分成各个层次,要素属于且仅属于某个城市局部,局部属于城市整体,城市呈绝对的等级化发展,弱化要素之间与上下级层级之间的有机联系。克里斯托弗·亚历山大(Christoper Alexander)提出的半网络结构模式在理论上更符合城市生活复杂有机的本质,更准确地反映出城市的真实结构。在这种模式下,在城市的大系统中要素与要素之间、层次与层次之间有着种种的交叠。个体既是满足其自身的存在,又为上级层次提供支撑(图 1.3)。

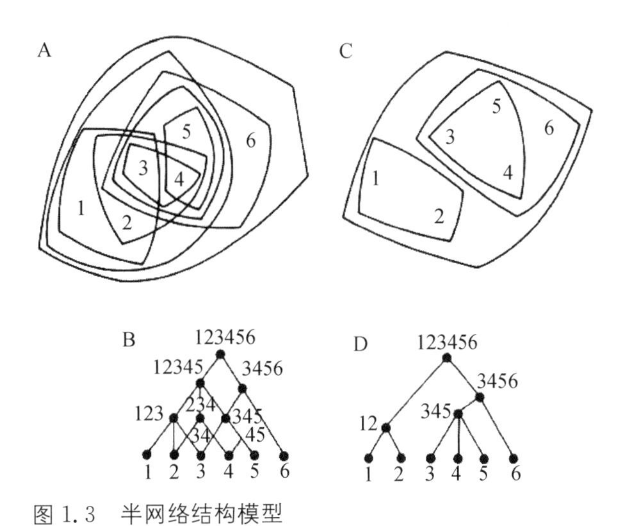

图 1.3 半网络结构模型

1.1.3 城市建筑:城市系统中的局部

在网络城市中,城市建筑与城市的关系犹如腧穴和人体,城市建筑的设计与运作对于城市而言,如同针灸对肌体的关联作用,追求城市总体秩序下动态的平衡。借助于传统中医的跨学科研究手段,为在当今网络型城市背景下探讨城市的局部与整体问题,建立由外而内的建筑设计策略,以及自下而上的城市设计策略提供了一个新思路。

现代中医学研究表明,人体的穴位在解剖结构上与骨膜、动脉壁和神经鞘膜相关,通过针灸的刺激,能够促进人体局部的能量、物质代谢,并由于腧穴的"良导性"和经络系统的传输,激发远端对应脏器的应激功能而产生医治效果。针灸的局部用具有如下的特征:首先,这种作用机制具有层级性,既可以通过对局部部位的刺激,改善其周边组织的生理特征,也可以通过经络的传输对肌体内在的机能产生远端作用,还能间接地作用于人体的机能调节，对健康有利；其次，针灸的治疗效果因所选腧穴的不同而不同，在治疗中首选与内在病症相关经络路径上的穴位，才能实施有效的治疗；再者，腧穴的双重良性调整功能能使肌体产生激发与抑制的双重作用，不是以作用的方式作为评定的准则，而是看其作用的结果是否有助于肌体整体秩序的平和；最后，针灸的局部作用是一种可以调节的医治手段，其目的是保持人体的平衡，对实症采用泻法，对虚症采用补法。

首先，城市建筑对城市环境的契合实际上是与其他城市相关元素的有机关联，这种关联是多重联系的叠合，呈现层级化的特征，既能对其周边环境做出反馈，又能对更大范围的城市环境做出反馈，其关联作用的辐射面根据城市建筑与城市环境在功能、形态的"势能差"分为街区—地段级、跨街区—分区级和城市级几种。各种层级的关联性共时存在，在同一时空背景下对建筑的基本城市属性做出限定和描述。

其次，城市建筑功能与形态辐射力的大小来自两个方面：一方面由建筑自身的性质决定，另一方面由所处的空间特性所决定。寻求城市建筑与城市环境的契合，就必须对相应的城市环境做出分析，找出其在城市关联网络中的正确定位，只有针对性的设计策略与方法才能使设计的最终成果达成与环境的深层次融合。

再者，城市建筑在城市环境中的楔入过程中，其对所处的城市环境具有催化和受控两种相反的作用方式。催化作用是通过城市局部的改造或者将新的建筑楔入产生连锁反应，带动周边地区的发展和面貌的改善，表现为城市景观环境的重整、城市生机的激活。受控作用是指新的建成环境不能动摇和改变原有的城市功能、形态秩序，新建筑遵循城市旧有的秩序和逻辑，强调在城市整体环境协调下的自觉性约束。两种作用方式无所谓优劣，需要根据项目性质的不同以及城市环境的差别，做出相应的决策。

城市建筑在城市网络中作用的范围和所处的等级并非固定不变，通过调整，城市建筑能够强化或削弱对城市系统的作用能力。这种调整必须建立在对城市环境、建筑项目的综合研究基础上。如同针灸的补、泻，采用不同的设计策略，寻求对城市的合理楔入。

1.2 学理层面的城市建筑学理论

维基百科指出，Architecture 源于拉丁语 Architectura，最早可追溯至希腊语 αρχιτεκτων，意为伟大的构筑物（Master Building），是设计构筑物与结构物的艺术和科学。更为宽泛的定义包含从家具设计的微观层面直至城市规划、城市设计、景观设计的宏观层面。Architecture 的现代定义大大超出我们通常所说的"建筑"范畴，指创造一种真实的，或者臆想的复杂物体或系统，可以是诸如音乐或数学这样纯粹的抽象物，也可以是生物细胞结构这样的自然物，或者软件、电脑之类的人造物，意为"构架"。在通常的使用中，Architecture 可以视为一种由人和某种结构或者系统之间关联的客观图谱，它揭示了这种系统中各元素之间的关系。

根据维基百科的定义，建筑有两种不同的概念指向。狭义的建筑是人与建筑物的范围；而广义上建筑的本质是人所创造的环境。同时，建筑与其周边其他城市元素之间存在复杂的互动关系，这种错综复杂的关系网络构成了描绘建筑真实作用的文本。建筑究其本质而言具有系统的特质，对于城市建筑的理解与建构必须基于城市系统的背景。

1.2.1 基于形体秩序的城市建筑理论

基于形体秩序的城市建筑理论以卡米罗·西特(Camillo Sitte)的《城市建设艺术》为代表。西特通过对希腊、罗马、中世纪和文艺复兴时期优秀建筑群体的考察，提出了以确定的艺术方式来指导城市建设的原则。他总结了中世纪城市空间艺术的有机、和谐特点，强调了城市空间要和自然环境相协调。通过对城市空间中各构成要素相互关系的探讨，西特强调人的尺度、环境的尺度与人的活动及其感受之间的关系。在城市空间艺术创造中，西特认为自由灵活的设计、建筑之间的相互协调、广场和街道所组成的围护空间是建立城市形体秩序的基础。西特的观点得到了伊里尔·沙里宁(Eliel Saarinen)的推崇，他认为大到城市，小到工艺品，都是体形环境的一部分，都要讲求形体秩序。城市应该具有自然生长出来的有机性，这是城市规划与设计共同遵循的规律。

这一时期的城市建筑实践还体现在奥斯曼的巴黎改造和美国的城市美化运动。二者的出发点都在于通过大规模的城市改建，还原一个理想中的城市空间秩序。这种观点认为，城市建筑的价值在于维护并完善城市形体秩序的整体性，个体的形象并不重要，退为城市的背景，其组合而成的风格与样式统一的才是城市艺术价值的最终体现(图 1.4)。

图 1.4　巴黎城市景观

来源:城市的形成:历史进程中的城市模式和城市意义，2005，p245

基于形体秩序的城市建筑理论在处理建筑与城市的关系上是典型的从局部到整体方式，但这种形体秩序的前提在于人们对其倡导的理论与城市整体艺术风格的广泛认同。在此基础上，无论是渐进式的城市发展，还是“暴风骤雨”式的城市改造都需要保持其建筑风格上的统一，并无损于城市整体秩序的完整。因此，虽然这种理论有着微观的主题和操作方式，却建立在“城市精英”建构的“形态决定论”的宏大背景之下，其实施的成效取决于城市各方面合力的方向是否一致。从系统的角度而言，只针对城市表面形态，而没有深入城市的内在机制，从而较少具备系统化建构的实质。

1.2.2 基于一般系统论的城市建筑理论

从系统论的视角审视城市建筑，其意义不在于自身功能与形态的完善，而在于与其他建筑之间和城市整体结构体系之间的关联。约翰·O. 西蒙兹(John O. Simonds)就指出，依据教条公式设计的建筑和依据简单集合学进行的场地规划是注定失败的[4]。1960 年代以来，系统哲学为诸多建筑理论处理城市局部与整体的关系奠定了基础。

1) 结构主义的城市、建筑观

经典现代主义理论中，各个建筑按其功能特征的不同而相互独立，彼此之间缺乏必要的联系。1959 年的国际现代建筑协会(CIAM)大会上，以路易斯·康(Louis Kahn)、丹下健三(Kenzo Tange)和“十次小组”(Team X)为首的一批建筑师对这种理论提出了尖锐的批判，本次会议也被认为是结构主义的开端。在他们看来，结构主义不同于功能主义，是将空间视为城市整体系统中的构成元素，注重对构成社会与形式的结构体系研究。建筑形式不是简单的功能反映，而是由构成元素的组织法则来决定。也就是说，系统的结构决定着建筑的形式。对于城市建筑而言，通过这种结构化的构造方式，以建筑单元的组合能够形成对城市整体形态产生呼应的空间形式。结构主义中的“结构”意指事物的整体关联，即表象背后操纵全局的系统与法则。

结构主义的代表人物谢德拉克·伍兹(Shadrach Woods)通过一系列的创作实践表达了对建筑与城市关系的关注，并将其归纳为“对系统性的追求”。其基本的设计语言表现为“茎”和“网络”的概念。“茎”是一种基于线型活动的城市范式，没有尺度限制的简单线型结构能够在适应具体场地条件的同时对增长和改变做出回应；同时作为人群活动、交往的主要场所，它能将与住宅、交通和服务有关的活动纳入其中。在柏林自由大学扩建竞赛中，“网络”的概念由四条平行的主走廊和横向廊道构成，在简单的框架下根据项目设定的要求容纳不同使用空间，形成复杂的开放空间(图 1.5)。

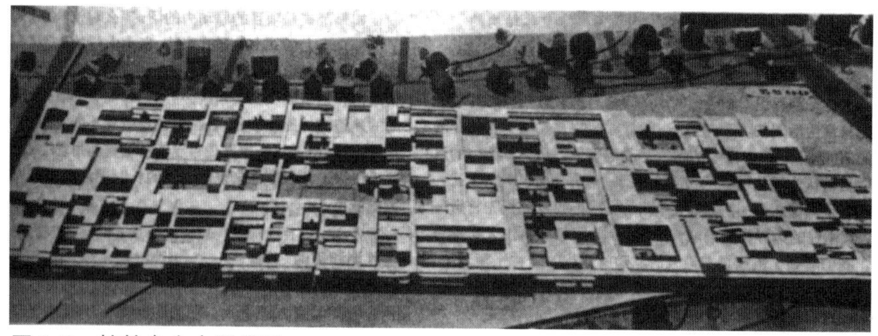

图 1.5　柏林自由大学模型
来源：城市设计手册，2005，p239

2) 文脉主义城市建筑观

强调城市中的文脉，对建筑而言就是强调个体建筑是城市整体空间的一部分，注重建筑与城市环境在视觉、心理、环境上的沿承、连续。它在共时性和历时性上维系着城市与建筑的相互关系，使之达到有序的状态。文脉主义在两个层面上解决了建筑与城市的协调性：在建筑层面，文脉主义强调建筑的物质形态与城市整体环境的一致，通过形体、空间、装饰及细节的处理对城市环境中的相关要素进行复制和转译，使其达到与周边建筑某些方面的连续；在城市层面，强调建筑空间与形态组织与城市空间结构的耦合，反映新建筑对于城市肌理上的契合。后一层面的意义更能体现文脉主义建筑观的深刻内涵。

柯林·罗(Colin Rowe)在《拼贴城市》中就认为重塑城市肌理是建立在对现代主义建筑反思之上的基本原则。通过图底分析，他认为现代主义建筑的城市是一种实体的城市，现代主义建筑以建筑实体作为空间的核心，使城市空间成为空间切割后的"边角料"；而传统城市属于肌理的城市，在城市空间的处理上是现代主义空间概念的倒置。面对当今日益复杂化的城市现状，勒·柯布西埃(Le Corbusier)倡导的"复杂的建筑和简单的城市"观念需要通过"简单的建筑和复杂的城市"方式来应对。因此柯林·罗将拼贴理解为一种将肌理引入实体或者根据肌理产生实体的方法，是一种在当今的情况下"单独或共同应对乌托邦与传统这类根本问题的唯一方法"[5]。

3) 类型学的研究

类型学是研究城市和建筑的有效手段之一。安东尼·维得勒(Athony Vidler)将建筑类型学归纳为三点：继承了历史上的建筑形式，继承了特殊的建筑片断和轮廓，以及将这些片断在新的城市文脉环境中的重组、拼贴。罗西在《城市建筑学》中在对肤浅的功能主义提出批判的基础上，从心理学的角度对"原型"的选择进行了研究。他认为城市是一种艺术文化的集体产物，由时间造就，根植和居住于建筑文化之中，并诞生于集体无意识。建筑类型可以在历史的建筑中获得，通过激起人们对以往生活和建筑片断的记忆而使建筑的形式获得成功。将不同功能的建筑形态转化为在"原型"基础上的变体，有利于将错综复杂的建筑与城市环境统一于"原型"的基础之上，并通过"原型"的一致达成建筑形态的彼此协调。

奥斯瓦德·马蒂亚斯·恩格尔斯(Oswald Mathias Ungers)的原型研究强调从一种形式到另一种形式的转换。相对于罗西寂静的纪念物理论，恩格尔斯的建筑在解释自身的过程中，具有形式的连续变动。在科伦的格林查·休德区的改建方案中，他通过对现有场所的解释来决定设计。借由建成前后一系列照片的对比，恩格尔斯对其转换类型学的主题来源做出了经验主义的分析：建筑概念不仅来自历史条件也来自现实环境。建成的新街区脱胎于旧的城市街区，但利用尺度特征与建筑形式为基础的类型转换形成一个统一而多样化的城市总体规划(图 1.6)。

上述几种建筑理论都具有一个共性，即不将城市建筑视为一种具有独立性的、物质性实体，而是从不同的角度将其理解为城市系统中的基本组成单元，它与系统中的其他单元有着某种联系，从而具有一种系统化的特征。这与经典现代建筑理念有着鲜明的区别。所不同的是，不同的建筑理论有着对这种关联方面的不同解释。在结构主义中，是以建筑的功能和空间作为关联的对象，在文脉主义中以建筑的界面和形式作为关联的对象，而在类型学中这种关联体现为建筑的"类型"。正如同一般系统论自身的局限性一样，这些理论在城市局部与整体的关系上存在着同样的认知局限。无论是结构主义、文脉主义还是类型学研究，都强调作为个体的建筑存在于某种既定的先验组织之下，或是以建立、完善城市系统完

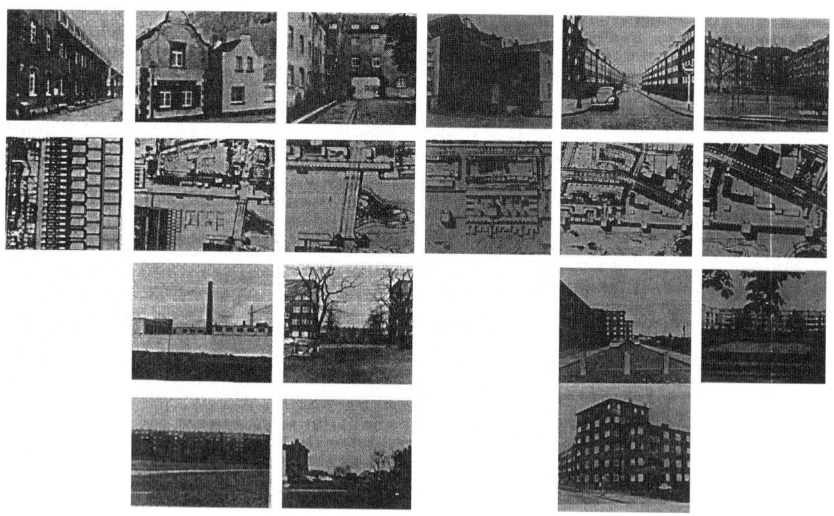

图 1.6 格林查·休得区改建前后的城市环境对比
来源:现代建筑理论,1999,p322

整的内在秩序为目的。城市建筑的存在方式是为了维持或强化这种组织结构的特征。建筑之间的联系限定于系统的同一层面,不存在超越层级之间的相互关联。虽然其后的发展在这些理论的静态观点上有所修正,但在价值的基本判断上仍不能摆脱这种局限性,没有揭示出城市真正的复杂性,全面地体现建筑的城市属性。

1.2.3 基于复杂系统论的城市建筑理论

复杂系统论是一般系统论的延续和发展。"复杂范式"的创立者埃得加·莫兰(Edgar Morin)主张,具体的现实对象都是复杂的,很难对它们的性质做出单一观点的概括。他认为一般系统论强调事物的整体性原则只反映了系统性质的一方面,并提出了"整体小于部分之和"的原则。依据复杂范式的观点,系统中既有整体对于局部的统摄,又存在局部对整体的反馈,这种相互作用的强度决定着系统的特质。当某种局部的力量足以摧毁整体的掌控,系统的结构也将发生根本的改变。双方的相互作用所形成的动态关系构成了世界的真实。

在城市中,城市系统对于建筑个体的限定只是一种相对的静态,而建筑之间以及建筑与城市系统之间的关联才是城市建筑真实作用所在。在这方面,城市建筑理论向两个相关的方面发展:其一是基于城市系统的复杂性建构,注重相对于静态的复杂城市系统生成;其二是将视角聚焦于城市系统的微观结构,注重局部对城市整体的作用和反馈。

1)亚历山大的相关研究

亚历山大在《城市并非树形》中对现代城市建筑理论中对复杂性的忽视进行了批判,提出了基于城市系统非线性化的城市半网络结构模型。《雅典宪章》中对城市功能的划分促成对现代城市空间结构体系单一化,这是形成树形结构的根本原因。树形模式强调把城市系统逐级分为各个层次,要素属于并仅属于某个城市局部,局部属于整体,城市呈现绝对的等级序列,形成了个体与群体的分离、个体活动与群体活动的分离以及个体的社会属性与社会整体的分离。当对系统的划分与评价存在两种以上的准则时,系统就呈现半网络结构的特征。在半网络结构的城市系统中,要素与要素之间，层级与层次之间有着种种的交叠，个体既是满足自身的存在，又为上级层次提供支撑。首先，基于半网络结构，我们可以认为，城市作为一个容器，承载着多样性的城市生活，城市空间中功能的交叠与复合符合城市的本质；其次，对城市空间的规划与控制是对各个子系统规划与控制的有机综合；最后，城市系统的多样有序取决于城市与子系统交叠的合理。

在他的一系列著作中，亚历山大采用了两种方法建立一种普适性的规则，来指导城市与建筑的生成。其一是在《建筑的永恒之道》中提出的"无名的特质"，并在随后的《模式语言》中，试图通过建立一系列模式作为构筑城市与建筑的基本图景，将城市问题纳入一种宽松而有活力的规则之中，实现城市环境从微观到宏观的统一。而在《城市设计新理论》以及《秩序的本质》中，亚历山大将这种静态的模式转为一种城市建筑系统内在的动态规则。在他看来，建筑的生成过程与城市空间形态的形成息息相关，二者之间的互动对于城市空间整体性的形成具有重要影响，而整体性是决定城市空间品质最为重要的环节。促使建筑生成的核心规则是在渐进式的发展过程中保持更上一级层次城市空间的整体性。

2）解构主义城市建筑观

解构主义是对结构主义的继承与颠覆。如果说结构主义意在对一切现象都进行一种稳固的、确定的分析，力图建立一个公理式稳定系统和系统秩序的话，那么解构主义则要破除这种罗格斯中心论，否定结构的永恒性，指出结构的建构性。在建筑学领域的解构旨在把建筑的结构逻辑导向多元与边缘，通过置换重新组合，同步更新建筑与文化的关系。在整个文本和分解部分中，通过复杂的转换关系合成不同表达范畴。新建筑在文化、社会、意识和历史现状之中，以新的方法论重新建构一种延伸的过程。这种新的建构不同于其力图消解的系统，是融入了多种价值的复杂系统。因此，在解构主义的观念下的城市与建筑呈现出与以往不同的景象：建筑不再是功能和构图的表现，而是当代的一整套变量生成的过程，诸如空间、事件、游戏、隐喻等不可预料的重构。所有这些与城市密切相关，又非显而易见，是通过一系列的拓扑变形、形象的转置达成。城市与建筑的逻辑被同时解构，两者交融、互变，以同义语出现。空间的内容不再是规划师职业的产物，而是生活本身所发生的事件。

虽然解构主义在一定程度上强调对城市原有结构的颠覆，却正如其先锋人物伯纳德·屈米(Bernard Tschumi)所言，解构的目的不在于摧毁结构，其意义更在于其后建立的一种新结构体系，而这种结构则是基于对城市复杂性充分认识基础上的复杂结构。近年来随着城市自组织研究从规划领域向城市设计、建筑设计方面的渗透，以城市微观层面对整体的作用为对象的研究初显。

3）城市触媒与城市针灸

1989年唐·洛根(Donn Logan)和韦恩·奥拓(Wayne Attoe)出版了《美国城市建筑学：城市设计中的触媒》一书，提出触媒是城市的一个元素，它在城市环境中形成，并反过来塑造城市环境。它的目的是对城市结构进行渐进的、持续的更新。更重要的是，触媒不仅是一个独立的最终产物，而且是推动和指导后续发展的元素[6]。在城市中，无论功能、人文、系统还是形态都不存在理想化的终极。相反,有限、具体和可实现的构想却能激发其他实现更进一步实现的可能,并为之创造条件。而城市建筑就是能够起到这种激发作用的有效手段。城市环境中一个具有触媒效应建筑的楔入,可以用积极的方式提高和转化现有城市元素的价值,并对旧有的元素进行补充和完善。这种过程具有一定的不可预期性,其触发的结果可能同时具有正反两个方面,因此,触媒实际上是一个相对的过程和手段,而不是一种绝对的目标。同时也需要战略性的选择触媒的干预方式和过程来保证这种激发的良性运作。

触媒理论的基本原则包括:以新元素改善周围的元素;以积极的方式强化和改造现有的元素;在理解文脉的基础上保持城市文脉的延续;以优于各部分总和作为评价标准;以战略策划为基础;以具体的针对性为前提保持城市的特色和底蕴。

城市针灸是西班牙建筑师与城市理论家——曼努埃尔·德·索拉·马拉勒斯(Manuel de sola Morales)所提出的关于城市建筑作用于城市系统的新概念。他援引中国传统的中医经络理论和针灸学说,认为城市建筑对于城市肌体同样存在一种类似于针灸的治疗与激化作用。从字面意思而言,城市针灸意味着一种城市局部空间的小尺度的介入,而这种介入的地点和方式对于城市更大地区产生一系列的联动反应,从而增加对城市整体功能和形态的作用力。

肯尼斯·弗兰姆普敦(Kenneth Frampton)曾充分肯定了这一概念的提出,并在《千年七题》中做出了如下的解释,“这种小尺度介入有一系列前提:要仔细加以限制,要具有在短时间内实现的可能性;要具有扩大影响面的能力。一方面是直接的作用,另一方面是通过接触反映并影响和带动周边”。

4) 雷姆·库哈斯的“大”建筑

雷姆·库哈斯(Rem Koolhaas)对城市与建筑的思考很大程度上是站在全球经济与文化发展、融合的基础之上。在《小,中,大,特大》(*S*,*M*,*X*,*XL*)中,库哈斯阐释了“广普城市”(Generic City)的概念,并对大都会可识别性的“必要性”做了探讨。他认为,可识别性来自物质环境,来自历史、文脉、现实。然而大都会的膨胀使这些因素被稀释、淡化。对库哈斯而言,这种趋势是不可避免的,其结果是大量没有历史、中心、特色的“广普城市”的出现。针对这种全球城市发展的趋势,城市建筑在形构与功能方面必将对原有的建筑形态与机能发生根本性的扭转。在各种建筑形态中,库哈斯偏爱“大”的方面。这种大是城市发展的必然,在建筑表皮之下,其内含的空间形成一种巨大的容器,其内容是多重城市生活的映射。因此在库哈斯看来,所谓做建筑,实际就是做城市,而做城市也就是做一个巨大的建筑。在“大”建筑中,表皮不代表内部功能的反映,而其自身也在广普城市的背景之下,无须对城市文脉关系做出必要的回应(图 1.7)。

5) 场域理论

斯坦·艾伦(Stan Allen)提出的场域理论在城市建筑与城市环境关系方面提出了新的见解。这是一种新型的更为开放抽象、更为兼容并蓄地处理建筑产品与环境关系的思想方法,既远离古典主义的纠缠,也不必重蹈现代主义的覆辙。在场域状态的构造中,部分之间的内部规则是起决定性作用的，内部关系决定了场域的行为，场域就是通过错综复杂的具体联系来界定的。场域理论在建构建筑与城市环境的关系方面具有两个重要特征：首先，场域不是静态的实体，形式只是一种可能性，场域中各个实体相互作用的规则是完全局部性的，这种规则叠合的外显是一种液态的表征，是一种局部作用机制的反映；其次，在场域中，局部就是局部，不存在局部服从整体的大形式规则，只有局部与邻近局部之间的小规则，局部的聚合构成整体，局部与整体的关系不是确定的、静态的。在设计中，艾伦强调局部之间的"间隙"的概念，间隙是局部之间联系规则的反映，控制着场域的发展、范围和形式。与屈米的"In-Between"概念类似，间隙空间是建筑师创造流动的、非等级的建筑关系的重点领域，存在着种种不确定性和变化。从某种角度上，场域是从中观的城市视野来看待建筑，它描述了一些类城市的建筑状态，更注重建筑实体之间和内部的关系[7]。

图 1.7 雷姆·库哈斯的"大"建筑

来源：http://www.abbs.com

库哈斯在获得普利策建筑奖的颁奖演说上就表明，"对一切需要概念、结构、组织、实体和形式的事物来说，建筑学已经成为一种占统治地位的象征，有控制权的代名词。在这一重新定义过程的受益人中，只有我们建筑师被排除在外……如果我们不解除自己对真实的依赖，并重新将建筑视作一种思考古老问题的方式，解决从最政治到最实际的问题，如果我们不从永恒中解放自己……建筑学也许将不会持续到 2050 年"。按照库哈斯的见解，当代的建筑学自身的发展正处于内涵与外延被重新定义的时空框架之下。一方面就建筑本体而言，图解、非线性复杂形态等建筑理论从体系内部寻求建筑形态发展的自治；另一方面，对城市建筑的理解和塑造是置于城市的关联网络之中，一种由外而内的生成过程将建筑与城市环境维系在一起，建筑以自下而上的方式渐进地促成城市的生成。

1.3 城市形态学语境下的城市建筑

城市建筑在形态上具有两面性，一方面通过自身形体的塑造，适应其内部功能与空间的要求；另一方面，外在的形态与城市整体的空间形态相关，建筑的形态演变必将投射于城市的形式秩序和空间结构。

1.3.1 城市形态理论的演化

形态学(Morphology)源自希腊语 Morphe(形)和 Logos(逻辑)。城市形态学产生于19世纪,将城市看作有机体,并逐步形成一套城市发展分析理论。在研究内容上,逻辑的内涵与显性的外延共同构成城市形态的整体观。

1980年,意大利地理学家F. 法里内尔(F. Farinell)提出了"城市形态"的三种不同的层次解释:第一层次为城市形态作为城市现象的纯粹视觉外貌;在第二层次中,城市形态也作为视觉外貌,但外表在这里被视为过程的物质产品;在第三层次中,城市形态从城市主体和城市客体之间的历史关系中产生,也就是说城市形态应作为观察者和被观察对象之间关系历史的全部结果。据此层次划分,城市形态学可在三种不同层次上进行定义。

第一层次是对城市实体所表现出来的具体可见物质形态的研究,城市形态学可以定义为城市空间物质形态的描述;第二层次是对城市形态形成过程的研究,城市形态学可以定义为根据城市的自然环境、历史、政治、经济、社会、科技、文化等因素,对城市空间形态特征成因的探究;第三层次是对城市物质形态与非物质形态的关联性研究,主要包括城市各种有形要素的空间布局方式、城市社会精神面貌和城市文化特色、社会分层现象和社区地理分布特征,以及居民对城市环境外界部分显示的人格心理反应和对城市的认知。

第一层次以卡米罗·西特(Camillo Sitte)为代表。西特在1889年出版的《城市建设艺术:遵循艺术原则进行城市建设》一书中,通过对大量欧洲中世纪城镇的广场、街道的研读,主张从城镇的局部平面出发,研究建筑物、纪念物和公共广场之间关系。西特捍卫了符合人的尺度的建筑,倡导用艺术的原则来设计城市。在他的理论中,有一个深刻的信念,就是公共空间作为举行公共生活的聚合点的重要性。在总结了这些城市建设的艺术原则之后,西特以这些原则来分析了一批公共广场群,验证了它们应用的广泛性和普适性。在这种类型下,城市形态学更多的是关注于物质性空间的营造,建筑物与城市空间不再孤立,二者按照美学或某种精巧的配置关系达成空间的统一,并互为背景。第二层次以约翰·弗里茨(John Fritz)和法里内尔为代表,法里内尔强调城市形态具有三种层次关系,空间物质形态,形态的形成过程,以及物质形态与非物质形态的关联,共同形成了解释城镇空间形态的基本维度。弗里茨则以城镇的平面作为研究对象,通过类型学的方式,以空间的形态类型作为研究的路径,解释城镇空间发展的状态与过程。第三层次的城市形态学研究在第二次世界大战后得到了繁荣发展。如杰里米·W. R. 怀特汉德(Jeremy W. R. Whitehand)将城市形态学的界限推进至城市经济学,研究城市与建筑产业动力相互关系;萨韦里奥·莫拉托尼(Soverio Muratoni)以使用类型为基础,将城市理解为建筑类型的历史性演化过程,强调文脉关系的重要性;凯文·林奇(Kevin Lynch)研究了环境行为心理学在认知城市过程中的重要性;简·雅各布斯(Jean Jacobs)基于城市社会学的多样性揭示城市的本质特征,并批判了城市形态功能主义等等。

以上的城市形态学的理论发展反映了从微观、具体到宏观、系统化的发展路径，同时也在不同的理论流派中折射出其中的共性本质，即城市形态不仅仅是整体的描述语境，从其产生的发端开始就烙印着由空间单元形态关系出发的基本特征：以基本物质要素、平面单元及肌理等不同学派的共同点作为学科整合基础。同时，城镇可以通过物质形态的媒介得以阅读：可以通过建筑物及相关的开放空间、地块、街道、城市或区域等不同的尺度上得以理解城市；平面单元或肌理是建筑物与它们相关的开放空间、地块、街道的整合，形成一个连续的整体；城市形态学的未来研究重点在于描述并解释形态产生的特征及根源、形态目的的指定、城市形态的评价。

由此可见，对于城市空间形态的研究无法脱离建筑微观个体的形态建构，城市就是在一个渐进式的过程中从无到有、从小到大发展而来的空间单元的组构方式与特征，在一定程度上定义了城市整体形态的基本方面。

1.3.2 城市形态研究的新方法

在传统的城市形态研究中，图底分析方法成为行之有效的技术手段，但在当代城市中，由于建筑内部空间的竖向叠加、城市公共空间的渗透，或者城市空间的三维构造，已经不能简单地以二维抽象的方式进行概括。同时图底的相互参照在网络化的城市空间中失去了意义，造成了这种方法使用上的失语。这就为城市建筑的形态研究及城市形态研究提出了两个基本命题：

命题 1：城市空间形态的构成不是由单一的模式产生，而是由不同的模式相互叠加、拼合而成，从而形成丰富的城市空间形态特征。

命题 2：每一种形态模式都有其适用的范围和针对的对象，不能用一种模式去解释由另一种模式构成的空间现象，也不能无限扩大某种模式的适用范围，从而导致方法与结果的错位。

在城市形态学的语境中，各种建筑形态设计的生成法则与城市形态之间的关系密不可分，除去通常的建筑设计方法之外，城市设计的分析、研究手段成为行之有效的技术路线。比如王建国教授归纳的物质—形体模式、场所—文脉模式、相关线—域面模式；埃德蒙·N. 培根(Rdmund N. Bacon)在《城市设计》中提出的同时运动诸系统；库哈斯以构造城市的方式构造建筑等都可视为整合局部建筑形态与城市整体形态的方法。其共同点首先在于建筑形态已不是一种相对自为的本体范畴，不仅是内部功能使用的外部显现，而是与其他微观元素一起构成一个相对整体的系统。建筑形态在实现自身空间围合的同时，作用于城市整体的形式秩序和空间结构，促成了更大尺度的形态秩序。同时，这些模式自身也在随着时空的转变而不断扩充作用的范围，既有的建成环境成为后续项目的先决条件，引导其按照空间系统的内在秩序进行空间填补，或者由后续项目产生新的空间秩序，在连续化的空间结构中产生“异质斑块”，形成空间形态的局部拼贴。

当建筑形态的生成融入城市形态的构架之下，建筑形态的设计方法得到极大的拓展。形态的多样必然导致建筑形态分析方法、设计方法的多样，这些方法根植于与之相关的城市形态的理论原型，并在问题的认知、提出、分析及问题的解决等不同层面上体现了逻辑因果关系。同时，随着问题针对性的不同，这种原型化的模式也将随外界条件及对问题认知的发展而不断演化并自我完善。因此，这些方法不是一种常态，需要根据实际状态进行调整，或者引入新的描述手段，对原有的形态模式进行扩展。例如图底方法一般针对二维特征明显的城市环境有效，但对于香港、重庆这样的山地城市，或者城市功能竖向叠加的空间研究缺乏有效性。这时可以通过对局部区段竖向剖切，构造出一种全新的城市图底。在这种图底对比中，能够在三维尺度下清晰地标识出建筑与城市的空间关系。再如某些与城市人流密切相关的建筑，它们与城市空间形态的关系应体现出人流动线的组织脉络，这时就必须以人群行为方式作为建构局部与整体形态特征的基础，从而产生新的形态作用模式。

1.3.3 建筑形态的两面性

城市建筑的形态具有向内和向外的双面性。首先，城市建筑在微观尺度上通过自身功能、空间的组织实现其物质使用的一面，并赋予城市建筑与其功能相适配的空间形体；其次，在宏观尺度上，通过城市建筑之间的形态关系的塑造，成为城市空间形态的有机组成，并由建筑形态与城市形态的相互作用，推动城市形态与结构的演进。

城市建筑的形态与城市空间形态之间的关系是双向互动的，城市整体形态既对局部的形态特征加以限定，同时又受到城市建筑形态特征的引导和激发，城市整体形态在这种交互作用中动态演化而不断发展。城市建筑对城市空间的作用分为引导和受控两种类型，既可以通过其微观形态的串联和并置，延续城市的肌理，缝合破碎的城市空间，使其整体形态趋于完整，也可以通过建筑形态的凸显，推动城市形态与结构的演化。

建筑形态两面性的一个最好例证就是通过某一建筑自身形态的整合作用，重新组织城市中趋向离散状态的各个空间元素，将其纳入一个新的空间体系。这一体系不仅与原有的城市空间环境保持最大限度的兼容，而且赋予其新的意义与内涵。因此，该类型建筑自身具有“空间缝合”的特质，功能不具有绝对的重要性，而是由形态的关联决定城市文脉的连续程度。柯林·罗在《拼贴城市》中对柯布西埃和冈纳·阿斯普朗德(Gunnar Asplund)的建筑作品进行比较，分析了两人思考建筑与城市相互关系的不同出发点。通过对比，可以看出阿斯普朗德通过将建筑作为城市延续的设计原则，表达了其社会延续的理想。以1922年斯德哥尔摩皇家府邸的设计为例，他将新建筑融于老城的肌理，通过空间院落的组织暗示建筑的形体、比例与环境的契合，新建筑以错动的边界与保留建筑形成了空间的互动(图1.8)。通过建筑平面与总平面的对比关系可以看出，在设计中，建筑的局部空间成为“边角料”，而城市空间的完整性得以最大程度地保留。在空间价值取向上，城市街道与广场的完整占据了更为主要的方面，由此产生建筑边角空间的不协调、不完整可通过建筑内部空间的设计进行调配。这与建筑占主导的空间观截然不同，突显了更高空间层级上的价值所在。

由于城市建筑与城市的互动，城市与建筑空间的界面越加模糊，城市

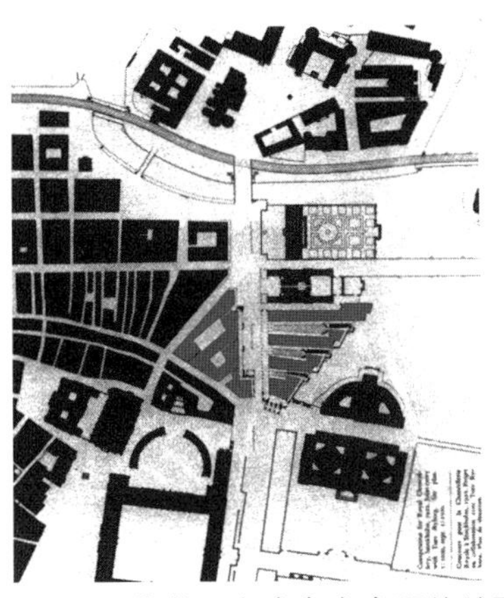

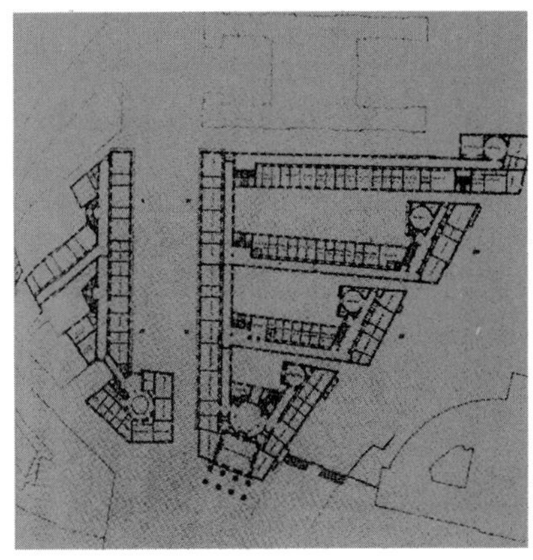

图 1.8 斯德哥尔摩皇家府邸的总平面与建筑平面

来源:拼贴城市,2003,p73

整体结构特征由线性的树形结构向非线性的半网络结构及网络结构过渡,城市建筑的形态关联超出一定的地域限定,在更大的背景下与外界作用。形态的合理性不完全取决于与基地文脉的契合,更在于与城市空间形式秩序与空间结构两方面关联的有效。

1.3.4 再说图底——从传统到当代

首先,图底关系理论是研究城市空间关系的基本手段之一,强调作为实体的城市建筑与作为虚体的城市空间之间比例、形态关系,是一种能较为直接地反映建筑与城市形态关系的方法;其次,图底方法是建筑师常用的研究手段,以此为工具进行剖析较其他方法更易于理解。通过传统城市、现代城市和当代城市图底关系的对比,可以看出城市空间形态的改变,这一改变也反映了城市建筑在城市空间网络中对整体空间形态的作用。

1) 传统城市的图底

1748 年金巴提塔·诺利(Giambattista Noli)绘制的罗马地图(图 1.9)可视为最早的图底分析,而现代图底理论的建立源于美国康奈尔大学罗杰·特兰西克(Roger Trancik)教授在《寻找失落的空间》一书中所提出的关于城市设计的基本理论。图底关系是将形态视觉结构的"图形"与"背景"应用于城市设计领域,研究城市中空间与实体内在规律的方法体系。作为图形的建筑与作为背景的城市空间互为表述的参照,成为剖析城市结构组织的有效手段之一。控制图底关系就是通过增加、减少或变更形体格局来驾驭空间,并建立一种具有层级性的空间形态与组织逻辑构架。

通过传统城市、现代城市图底关系的对比可以清楚地看出,不同时代建筑对城市形态作用的截然不同。当代城市建筑与城市的互动使城市的图底关系趋于分解。

首先,传统城市的空间结构是建立在公共空间的基础之上,作为"图"的建筑与作为"底"的城市空间都具有相对的完整性,而"底"的作用在某些方面较"图"更为重要。为了保证"底"的完整,"图"可以做出一定的牺牲。城市空间中的"碎片"出现在建筑层面而非城市公共空间层面,通过建筑形态变化的转接达成城市空间的互通。其次,传统城市的空间结构具有较强的空间等级,通过不同尺度的广场以及由广场串联的城市街道,构筑了不同层次、等级的空间网络体系,亚历山大视这种空间体系为"树

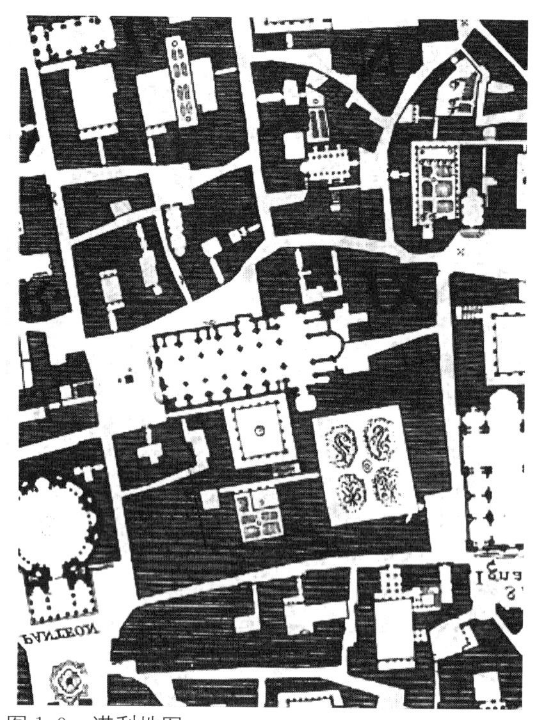

图 1.9　诺利地图
来源：设计与分析，2003，p19

形结构”。最后，城市中的建筑与城市空间有机组合，富于节奏性的空间转换与并置构成城市特有的肌理特征，这种肌理在城市发展的时空变迁中保持基本形态的稳定，新的建筑在既定的模式下填充城市空间，形成城市空间形态的一致化。

2）现代城市的图底

现代城市的图底关系发生了巨大的变化，出于第二次世界大战后大规模重建的社会需要，柯布西埃倡导的现代城市理念得以在全球广泛实施。在 1922 年他的“明日城市”规划方案中，从功能与理性的角度，通过提高城市中心区的密度，将绿地、空间和阳光归还城市。通过柯布西埃对圣·迪耶中心区规划方案(图 1.10)的图底分析，可以看出现代城市空间形态特征与传统城市的差别：

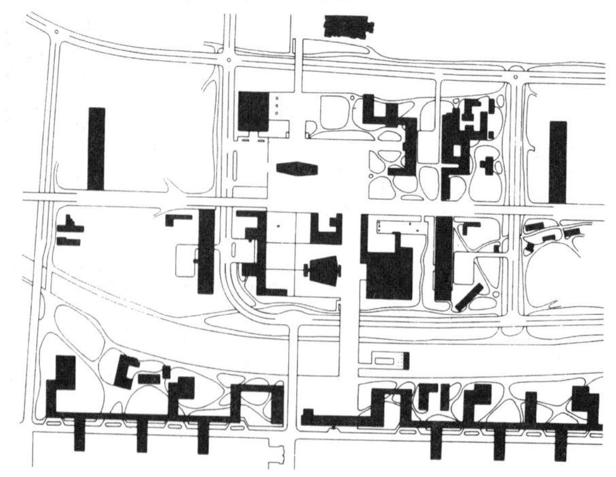

图 1.10　圣·迪耶中心区图底关系
来源：城市设计，1999，p200

•建筑在城市空间中的覆盖率很小，建筑的间距很大，在建筑的周围可以容纳更大活动空间与景观设置，并保证充分的光照条件。

•建筑物的形态各具特征，但形体之间缺乏必要的关联，建筑群组由不同的独立体组合而成，建筑之间不能形成很好的空间围合。

•城市空间虽然表面上处处都有联系，但城市公共空间的形态简单，缺乏相对的完整性，是一种无节制的蔓延。

•城市空间缺乏等级特征，只是功能和使用上差别。

以圣·迪耶中心区为代表的现代城市中，建筑是空间的主宰，具有独立的完整性。而城市空间只是其切割城市空间所剩余的边角料，缺乏完整的特质；从城市公共空间到建筑内部缺乏有机的层次过渡，空间与实体的组织松散；空间的基本规律还是基于树形结构的逻辑，只是空间尺度上以及建筑间距的放大；在建筑形体之间不存在相对固定的模式，形态的控制主要出于设计师的灵感闪现，较少受控于环境的制约，这种形体的操作可置于不同的城市或城市的不同地区，并无限繁殖。现代城市空间形态的这种特征，主要是城市由原来水平向的高密度模式转为垂直向发展的相对松散模式引起的。特兰西克也指出，在这种模式下要想形成文脉连贯整体的城市外部空间几乎是不可能的。

文脉主义的产生一方面是基于对现代主义建筑、城市观念的批判，另一方面是基于当时特定的社会背景。欧美国家经过两次世界大战后的高速发展，城市从大规模的扩张模式向内向的旧城更新、改造以及城市空间的再利用过渡，城市建设以小范围的修补为主要特征，是一种插建式的建设。城市的肌理和文脉成为建筑师及城市学者关注的核心。康泽恩学派(Conzenian School)认为，被历史学家和建筑工作者称为城市肌理的概念，实际上是由城市平面、土地分割的地块模式和在地块分属上三维物质结构所组成(图 1.11)。这里的肌理是城市中各种建筑的形体特征在城市空间形态上的综合反映。在设计中存在两个不同的层面，首先是总的开发量和城市的形式，有可能把它视为街区形态或空间的特征；其次是在拟开发的街区由立面限定并围合城市外部空间和公共领域[8]。

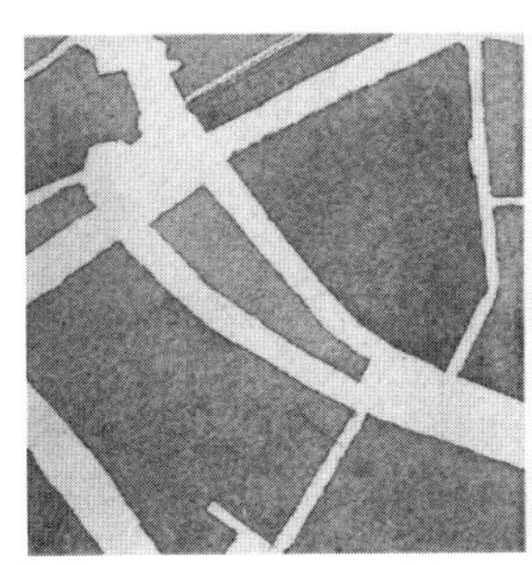

图 1.11 城市肌理的三个组成层面，从左至右依次为城市平面、土地使用模式，以及决定城市三维构成的建筑肌理

来源：城市的形成——历史进程中的城市模式和城市意义，2005，p26

文脉主义城市的图底关系表面上可以视为传统城市图底的基本原则在现代背景下的转译，然而其内涵有深刻的差异性。套用理查德·罗杰斯(Richard Rodgers)的模型，前者基于文脉的统合状态，城市建筑是在无意识中以传统的建造技术完成，城市空间结构自下而上以稳定的形式自然形成；后者出于建筑师和城市设计者的自觉行为，既带有对历史传统的继承，又包含对现今和未来的思考，城市空间形态既与传统城市肌理协

调，使其得以延续，又隐含着发展的动因。但以上两种类型的城市图底表述中，城市空间与建筑实体的界面依然是明确区别的，即便有着不同空间层次的过渡，也不足以使二者完全融合，它们黑白分明。同时，这种空间状态的表述是平面化的，相对简单、直接，从一个侧面反映了城市空间结构线性的树形特征。

3）当代城市的图底

当代城市的图底关系有了新的发展。首先，从机械模式到电子模式的转变，大量信息的流动，造成图与底的关系从黑白分明到模糊不清，从各自独立到互相牵制，这在观念上是对二元论的突破；其次，图底关系的新状态使我们对作品原创和复制的关系有更加包容性的理解；再次，图底关系的转变可以改变我们对城市与建筑的关系，以及对当代艺术与古典和现代艺术关系的过时解释；最后，图底关系的转变引发了一些在整个技术社会背景下局部单体创作的倾向变化，不再强调个体与整体环境的和谐，而着重于作品的独特[9]。

城市图底关系的转变使得对城市图底的操作与解读产生了困境，这种困境一方面体现在对当代城市三维网络空间结构进行描述时有效性的缺失，另一方面体现在图底自身相互参照关系的消解。

明尼阿波利斯中心区通过空中的人行步道系统和地下人行通道将IDS中心、西北中心、盖威达商场等建筑串联起来，并通过建筑中庭和内部空间的组织使城市上部与地下的公共空间整合。依据传统的图底操作只能在建筑总平面上体现出其与城市空间的关系，但如果操作的方法仅限于此，将无法分辨其与典型现代城市空间的差别。有效的操作策略是将图底关系分层处理，在地面、空中及地下三个层次设置不同的切片，并进行叠加，以体现这种空间的组合特征。同时，城市空间与建筑的整合、互动将明确的黑白关系变得模棱两可，必须引入作为空间介质的"灰"来补充，表明建筑与城市空间的相互渗透、延伸。将所有的描述层面加以重叠后发现，清晰的黑白界面不复存在，各建筑间由相互独立到互为关联，结成体系，以三维形体特征为基础的建筑肌理被以功能、空间、结构为基础的网络肌理所取代(图 1.12)。截取城市局部进行形式上的图底研究

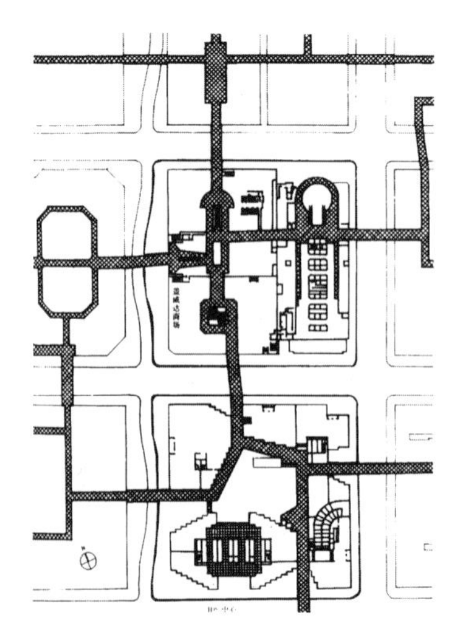

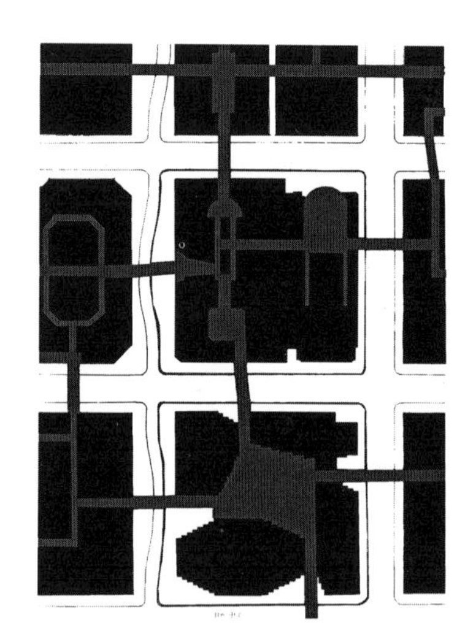

图 1.12　明尼阿波利斯中心区的图底分析操作

失去了现实意义，无法揭示其中蕴含的全部信息，城市建筑作为空间中的某个“图形”，其对应的“底”应是整个城市结构网络，无法对其近邻环境设限。

图 1.12 中，左图为中心区各建筑组合平面，中图为以传统图底操作后的结果，右图为叠加了灰色中介空间后的操作结果。毕尔巴鄂古根海姆博物馆在图底关系中表面上反映出形体特征与周围环境的强烈对比，城市空间不是完整、连续的，而是支离破碎的。这与现代主义的城市图底具有表象上的相似，而其中的出发点却不相同。现代主义城市中的建筑主要强调的是其自身的存在，形体的组合优于城市空间形态的组织。而古根海姆博物馆这样的作品虽然在形态上凸显自身，但其着眼点在于带动城市整体品质的提升，通过强化与城市空间环境的差异，显现由点带面的作用。宏观地来看，此类作品是整个城市网络或全球网络中的一个点，对城市周边地区的影响无论从功能上还是形态上都需要置于这种网络层面，因此其积极的或破坏性的影响都在这种限定下显得不如想象的重要。从观者的角度来看，在媒体时代对于城市建筑的品评应置于更大的空间背景之下，人们容忍性和接纳度的提高使得这种突出的图形特征并不让人感到突兀，反而由于形态特征的差异得到审美和趣味的满足。因此，图底的界限得以突破，“图”的参照物——“底”已经突破了原有的城市空间限定，向更为广大的地区辐射。在“底”发生变化的同时，“图”也随之而变；而“图”的变化，直接影响“底”的进一步调整。“图”和“底”就是这样既相互冲突又相互迁就，直到新型的图底关系达到相对和谐的稳定状态[9]。因此，从这一角度而言，古根海姆博物馆是城市空间形态与空间结构发展的一个导火索，而非最终的图底展现。

1.4 形态之外——城市与建筑的功能互动

韩冬青教授认为，“建筑总是在有形的文脉中被体验和使用，建筑及其环境应被视为一个整体，建筑创作与城市设计应相互渗透并成为城市发展计划中一项完整的程序”。他将此类建筑定义为环节建筑（Keystone Architecture），意指与其所处的基地或城市区段相互契合、不可分离。环节建筑理念的确立，从系统的角度而言，强调了城市中的个体元素与其他元素之间的有机联系，这种交互链接的网络促进了现代城市运行效率的提高，并在一定程度上反映了现代城市空间形态的发展方向。

环节建筑仅是一种特殊的建筑类型，但其背后暗示着建筑学与城市规划、城市设计紧密结合的可能性。随着城市与建筑的互动性增强，城市与建筑的一体化特征逐渐显现出一种普遍性。当建筑不再关注于个体本身，而在于其与周边建成环境或其他相关要素，在功能、空间、流线、形态与城市的整体功能结构、空间结构、交通系统与形态秩序发生关联，并融入其中产生联动性的作用，建筑与城市就呈现出一体化特征。

1.4.1 城市交通系统与建筑的整合

当代社会的发展以效率为先，基于提高城市系统运作效率的城市模式得到大力提倡，无论是罗杰斯的紧凑城市，还是彼得·卡尔索尔普

(Peter Calthorpe)的TOD模式都倡导建立基于城市公共交通系统的高密度、高效率的城市整合状态。同时,随着城市建筑功能由简单趋向复杂,呈现社会化和巨型化特征,服务人群由单一趋向多样,人群活动的适宜性、多样性与延续性日益凸显,城市交通体系与建筑由离散状态趋向统一:功能组织与空间组合方式上的多样化和立体化。

城市交通系统分为公共机动交通(公交、地铁、轻轨)和步行交通以及静态交通几种方式。无论哪种方式,当其与建筑相结合时,一方面在建筑内部提供了附加于建筑主要功能之外的功能"增值",为建筑内部职能的活化提供机会和平台(图1.13),另一方面,城市交通体系的介入为建筑提供了一个在城市动线上的"接口",使建筑成为城市网络中一个能动的环节,也成为城市系统中的重要节点。

图1.13　圣迭戈美洲广场
来源:城市·建筑一体化设计,1999,p84

城市交通体系与建筑的结合在空间维度上随着功能叠合方式的不同而呈现立体化的特征:以垂直和水平的多种组合方式在地上、地面、地下各个层面渗透至建筑的内部(图1.14)。不同维度交通的整合增强了与建筑关联的复杂性,其组织的原则着眼于系统功能的有机连续和运作的高效。

1.4.2　城市功能与建筑功能的联动

按照屈米的描述,"功能"在当代应由"事件"所替代,在功能解释的时代,功能作为建筑存在的基本理由成为建筑设计遵循的基本规则,设计师或建筑的终端用户只关注在空间中所容纳并只能在物理空间中所容纳的活动与结果。这种功能组织带有明确的因果和发生的前后次序,并成为空间生成的基本动力。而在"事件"模式下,功能的产生具有更为多样的选择性和非因果关系,更为关注人群在空间中活动的非必然因素,以及由此产生的功能非确定性。由"事件"替代"功能",意味着人类行为方式的随机性与目的性共存,同时由于功能系统内在组织方式的多线程化,使得其依附的物质空间以更为灵活多样的方式进行空间的适配,而非一一对

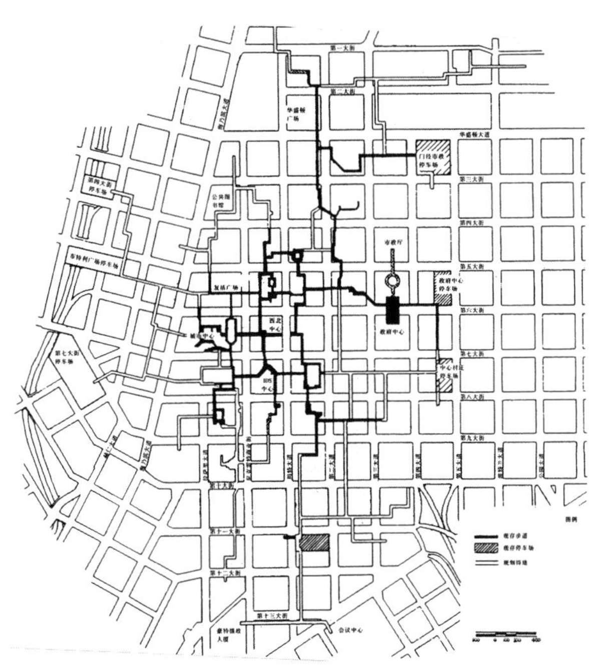

图 1.14 明尼阿波利斯市人行步道系统
来源:城市·建筑一体化设计,1999,p105

应的单向逻辑链锁。

在运作良性的城市系统中,空间单元不再是相对独立和自足的状态存在,彼此之间往往相互依存,互为条件,并通过城市单元之间的聚合形成规模效应,或长程关联。其中的某个空间单元具有较强的活化能力和对人群的吸引力,自然成为功能体系中的核心要素,在市场经济的自然演化中,与之相关联的功能类型得到激发,而非兼容的功能类型受到制约。这种功能链的形成是由前端功能与后端功能的行为连续性为支撑条件,以行为的便利和机会的获得为条件,因此具有与食物链相类似的前后延承特征。比如学校周边小规模的餐饮和零售业就较为活跃,而随着大学生创业孵化基地随着国家"双创计划"的推行,在大学周边出现低门槛的科创办公区也成为一种空间发展趋势。

城市功能系统中相对稳定的功能组成为建筑的功能定位提供了一定的机会和条件,同时,又由于建筑中功能组成对城市功能系统的补充和调整,使得原有的功能结构产生一定的异化和发展。当这种适配性受控于一定的阈值,功能系统的稳定性依然存在,而超出时,城市的功能系统将得以重新定义。这一方面取决于功能系统自身的组成结构的复杂程度和稳定性,另一方面受到建筑功能激励的作用强度影响。这在一定程度上解释了"城市针灸"以点带面的内在作用机制。

1.4.3 建筑作为城市系统中的"路由"

由于与城市交通系统和公共空间系统的互动,作为系统连接与转换结合点的建筑在属性上具有类似于电脑网络中路由器(Route)的特质,通过其空间、功能的转换与连接机制,与周边其他建筑产生关联,形成城市局部范围的功能与空间网络。其作用范围和方式并不取决于建筑规模,而在于其与城市系统相关性的强弱,具有吸引力的功能配置与便捷的空间流通是建立这一体系的关键。这种路由式的建筑具有典型的环节建筑的特征。

如果说由弗雷德里克·赫兹伯格(Frederick Herzbery)和阿尔多·凡·艾克(Aldo van Eyck)等定义的"结构"还是一种建筑内部的空间组构方式,那么在"路由"模式下,这种组构已经不能由包裹建筑的气候边界所限定,其组织结构与城市外部的系统相连接,已难以剥离或定义,只有在城市大系统结构下才能辨析其内在作用与组织机理。

在诸多连接系统中,交通系统具有更强的黏合性,能将依附于其上的城市空间单元串联成紧密相关的空间聚合状态。同时还由于聚合状态下各空间单元的功能内在联系,在交通系统的活化作用下实现规模效应,实现功能价值的跃迁。

巴黎的莱阿拉商业中心就是城市中的一个"路由",它位于巴黎市中心,为了与城市环境协调而采用了地下发展的策略,将商业设施建于城市地铁线路之上。城市不同方向的地铁线路在这里交汇,因此成为巴黎最大的中转站。商业中心的地下步行道与其相通,并通过自动扶梯将各层空间进行连接。便利的交通、完善的设施使莱阿拉商业中心成为巴黎最热闹、最富有市井文化的场所(图 1.15)。

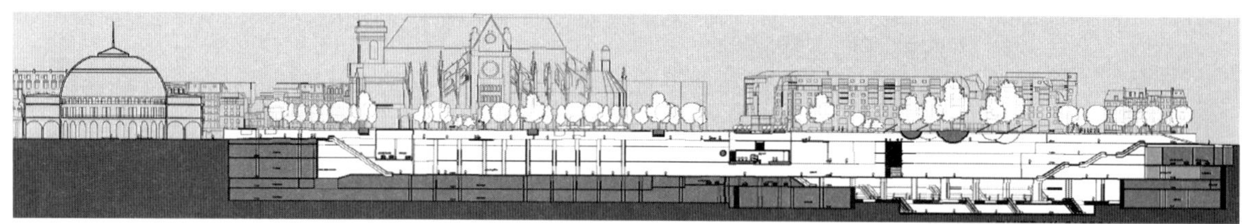

图 1.15 MVRDV 的莱阿拉商业中心方案
来源:http://www.mvrdv.nl/_v2/projects/243_leshalles/index.html

1.4.4 建筑作为城市空间的生长原发

虽然城市空间体系整体特征是建立在自上而下的规划基础之上,但城市空间的形成却始于建筑单体自下而上的建造过程。前者是城市各元素在共时性的前提下所呈现的各种关系与特征的总和,而后者是在城市元素历时性的发展中逐步显现的,两者具有明显的先后关联。在城市中最先产生的空间单元在某种程度上对后续的空间生发形成一定程度的限定和引导,从而影响其后城市单元功能与形态的定位,使其或多或少带有最初的印记。

城市地理学家麦克尔·罗伯特·冈特·康泽恩(Michael Robert Gunter Conzen)通过对英国传统城镇纽卡斯尔(Newcastle)12 个世纪变化过程的研究,指出城市发展是一个不断调整、空间持续演化的过程,最初的局部变化可导致城市整体的扩散和变化[10]。亚历山大在旧金山的试验也证明了这一原则,虽然该试验是以城市空间的自发生成为对象,但与中世纪城镇中空间的自发生长不同,这种生长模式是一种"受控的自发",总法则是"每一个建设项目都必须从健全城市的方面考虑"。亚历山大认为,当一个项目建成时,其他项目将在三个层次上对其进行明确的定义:大于它的,将其包容为附属部分;等同于它的,与之相邻,填充城市空间;小于它的,其存在以保证和支持该项目为前提。这样,一个城市建筑的出现就不是突兀的，而与其后续的建设形成一系列空间与功能上的关联，实现整体的品质提升，通过其对周边区域的辐射作用产生“磁力效应”，形成对后续建设项目的针对性引导。南京市在河西新城的建设中，以总体规划为基础，以举办第十届全国运动会为契机，以打造南京奥体中心和十大标志性建筑为先导，首先进行了核心区的开发。经过多年的建设，河西新城粗具规模(图 1.16)。正因为建筑作为空间的生发具有时序性，因此这一过程是不可逆的。同时，初始的空间生发虽然重要，但后续建设如果没有与之协调，即便强化这种空间的激励作用，也达不到预期的效果。

图 1.16 南京奥体中心与河西新城区中心地区

1.4.5 城市建筑的触媒与针灸

城市空间体系的三维网络化，使其网络节点上的城市建筑不仅对建筑周边产生辐射、关联，这种连续性的作用机制可由建筑功能和形态的跃迁而与城市空间不同层级内的子系统发生互动，而具有对城市整体的综合影响。无论是洛根的城市触媒、马拉勒斯的城市针灸，还是库哈斯的“大”建筑，其实在城市层面上，均强调对整体决定局部这一基本判断的否定。整体的特征不再凌驾于基本构成元素之上，而是由基本元素性状所决定。微观的改变对外在的整体形成关联，当这种改变达到一定的阈值，会对整体特征产生颠覆。某些特殊功能与形态的城市建筑，其功能与形态不仅是其内部的映射，更重要的是对城市外部的作用，城市局部不再受限于城市的整体秩序，而可以通过其自身在城市网络中的投射，创造新的功能秩序与空间秩序，引导城市系统的进一步发展与完善。

毕尔巴鄂市始建于 1300 年，曾在西班牙称雄海上的年代成为重要的海港城市，19 世纪下半叶在其附近山区发现的铁矿使其步入工业社会，成为欧洲重要的工业城市，冶金、钢铁和造船业的发展改变了城市的面貌。20 世纪以来，随着巴斯克地区在政治上的边缘化、城市随着港口和工业设施的外迁以及由地形影响而形成的交通落后等多方面原因，毕尔巴鄂的经济出现了全面的衰退。因此城市的整体发展策略必须改变，其目标是由原来的重工业城市向以文化、旅游、商务等服务和信息技术产业为主的后工业城市过渡。毕尔巴鄂采取的是以点带面的发展模式，通过邀请世界著名建筑师参与城市重要建设项目的设计，提升城市空间环境的整体品质。经过十几年的建设，诺曼·福斯特(Norman Foster)设计的新城市地铁系统、西萨·佩里(Cesar Peli)设计的阿邦多依巴拉更新计划、圣地亚歌·卡拉特拉瓦(Santiago Calatrava)设计的博朗丹步行桥和松迪卡机场等项目陆续建成。其中最吸引人们眼球的是弗兰克·盖里(Frank Grehry)设计的古根海姆博物馆，1997 年落成开幕后，它迅速成为欧洲最负盛名的建筑圣地与艺术殿堂。

利用建筑作为城市发展媒介的策略，激活了城市空间自身所具有的发展潜力，提升了空间系统的进化机能，作为一种有效的干预手段，使空间形态的自组织特征得以发挥，空间结构的整体性得到加强。作为一种过程，它与城市形态同步进化，引导周边城市空间结构共同发展，促进新的城市空间结构的形成[11]。

本章注释

1. 罗西. 城市建筑学[M]. 黄士钧，译. 北京：中国建筑工业出版社，2006：31.
2. 奥斯瓦德，贝克尼. 大都市设计方法：网络城市[M]. 孙晶，乐沫沫，译. 北京：中国电力出版社，2007：45.
3. 张勇强. 城市空间发展自组织与城市规划[M]. 南京：东南大学出版社，2006：25-27.
4. 西蒙兹. 景观设计学[M]. 俞孔坚，王志芳，孙鹏，等译. 北京：中国建筑工业出版社，2000：113-137.
5. 罗，科特. 拼贴城市[M]. 童明，译. 北京：中国建筑工业出版社，2003：149.
6. 沃特森. 城市设计手册[M]. 刘海龙，郭凌云，俞孔坚，等译. 北京：中国建筑工业出版社，2006：537-542.
7. 赵榕. 从对象到场域：读斯坦·艾伦《场域状态》[J]. 建筑师，2005(1)：79-85.
8. 蒂耶斯德尔. 城市历史街区的复兴[M]. 张玫英，董卫，译. 北京：中国建筑工业出版社，2006：183.
9. 费箐. 超媒介：当代艺术与建筑[M]. 北京：中国建筑工业出版社，2005.
10. 段进. 城市空间发展论[M]. 南京：江苏科学技术出版社，1999：82.
11. 王富臣. 形态完整：城市设计的意义[M]. 北京：中国建筑工业出版社，2005：190-193.

2 当代城市建筑的基本属性

城市建筑(Urban Architecture)相对于建筑(Architecture)的区别不仅在字面上强化了对空间地域的限定,还在于突出了建筑两面性中城市属性的一面。在当代城市的复杂系统模式下,城市建筑与城市系统之间的互动一方面体现了上层结构对下层元素的控制,也体现了空间单元之间以及单元与上层系统间的能动。这种城市建筑的属性体现了其在本体之外,关联于城市系统及相关空间单元的特征,可以对建筑城市性(Architectural Urbanism)做出描述。

2.1 建筑的城市性

城市性(Urbanism)在维基百科中定义为城镇中的居民与建成环境的互动,作为城市规划领域的专业术语,城市性的研究关注于城市物质空间的设计、城市结构的管理及城市社会学方面(研究城市生活与文化的学术领域)。城市性在城市地域范围层面可以理解为场所与场所识别性的营造。这就与建筑的"在场"产生了必然的关联。

2.1.1 规划视野中的城市性

早在1938年刘易斯・沃思(Louis Wirth)[1]就指出应当停止以物质实体来认知城市性,而要超越人工的疆域界线。在沃思看来,城市性在于三个方面,即人口多、密度高、异质性大,这决定了城市与农村迥然不同的分野。虽然他对城市性的定义是站在城市社会学的角度,但他提出的城市性三方面的基本特征,在城市的物质形态上也有着相似的体现。城市人口的聚集过程中必然伴随着商品、信息的集中,并产生城市物质空间的聚集,形成空间上的集结,导致空间上的密度差异。城市的密度特征体现在城市土地使用和开发强度两方面,是人口数量累积在城市空间利用上的不同结果。同时,随着城市内部功能的分化,城市内部相似职能的空间产生离散,在竞争、协同的双重作用下促使城市空间产生"斑块效应",斑块之间具有功能与形态上的差异。

技术的发展和交往的增加,相对于城市自身,极大地延展了生活的模式,也造就了更为复杂的城市特征。加布里埃尔・杜比(Gabriel Dupuy)将网络理论应用于城市性的研究,认为现代城市不同于传统城市中空间单元的相对独立,其城市性的一个主要特征是网络化。史蒂芬・格雷厄姆(Stephen Graham)和西蒙・马尔文(Simon Marvin)则认为我们正在目睹一个后城市环境,其中分散的、松散连接的社区和活动区承担了城市空间发挥的前组织作用。他们关于分裂城市性的理论包括"城市社会和物质结构的碎片"变成"全球连接的高服务飞地和网络贫民区的蜂窝状集群",这些集群是由电子网络驱动的,电子网络既分离又连接。多米尼克・洛林(Dominique Lorrain)也指出,20世纪末,随着以三维尺寸、网络密度和城市边界模糊为特征的网络化城市新形态——巨型城市的出现,城市性的分裂过程开始了。卓健教授认为,"交通速度与密度一样,也是城市性的体现，速度可以改变密度的分布和动态变化，反之密度也可以影响对速度的需求。城市的密度和速度之间存在着相互的作用”[2]。在他看来，城市的活力取决于这个城市在促进社会的相互联系、相互影响方面的潜力，这种能力就是“城市性”，城市性越强的地区，城市基本特征越明显。因此，城市性不仅仅是一个城市社会学的范畴，更是一个城市物质空间的基本属性，将真实的城市与由“比特”构成的“虚拟城市”明确区分。

2.1.2 建筑的城市性

规划领域对城市性的定义是从城市总体层面上进行界定的，也是通常人们对城市性的一般理解。然而城市作为一个具有典型分形结构的复杂系统，总体层面的基本特征在系统的各相关层级有着类似的表现。规划领域的城市性研究成果能够间接地为建筑的城市性研究提供参考。

首先，城市建筑作为城市网络中的一个“点”，在城市的微观尺度上可以看作城市局部物质空间的聚集，密度既是一种建筑规模的量化描述，又是建筑空间、功能的存在状态，不同密度的建筑聚合以及建筑不同类型的功能与空间差别导致了城市空间的差异，使城市局部空间之间存在着功能、形态方面的“势能差”。另外，速度作为城市性一个重要特征，意味着城市相关元素之间彼此联系的存在以及联系能力上的差异。城市建筑在交通、空间、功能、形态等方面与其他城市空间单元存在着有形或者无形的关联。不同的城市建筑由于自身功能、形态的差异，与其他城市空间单元联系方式的不同以及差异传导能力的差别，对城市具有不同的作用能力。

由此可见，建筑的城市性可以定义为：在城市的微观层面，建筑因其功能、形态等方面与城市环境及相关城市单元的差异及关联能力的强弱，而对外在城市系统或其他城市单元作用的能力和性质。

相对于“环节建筑”与其所处的基地或城市区段相互契合、不可分离[3]的特征，建筑城市性是城市建筑更普遍的基本属性。由环节建筑的定义可以看出，其所指涉的对象主要在于城市中具有某些特定区位、特定功能的建筑类型，这类建筑由于其在城市关联网络中与城市运动系统、城市公共空间系统的结合，而在功能性、可达性以及形态的影响上超出自身的围合界面，实现对城市的辐射。同时，环节建筑的关联对象多基于城市的点、线层面，如同人体经络中的腧穴，多属于城市系统中具有功能激发作用的建筑类型。而作为城市建筑的基本属性，城市性存在于城市中的各类型建筑，并且对城市系统的不同层级产生作用，其总体特征是在建筑自身与城市环境的共同作用下，在不同层级上的叠合。其作用方式既可以体现出环节建筑的引导作用，也可以反映城市建筑受到城市系统的约束而表现出的受控作用。因此，建筑的城市性对城市建筑在当今城市网络化背景下的正确定位具有更为广泛的盖全性。

2.1.3 建筑城市性的范式

1) 范式的改变

当今对世界构架的认知已完成了从一般系统到复杂系统的彻底转换。在一般系统论的架构之下，人们长期以来普遍认为，整体决定局部，整体大于局部之和。然而随着科学的发展,人们对于系统本身的认识也在不断地提高。"复杂范式"的创立者埃德加·莫兰(Edgar Morin)主张,具体的现实对象都是复杂的,很难对它们的性质做出单一观点的概括。莫兰思想的核心在于他所提出的"复杂范式",批判了经典科学研究方法的两大弊病:化简和割裂。在复杂系统下,针对一般系统论强调世界事物的整体性而忽略局部作用的问题,他提出了"整体小于部分之和",补充了对局部、个体重要性的认识;此外,莫兰针对一般系统论一味强调世界的有序性、忽略无序性的现象,提出了无序性和有序性共同构成世界本质的基本判断,这在一定程度上肯定了系统微观结构的作用,还原了世界的真实性。

认知范式的改变决定了研究方法和操作策略的变革。

1960年代末,以耗散结构理论为先导的一系列理论从不同的角度,揭示了宏观的复杂系统如何通过自组织实现从无序到有序的过程。自组织理论认为,开放系统在系统内外两方面的复杂非线性相互作用下,内部要素某些偏离系统稳定状态的涨落可能得以放大,从而在系统中产生更大范围、更强烈的长程相关,使系统从无序到有序,从低级有序到高级有序[4]。在随后的研究中,人们逐渐认识到传统静态城市研究模式的局限性,基于系统动力学的城市空间研究,基于元胞自动机理论(Cellular Automata,简称CA)的城市形态研究,基于神经网络学说的空间发展研究,以及居弗·普丘盖里(Juval Portugali)的自组织城市研究都在一定程度上将视角基于城市的微观层面,通过微观元素形态及演化规律的研究揭示城市系统的秩序与发展。

2) CA模式的建筑城市性

在复杂性系统的研究中,元胞自动机理论被广泛运用。

对于元胞自动机的含义存在不同的解释:物理学家将其视为离散的、无穷维的动力学系统;数学家将其视为描述连续现象的偏微分方程的对立体,是一个时空离散的数学模型;计算机科学家将其视为新兴的人工智能、人工生命的分支;而生物学家则将其视为生命现象的一种抽象。但无论从哪种定义角度,其基本组成都包括组成元胞、元胞空间、邻居及规则四部分。其中元胞是元胞自动机最基本的组成部分,分布在离散的一维、二维或多维欧几里得空间的晶格点上,元胞所分布的空间网点集合称为元胞空间。距离一个元胞一定范围内的所有元胞均被认为是该元胞的邻居。元胞及元胞空间只表示了系统的静态成分,演化规则的引入为这个系统加入"动态"的运作与转化动力。在元胞自动机中,一个元胞下一时刻的状态决定于本身状态和它的邻居元胞的状态。因此,元胞自动机的特点是时间、空间、状态都离散,每个变量只取有限多个状态,且状态改变的规则在时间和空间上都是局部的。每一个元胞的特征是由自身状态和不同半径下邻居的状态共同定义,系统整体的特征就在这种局部演化的机制下状态的叠加,动态、不确定性、有限度的预测是其特征的关键(图2.1)。

在城市中,每一个城市建筑都可以简化为一个元胞,在一定组织原则的干预下,城市建筑与其一定范围内的"邻居"(空间单元)产生一系列的关联。后期建设的建筑项目必须视已完成或定案的建筑项目为城市环境

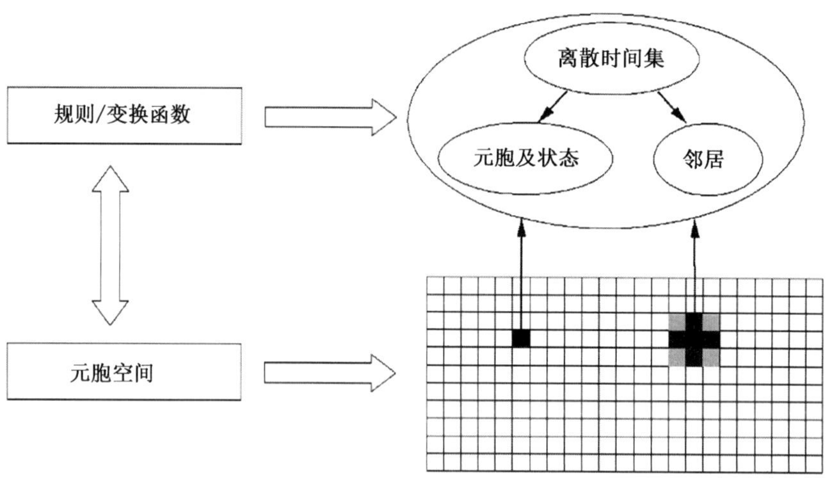

图 2.1　元胞自动机的作用机制
来源:http://www.biox.cn

基本条件,在功能、形态等方面做出相应的调整,以求得与城市环境的协调。不同半径的设定,意味着其对邻居作用及邻居对其反馈的强弱以及其在空间指涉的范围。不同半径范围内的相互作用同时存在,共同对建筑城市性做出定义。因此,将元胞自动机运用在城市领域,规则的制定和半径的确立是两个重要因素。规则既有城市建筑与其他城市单元之间在功能、形态方面的自组织规则,同时也包含人为干预下,在既定城市发展框架下制定的城市功能、形态方面的管控规则。半径确立了城市建筑在城市网络中与其他城市单元相互作用的层次,一个城市建筑的指涉范围分为街区—地段级、跨街区—分区级和城市级。不同性质的城市建筑所表现出的半径特征不同,不同半径下的作用不可简单替代,不能由于建筑的高等级作用而忽视其对邻近空间单元的作用,既要全面兼顾,又要重点明确。一般而言,基于 CA 的建筑城市性体现出与"半径"尺度的函数关系,距离越近,相互影响的特征越强,呈现一种线性的变化关系。

3) 神经网络模式的建筑城市性

神经网络学说是多学科交叉的产物,关于神经网络的定义,在各个相关的学科领域存在许多不同的见解。目前使用得最广泛的是托伊沃·科霍宁(Teuvo Kohonen)的定义,即"神经网络是由具有适应性的简单单元组成的,广泛并行互连的网络,它的组织能够模拟生物神经系统对真实世界物体所做出的交互反应"[5]。神经网络的研究基础是生物神经元学说。生物神经元学说认为,神经元是神经系统中独立的营养和功能单元。生物神经系统包括中枢神经系统和大脑,均是由各类神经元组成。其独立性是指每一个神经元均有自己的核和自己的分界线或原生质膜。神经元由细胞体和延伸部分组成。延伸部分按功能分为两类,一类称为树突,占延伸部分的大多数,用来接收来自其他神经元的信息;另一类用来传递和输出信息,称为轴突。神经元对信息的接受和传递都是通过突触来进行的。生物神经元之间相互连接,从而得以让信息传递。这种突触的连接是可塑的,也就是说突触特性的变化(突触传递效率的变化、突触接触间隙的变化、突触的发芽、突触数目的增减)受到外界信息的影响或自身生长过程的影响(图2.2)。

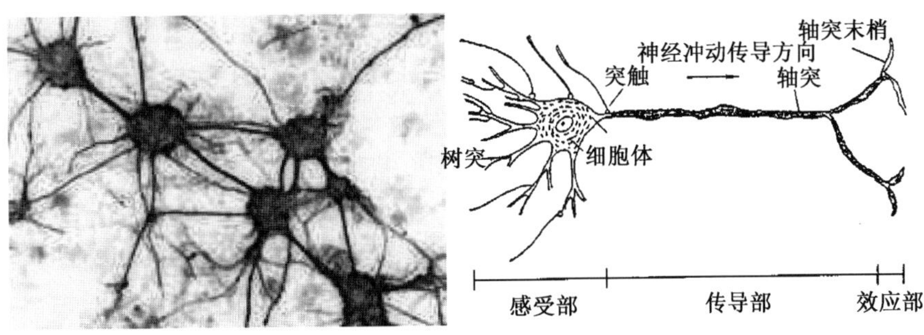

图 2.2 神经元的结构组成和连接方式
来源:http://www.biox.cn

城市建筑在城市系统中的作用犹如人体中的神经元,不是孤立、静止地存在于城市系统之中,而是在其楔入过程的酝酿阶段就受到来自城市物质环境多方面的信息影响,并将这些信息转化为其内部功能组织及外在形态的物质性再造。同时城市建筑的楔入又对不同层级的空间单元产生反馈,随着建筑在城市空间结构中的"存储",对未来局部空间的发展、演化产生引导和制约。各种作用方式和类型在时空维度中共存、交织,形成城市性作用的层级网络。城市中某些建筑由于与城市快速交通紧密联系,在大尺度区域环境中与较远距离的城市单元存在着功能上的关联,彼此之间相互竞争、协作,而对周边物质环境中的功能单元关系较为疏离,呈现出一种非线性的功能关联。不同于基于 CA 的城市性,这种关联不以空间尺度为参照,而体现出一种区域性的功能平衡与激励。这种类似于神经网络的城市性作用也有着层级的差异,不同等级的城市性对应着作用范围的不同层次,同时存在着跨层级关联的可能。

对于这类建筑,首先其功能的类型和规模必然存在一定的"门槛",使其具有超越地域限制的"势能",在系统的功能涨落中处于较高的层级,能够对周边范围以外形成辐射。其次,这种功能的激励作用必然大于城市环境对它的约束,形成正向的"势能"传递,并且这种传递方式能够超越物质空间的限制,产生跨区域连锁。再者,由于城市物质环境的限制以及城市空间发展的时序,这种功能关系的作用存在一个作用时效,有可能在短时间内达成功能的跨区域作用,也有可能需要经过一段时间的磨合,才能达成适配。同时这种作用的持续时间也存在差别,可能在较长的时间内保持功能的关联,也有可能因城市的发展而丧失关联的条件。合理的楔入方式是对功能环境的适应性调节,是在城市性的支配下与其他城市空间单元相互作用的结果,是对已有元素之间功能关系的继承,并通过将其转化为自身的有机组成向下一建设环节连续性传递,作用于后续的空间生成。

神经网络对于建筑城市性的作用在于,城市建筑在城市性的相互作用下所形成的城市系统内部元素间复杂的多重关联以及这种关联的多层级非线性共时存在。同时,每一个城市建筑对城市环境的楔入不是被动的,是对具体物质环境的适应性继承和转换,并将这种局部的作用投射于城市整体,达成大尺度的网络平衡和激发。

4) 新范式的意义

现代主义强调的是以建筑本体为建筑中心论,讲求建筑内部功能的合理,形式秩序对内部功能的映射,但忽略了城市外在的功能与形态秩序；文脉主义虽然弥补了现代主义在处理城市环境观念与方法的不足，但其目标旨在建立一种空间、视觉上的连续，而不重视各城市单元的内在机能的关系。本书提出的建筑城市性理念是建立在城市中心论基础上的一种系统性构架，将纷繁复杂的城市建筑纳入复杂的城市系统中，通过元素与元素之间、元素与系统层级之间的关联，需要建筑对城市环境做出适配的楔入和作用，需要其在功能和形态两方面对城市外部环境进行互动。因此，通过建筑城市性理念实际上可以在城市的局部与整体之间架起一座时空关联的桥梁。

城市局部与整体的空间关联是通过建筑城市性的空间辐射和反馈达成的。无论是基于CA的建筑城市性还是基于神经网络的城市性都存在着层级的建构，不同的城市性等级对城市空间有着不同的投射方式和作用范围，各层级之间具有一定的同构性。前者与城市空间关系紧密，作用效能随空间尺度的增加而减弱，呈圈层式线性分布；后者则与空间尺度的关系不大，主要考虑跳跃式非线性关联，形成一种网络化的区域结构。

城市局部与整体的时间关联主要是通过建筑城市性的作用时效实现。由于当代建筑对城市功能、形态的互动，对城市外部环境存在着触媒作用，对城市的空间发展是一种渐进过程，因而其作用时效往往不是即时呈现，而是在较长的时段内逐渐、持续存在。既有建筑成为后续建设的参照，或者局部地区的“应激兴奋点”，带动后续项目按照彼此之间的功能秩序、形态秩序以一种动态的方式逐步实现城市空间的增长，引导周边的建设行为与之适配。

建筑城市性的时空关联将城市局部与整体纳入一个完整的复杂系统之中，不是单纯地从建筑单体的功能、形态出发，也不完全受控于外部环境的约束，而是建立一种多重模式共存的作用机制和关联机制，城市建筑在城市网络中的楔入状态在于局部与整体的动态适配。因此，建筑城市性理念的提出将二者紧密联系起来，同时也从一个侧面印证了建筑设计是一种微观层面的城市设计这一基本命题。

2.2 建筑城市性的层级建构

层级性是CA模式下建筑城市性的一个重要特征。基于CA的城市性作用受到“半径”的制约，随着空间距离的扩大，系统涨落随之削减，在不断的传递中呈现从波峰到波谷的连续变化。随着城市的网络化发展，均质、渐变的城市空间格局被跳跃式、片段化所替代。在非连续的城市中，空间结节同样存在类似于“中心地”体系的基本架构和等级分布。一个建筑的城市性在不同的层级上共时存在，各种作用相互叠合，形成错综复杂的关系圈层。各层级之间关系的叠加，形成对建筑城市性的具体描述。

2.2.1 街区——地段级的城市性

1）基本特征

具有该级别城市性的城市建筑由于与周边城市环境的涨落限定在一定量级，不足以产生超越本地段的势能，而使其关联作用限定于地段范围。总体而言，其整体的背景化特征明显。该层级建筑在城市中的大量存在，显现出一种系统化的倾向：它们在城市的微观层面彼此作用的同时，共同构成、维持、完善该级层次的团块特征。但由于自身在城市涨落关系中的能力限制，还不足以对城市街区、地段以外的区域产生更为广泛的相关性。因此，局部的属性从属于整体的基本特征，并受其在功能、形态等方面的综合调控，以呈现城市局部关系上的连续和总体特征上的拼贴。同时该级别城市性的存在，为城市空间单元之间的网络关联奠定了的物质基础。团块的"接口"与城市网络中的点、线结构关联，形成更宏观结构的联系核，也对团块内部的基本组成元素进行功能、形态等方面的约束和控制，呈现总体上的连续性。

2）功能关系

该级别的城市建筑在功能上主要满足自身的需求，或者对邻近城市区域进行有限的辐射。它们一般功能相对简单、独立，在一定的空间范围内呈同质化的聚集状态。斑块之间的功能差别为城市总体或中观层面上的涨落提供了可能。该类型的城市建筑与城市功能的交叠较少，或者只是不同使用功能的简单混合，其功能主要体现在内向性方面。形态上受到周边城市环境的调控，强调在城市局部范围内形态的同质化连续，呈现出背景化的趋向，与同区段内其他城市空间单元共同构成的群体结构是其城市性价值的体现。

3）空间结构

该类型的城市建筑组合下的团块可以理解成城市中的"群"。"群"是指城市一定地段范围内的建筑形态空间组织及其相关要素的集合，是为更有效地对城市结构形态进行分析、设计而引入的一个相对的、有层次的模型概念[6]。"群"的空间构造讲求层次性、围合性、可识别性、多样性和适配性原则[7]。因此在"群"中，单体建筑在空间形态上应力求完善、强化这种组群集合的空间特征。通过建立延续的街墙，形成对城市外部空间的连续；通过细致的空间组织，增加空间的层次和趣味；通过建立在统一秩序基础上的局部变化，形成空间界面的多样化；通过对人的行为以及空间尺度的把握，强化空间设计中对人的关注。因此，在一个"群"中楔入城市建筑，犹如进行空间的织补，新楔入的建筑必须在空间结构、肌理、质地等方面与被织补的城市对象产生形态与结构方面的关联，要有助于整体特征的完整性。基于"群"的理念，该类型城市建筑的空间关系与结构组织更多是基于城市设计范畴，而不仅仅在于建筑设计中的场地安排。

4）形态秩序

该类型城市建筑的形式秩序在人们心理上的存在很大程度上依赖于人们对其所处团块基本特征的认知。克里斯・亚伯(Chris Abel)将此类建筑定义为街道建筑，是对所处特定地理环境中气候和社会的一种适应，尽管构造手段随着材料技术与建造技术的进步而发生转变，但其基本形式仍作为人们"集体无意识"的在建筑的物质形态上的一种体现。既存的形式原则往往成为建筑的创作的评价标准，使得不同的功能类型、不同的环境特征以及不同的使用目的在这种价值框架之下同化，个体不具有鲜明的功能与形态指向，但建筑团块却以鲜明的地域特征给人留下深刻印象。林奇在《城市意象》中将其定位为五要素中的"区域"。建筑的可识别性则体现在更次一级的建筑语言和装饰符号方面。

2.2.2 跨街区——分区级的城市性

1）基本特征

当某一城市建筑在系统中功能、形态方面的涨落超出其自身所处的地段范围，成为街区团块的“接口”，并与城市网络中的点、线结构关联，形成更宏观结构的联系核，就具有了跨街区—分区级的城市性级别。该类型的城市建筑，通过城市功能、空间的互联，既能满足自身的使用要求，也能与所处的城市地段内部空间单元形成互动，更与地段外的城市空间单元形成指涉。该级别城市性的交通组织使得建筑群组内部以及建筑群组之间形成一种空间的网络化连续，此时的城市建筑已不再是传统意义上的实体空间，而成为城市整体空间体系中的联系环节。在三维空间中实现了城市局部与整体在功能、形态上的整合(图 2.3、图 2.4)。

在该层级中，建筑城市性主要显现为 CA 模式下的层级特征，同时具有较强“势能”地位的建筑往往成为区域中的网络节点，各节点之间存在着一定的非线性关联，体现出城市网络关系中的一种复杂性。

2）功能关系

该级别城市性的功能关系体现在以下三个层面：

首先，建筑内部功能的复杂性增强。在同一空间中将多种使用功能并置、复合，使得在有限的城市空间中，可以容纳更多的使用目的，提高了空间的使用效率，增强了功能的辐射能力。

其次，城市的人行步道系统和城市建筑在功能上的叠合，使城市建筑与相关城市空间单元有了更直接的空间联系，使相对分散的城市功能聚合成城市中的功能性节点。

最后，在这类城市建筑的聚合状态，不同的建筑功能各有侧重，形成彼此竞争、主从、互补、系列等功能群组的配伍关系[8]。体现为在建筑与建筑之间、建筑与建筑群组之间、建筑的上下部功能之间功能的连续转换，从而使功能联系具有一种网络化的特征。

3）空间结构

在建筑单体层面，这类城市建筑在空间上表现为城市公共空间与建筑空间的有机结合。在水平维度上，二者通过边缘相交、复合、穿插等方式组织；在垂直维度上，二者通过不同功能的叠置，在地面、地上、地下的不同层次上组合[9]。建筑空间与城市空间随着功能复合性的增强，二者不是界面上的简单接触，而是彼此渗入，难分彼此，不能用图底的方式加以清晰的界定。

在建筑群组的层面，呈现分离、串联、并联等不同的基本特征[10]。当群组内部的交通流线根据各建筑功能使用的区别，将其分区、分组设置，彼此之间不构成直接的联系而具有相对的独立性时，各建筑之间呈分离状态。当若干不同属性的建筑空间单元相互单向连接，不设定严格的空间分割而形成各空间单元之间的流通、延续、渗透时，各建筑之间呈串联状态。当不同归属的建筑空间单元分别与城市公共交通空间相连接，在保持其相对独立性的同时，构成彼此连续相通的关系时，群组内的各建筑呈并联状态。这三种基本组织方式并不具有非常明确的限定，在众多的城市案例中常常组合出现。

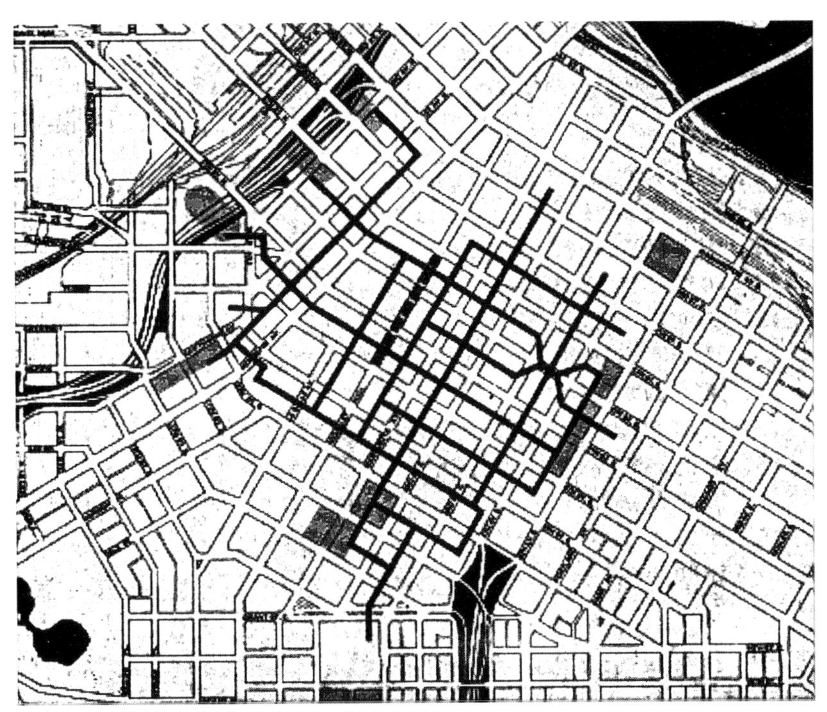

图 2.3 明尼阿波利斯中心区二层步行系统
来源:国外城市中心商业区与步行街,1990,p23

图 2.4 LIPPO 大厦二层平台与中庭和中环天桥系统连接
来源:城市·建筑一体化设计,1999,p119

4) 形式秩序

该级别城市性的形式秩序存在于两个层面。在城市建筑个体层面,由于其功能的多样性和空间形态的复杂性,建筑的规模、尺度增大,与城市空间互动关系的增强,使其成为林奇在《城市意象》中所指的“节点”,是城市区段层次的空间结节和象征。在建筑群组层面,通过各建筑之间界面的延续和空间的关联、耦合,一方面基于该建筑成为城市区段内的中心,为建筑师提供一定的创作弹性;另一方面,基于城市环境的制约,必须根据不同的实际情况，对其所处的城市环境进行分析，因此创作的自由也受到一定的限制。

例如，在柏林的城市建设中"批判性重建"原则曾起着决定性的作用，旨在鼓励传统与现代的对话，而不是过于简单地强调两者的对立。在波茨坦广场的重建中既贯彻了这一基本准则，又根据项目的实际情况进行了局部的突破。由建筑师海因茨·希尔默和克里斯托夫·萨特勒(Heinz Hilmer 和 Christoph Sattler)合作的一等奖方案中，恢复了早先该地区具有代表性的莱比锡广场的八角形状，采用整齐划一的传统街区模式，以方块建筑和街道发展了传统城市的紧凑结构[11]。各建筑师在针对不同的使用功能的同时，均以城市设计原则为蓝本。借助于对原有城市轴网的保留，体现了 1940 年前的空间构成元素。索尼地块圆形的中心广场和巨型的尺度成为组团中的主角，但设计师通过高度的控制、城市街道界面的围合、细节的处理和材质的运用，做到了新与旧的有机结合，使其具有相对完整的形式特征(图 2.5)。

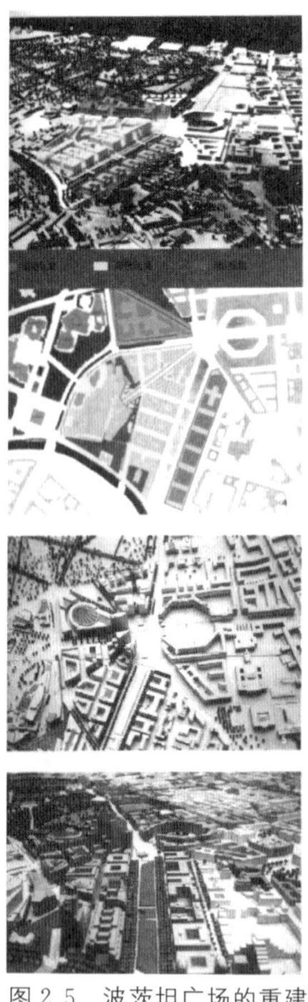

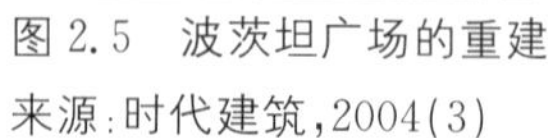

图 2.5 波茨坦广场的重建
来源：时代建筑，2004(3)

2.2.3 城市级的城市性

1) 基本特征

城市级的城市性意味着城市建筑在城市网络中发挥着强大的关联、辐射作用，使其成为城市系统中的重要核心。该类型的建筑一方面由于某些建筑在城市各种层级关系中居于最高的级别，作用圈层遍及城市的各个方面，从而具有类似于中心体系统中的高等级首位度；另一方面，由于城市区域交通的快速连通，使得各城市区域中心形成一种有序的网络连接，通行时间的缩短压缩了物理上的通行距离，使其成为各功能组团之间的长程相关，以大尺度下实现整体的有序，这样就具备了神经网络模式的基本属性。因此，线性和非线性作用的叠合是其典型特征，城市建筑通过片段式的作用叠合和局部的网络关联实现对城市系统的远端效应和整体效应。

2）功能关系

该级别城市性的功能的实现大致可以归纳为三个主要方面，即与城市快速交通系统相结合、具有特定的使用功能以及具有相应的城市象征意义。

城市建筑与城市的快速交通系统结合就是利用城市建筑的地面、地下、地上部分与城市的地铁、轻轨相结合，并成为城市建筑功能组成的基本要素，成为具有城市交通枢纽功能的建筑综合体。泰瑞·法雷尔(Terry Farrell)设计的香港九龙超级城就是对城市各类交通系统梳理、重构的结果。在100%的建筑覆盖之下，将不同交通的方式进行了三维立体化设计，并将步行由火车站延伸至整个西九龙地区。各种交通元素通过车站大厅连接，由中央大厅与周边的塔楼连成一片(图2.6)。

城市中一些具有特殊功能的建筑物，由于其功能具有一般建筑所不可替代的属性，往往在城市中占有相对重要的区位，在城市中呈绝对的“首位分布”。此外，某些建筑的功能类型虽然在城市的不同层级中存在，但其中一些占有优势区位、具有良好的交通可达性的建筑，能占据该类型功能规模体系中的最高层级而具有对整个城市辐射的能力。

某些建筑由于其在城市的发展、演变中所承担的重要角色，或建筑的形态特征更能够彰显该城市的地域特色和城市风貌，从而使其成为城市集体记忆的有机组成部分，作为一个城市的象征而根植于全体市民的心里。该类建筑的使用功能并不重要，其象征意义成为对使用功能的附着，从而具有无可争辩的标志性(图2.7)。

3）空间结构

特定的城市建筑对城市结构的影响是通过节点之间空间关系的彼此参照实现的，并依赖于不同空间层级之间的连续传递形成城市空间结构的层级秩序。这是该级别城市建筑空间形态的一种表现方式，即对城市整体空间结构的作用方面。这种类型的城市建筑在城市空间系统中，其作用不仅仅是一种视觉上的中心化，还在于创造了空间结构的系统性(图2.8)。

该类型城市建筑空间形态的另一种特征是呈现出复合结构或巨型结构，具有一种“城市化”的倾向。这种“大”不同于建筑外部形体尺度上的大，在库哈斯看来，“大”建筑就是将城市中散布的不同功能、不同组织重新安装在一起，并入一个大系统的“反碎片化”过程。只有通过“大”，建筑才能从它被现代主义和形式主义的艺术和意识形态运动中所耗尽的状态中解放出来。这种巨型的城市建筑对于传统的城市文脉而言是具有异质性的，同时又是建设性的，能重组城市空间结构，建立新的空间秩序。

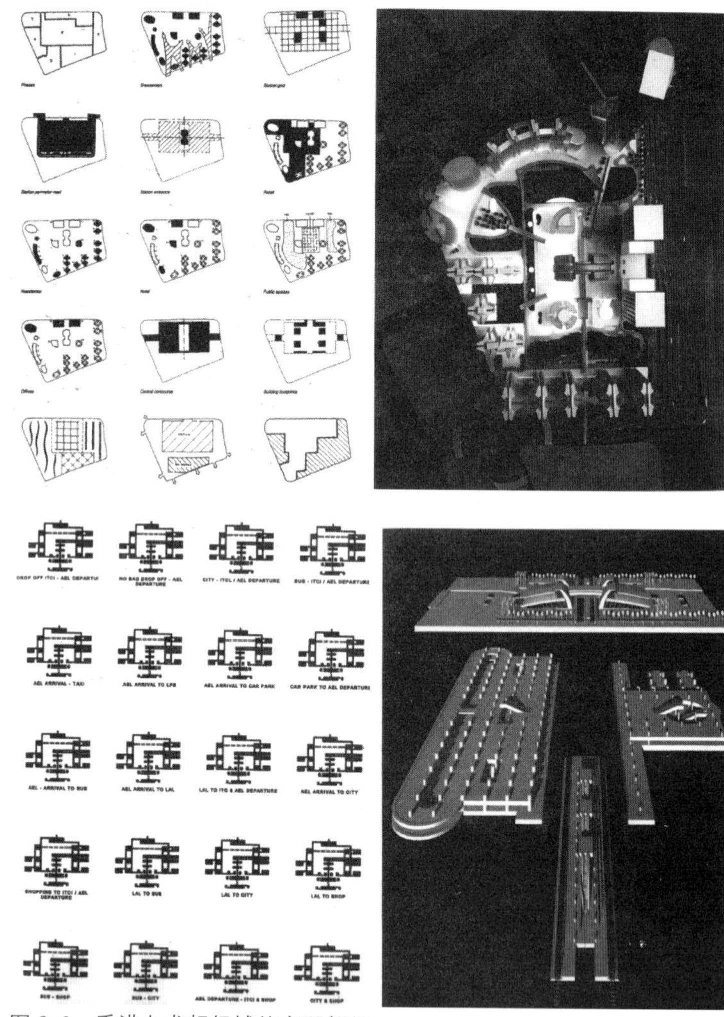

图 2.6　香港九龙超级城的交通组织
来源：*Ten Year Ten Cities*，2002，p62-63

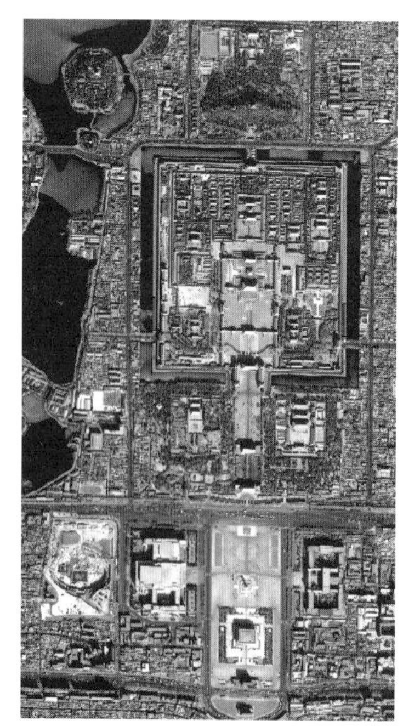

图 2.7　城市标志性建筑在意象结构和空间结构中占据核心位置
来源：中国图片网

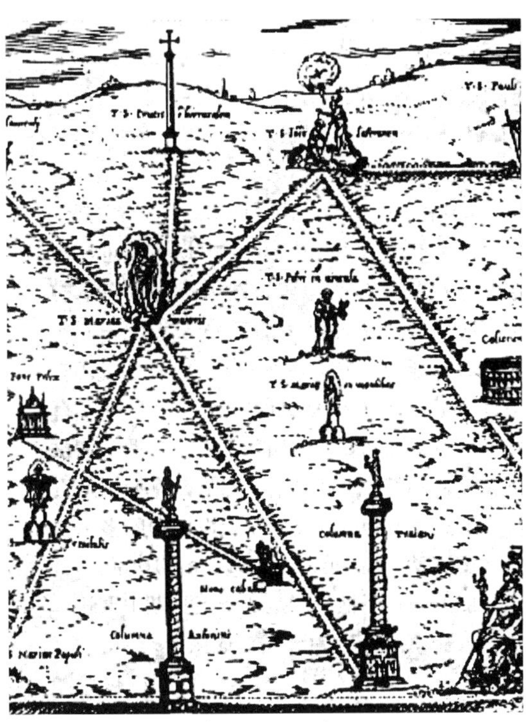

图 2.8 博尔迪诺绘制的罗马地图

来源:城市设计(*Design of Cities*),2003,p138

博尔迪诺于 1588 年所创作的版画中描述了公众心目中罗马城的形象,图中每一个节点的形象都被精确地定位,尽管有些街道在当时还未完成,但仍通过笔直的道路与另一个节点的形象相联系。

4) 形式秩序

在视觉层面上,这类建筑往往表现为城市的标志。作为城市的标志性建筑,其形式秩序具有较大的创作自由度,在某种程度上不必回应城市的形式传统或文脉关系。正因为如此,夺取建筑标志性曾一度成为城市问题讨论的热点。这种建筑形态的中心化应不以视觉形象的"陌生化"为追求目标,而应遵循建筑本体的内在逻辑。生成的合理性在这个意义上应强于异质性。

该级别建筑形式秩序的第二个特征与建筑的意象有关。在城市发展的特定阶段,一些城市建筑或建筑群组由于具有形态上的独特性,能够对城市的总体形象进行抽象的映射,而成为公认的城市名片、标志,在人们的心理认知中占有重要地位。如上海的中心城区沿黄浦江两岸,由陆家嘴圆环形高层建筑群体景域和外滩特色建筑所形成的弧形景域共同构成"日月同辉"的城市意象特征,分别显示不同时代的上海特色。

2.2.4 建筑城市性的作用类型

从建筑城市性的三个作用层级关系中可以看出,随着其城市性等级的提高,作用的圈层范围逐步扩大,且随着外部联系的增强(步行网络或城市快速交通系统),产生的跨区域的关联作用越发明显。也就是说,基于 CA 模式的建筑城市性特征是一种建筑城市性的基本表现,而伴随着其等级的提高,其神经网络的作用方式逐步得到加强。因此,作用的线性和非线性同时存在于城市建筑关系网络的构建过程,也造就了城市系统的多样性和复杂性。两种功能作用方式并非静止模式，在外部条件改变和城市空间发展的不同时段，二者存在相互转化的可能。

1）线性作用

基于CA的城市性作用受到“半径”的制约，单元之间的功能和形态互动因其空间距离的不同而不同。距离较近的城市单元受到外部要素的制约，或反作用能力均较强，往往在功能的配置和形态的反馈上有较为紧密的联系。其作用呈圈层式分布，由中心向边缘递减。另一方面，这种线性的传递并非各向相同，城市中的自然条件因素、交通因素和既有的功能配置对这种传递产生一定的制约或强化，形成各向传递速率的改变，而往往具有指状发展的特征。在城市中各城市单元的功能作用相互叠合，形成错综复杂的功能关系圈层，如同在池水中投入若干石块引起的波纹干涉。

2）非线性作用

基于神经网络的城市性作用虽然也具有空间作用的连续性特征，但跨区域、非线性作用的特征更为明显。当建筑的作用能力超越了一定的“门槛”限制，就具备了突破局域空间作用的圈层模式，向更大尺度的城市空间进行关联的可能。这时互动作用在参照其周边功能环境的同时，更集中于对城市各区域或沿关联路径上各要素之间关系的建构，形成城市区域间的平衡与激励。这种网络关联在城市的各个层级都存在，并随建筑在城市系统中的作用增减而产生作用层级的迁移，从而形成复杂的多重作用方式。非线性作用的效能一方面取决于建筑功能自身规模、属性的辐射能力，另一方面取决于传递路径的条件和转化方式。依据神经网络的基本原理，在传递途径上的相关单元在自发接受、学习输入信息并向下一单元传递的同时，存在对输入信息的激发，激发的不同状态产生了传递的不同模式。因而这种作用方式也可类似分成阶跃型、线性型和S型三种形式。其中阶跃型导致传递的离散式分布，线性型是与激发总量成正比的连续性分布，而S型则是由非线性的激发产生的非线性连续分布。在城市中，与该建筑起到支持、互补作用的传递环节往往能使其获得正向的激发，如快速交通环境的建立，沿途相关功能的设置等；相反则减缓和弱化传递的效果，如一些自然条件的制约，具有竞争类型的功能设置等。

3）两种功能作用的关系和转化

基于CA的城市性和基于神经网络的城市性虽然作用方式不同，但它们在城市系统的发展与演化中存在一定的时序关系。一方面，在城市发展初期，CA模式居于主导地位，各功能生长点呈圈层式发展。当其中的核心单元获得了规模的增长以及外部条件的激励，则会沿发展的主导方向进行强化，逐渐在局部系统之外构建起网络关联，从而具有了跨区域跃迁的特征。另一方面，在城市网络以外楔入一个高等级激活点，并构建与既有网络的传递路径，则形成对既有网络分布格局的动态调整，同时在激活点的附近，重新构建以其为核心的圈层式局部结构系统，形成新一轮功能CA作用模式的转化。由此可见，这两种作用模式并不是绝对的，而是在城市发展不同阶段的结果，随着发展的时序而转换。对于当代城市而言，神经网络模式作用更加关注于城市网络化、区域化发展状态下的整体有序，而CA模式则聚焦于区域内部的关系建构，二者缺一不可。

2.2.5 建筑城市性的层次关联

建筑城市性的不同层级不是孤立的存在，各级别之间彼此共存，并能随着城市的发展相互转换。共时性和相对性是其相互关系的两种表现。

1）共时性

共时性是指城市建筑在城市性层次建构中，由于城市系统中不同元素之间的作用在不同层级中同时存在，只是在某一层级中表现的特征相对更趋明显。高层级的城市性包含下一层级的基本特征，不能因其特征的强化，而忽视下一层次的作用效能。同时下一层级的城市性特征，受到上一层级的限定和控制，该级别的城市建筑不以自身城市性特征背离上级层次的制约。因此，城市性的共时性存在使城市中的相关元素之间呈现出半网络化的特性。

东京都新都厅在城市中也同样体现了各层级的共时性，它在整体空间结构层面上体现了东京向多中心型城市转型的发展策略。新厅舍的区位具有完善的城市交通基础，西临新宿中央公园绿地，几个组成部分相互连接，成为城市街区中的超级结构。结合其自身作为政府行政办公的象征性，新都厅在高度和规模两方面强化识别性。在建筑群组层面，几个组成部分通过地面、地上和地下空间的连接性，形成空间的连续性，在功能上相互支持，并与街区外的人行步道系统连接成片，通过市民广场的有机连接和聚合，使行人在中央大街、富雷阿大街和 11 号大街上就能与群组内部的空间产生互动关系。作为面向市民开放的都厅，其展示厅、市民信息厅、市民咨询室等分布在一至四层，通过围绕市民广场的开敞柱廊将城市空间与群组内部空间加以整合。这些都有助于展示其跨街区—分区级层面的基本特征。各建筑单元在细节的处理上基于类似的设计手法，用柱、梁的节奏，开口部位的纵向构建形成的木构件图案，表现江户时代以来的传统，用 IC 和 LSI 的集成电路图案表现时代性和先进性。在统一的立面设计和外装修原则下，各单体建筑之间既有变化又相互统一，体现了街区—地段级城市性的形体特征[12]（图 2.9）。

城市性各层级之间的共存不能否定某一层级作为其城市性的主要表现，在设计中对城市性某个层级特征的过度强调以及对其他层次特征的忽略，实际上是将城市中局部元素与系统整体之间的普遍联系人为地加以限定，这将导致城市建筑或建筑群组在城市中功能的失调、形象的混乱和联系的中断。上海陆家嘴中心区的建设通过国际性的城市设计招标和修订完成，具有一定的国内、国际影响力。但不可否认的是，在其背后隐藏着诸多的问题。陆家嘴中心区的问题归纳起来有三点：附属功能不足、人性尺度空间的缺乏、各类交通流有待梳理[13]。这些问题的存在既有城市规划、城市设计等方面的因素，也与城市建筑自身的原因相关。陆家嘴中心区的各建筑在功能上相互独立，缺乏与之相配套生活服务性功能，使得区域内功能组织缺乏效率；各建筑在形态特征上各具特色，削弱了群组的整体特色。这类问题的根源在于在凸显高级别城市性宏观建构的同时，忽视了中、微观层面上城市空间单元之间的关系，而这些层面上各相关元素之间的关系往往是决定城市生活质量和环境品质的关键（图 2.10）。

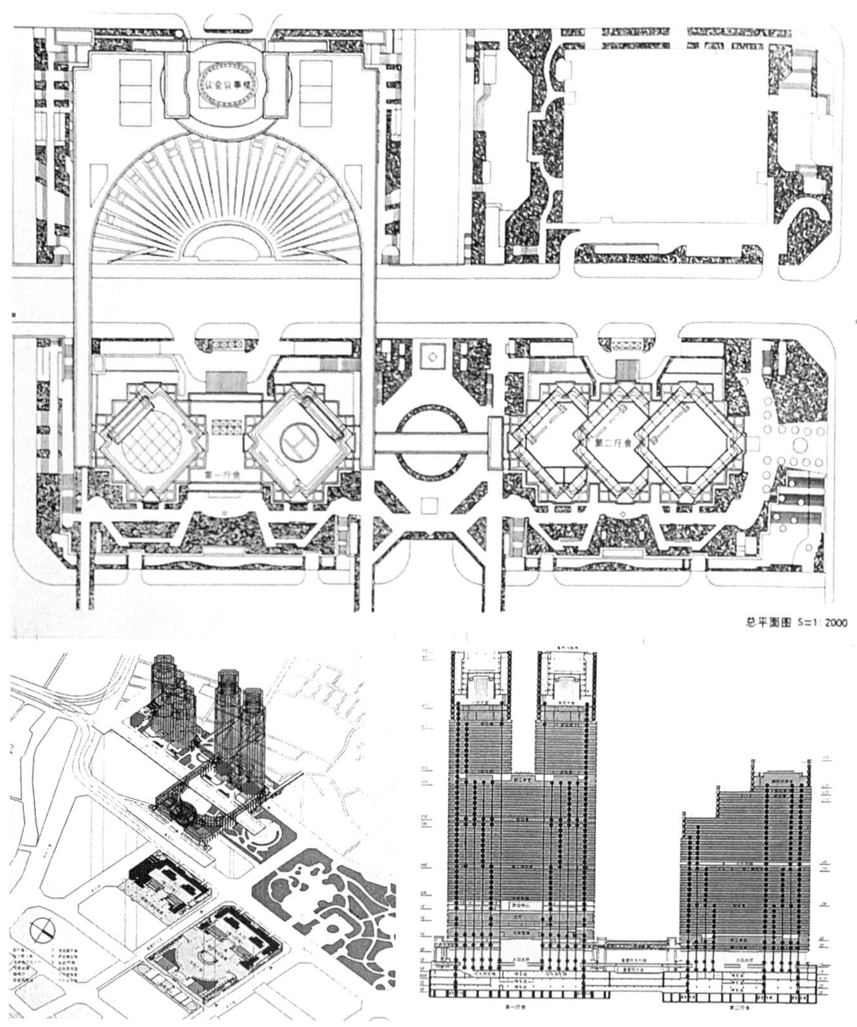

图 2.9　东京都新都厅与城市系统的关系
来源:东京都新都厅,2004,p105-107

图 2.10　上海陆家嘴中心区及区内的高层建筑群
来源:http://www.abbs.com

2）相对性

建筑的城市性是建立在城市系统中各空间单元相互作用的基础之上，而城市作为一个典型的复杂系统，自身处于不断的演化与发展过程中，系统的整体特征由城市元素关系的叠合体现。建筑功能的置换、规模的改变、新型交通方式的引入、建筑形态的更新，都将对建筑的城市性等级产生影响，并最终作用于城市整体系统，形成连锁效应。城市性的相对性主要表现在对城市更新过程中，通过对建筑使用性质、空间形态及周边环境的调整与整治，引起其对城市相关元素关联性的变化。

上海的"新天地"项目毗邻淮海中路，占地 3.22 万平方米，中部被兴业路划分为南、北两个地块。改造之前主要为市民的居住建筑，是上海市人口最稠密的地区之一。单体建筑功能类型单一，形态特征基于传统的空间组合模式，风格质朴而统一，具有街区—地段级城市性的基本特征。1997 年香港瑞安集团对整个天平桥地段进行大规模开发。通过有计划地拆除和建设，形成了贯通南北地块的线性室外空间。依托地处黄陂南路交通便利的区位优势，将城市人流引入街区，并通过两侧的里弄结构将人流导向内部步行街。2000 年部分开放以来，"新天地"项目获得了巨大的商业成功。借助于功能置换和建筑改造，地段中的建筑有了质的提升，具有了更高级别的属性(图 2.11)。

图 2.11　上海新天地改造前后的对比

来源：建筑的生与死：历时性建筑再利用研究，2004，p315

城市性的相对性还体现在由于城市偶发事件对于城市建筑的影响方面。作为历史事件的物质见证，为纪念某一历史事件而进行的建设往往改变了城市的风貌和结构，并成为今天城市的象征和标志。弗朗西斯科·因多维纳(Francesco Indovina)在考察里斯本世博会对城市发展的影响时指出，重要的事件总能对已经建设的建筑或设施带来变化……尽管不同国家之间存在着差别，但事件和城市建设之间存在联系是肯定的[14]。这种偶发事件能在一定的时限内以城市建筑对城市整体产生作用，并形成对城市相关元素在短时间内的关联"激发"。由于城市空间发展的惯性，这种激发作用经过一定时间的过滤，或者转化为一种既存的客观存在，继续对城市空间结构施加影响；或者作为一种事件的遗存，被后续的城市建设所淹没、填补，恢复以往的城市特征。如美国“9·11”事件后世贸双塔的倒塌造成了曼哈顿天际轮廓线的彻底改变，原有的城市标志作用消失，其后的重建方案大多力图重塑这种形态上的重要性(图 2.12)。

图 2.12　纽约世贸中心重建方案
来源：http://www.abbs.com

2.3　建筑城市性的作用方式

处于城市性不同层级的建筑对其他空间单元与城市系统的作用方式是不同的。作用的方式取决于该建筑的功能、形态属性与其所处城市环境的相互关系。城市性的等级越高，建筑对城市系统及相关元素的能动性越强，受城市自然、人工环境的约束越小。城市建筑的作用方式可以分为引导和受控两种。在城市中，建筑对城市系统和系统内不同元素之间的作用可以看作通过这两种作用的叠加而呈现的“合力”。

2.3.1　受控作用

城市性的受控作用表现为城市建筑在与城市环境之间存在较为明显的连续性。连续性的产生在于该城市建筑与其周边城市系统相关元素之间的涨落关系限定在一定的量级，以一种“同质”“同构”的方式实现城市功能、形态的延续和修补，或对既存的物质环境特征进行部分的移植、转化，从而成为自身形态特征的有机组成部分。

1）功能受控

功能受控是指城市建筑由于城市性等级的限定，功能的指涉范围受到城市整体功能关系的调配，在社会生产结构中居于相对稳定的地位。功能受控表现在以下几个方面：首先，在城市长期的发展、演化过程中，一些建筑的功能缓慢地做适应性的调整，不对城市的功能结构产生大的重组和变更，维持城市功能的相对稳定。其次，城市局部功能的发展与城市的总体功能配置不是同步体现的，城市交通的改变、人口的迁移、新型文化观念的产生和产业结构的变动在城市功能的调整上存在一定的滞后。最后，城市功能配置与基础设施的矛盾在城市用地的相容性、环境容量等方面都会对城市建筑功能发展的造成阻碍。因此，城市性的功能受控可视为城市建筑的功能在城市总体功能配置下的调控，通过城市系统各元素之间的功能协调，在可预期的空间范围和作用强度内对城市局部地区进行功能上的延续、填补和更替，是对城市原有功能渐进式的连续和局部的调整、适配。

城市性的功能受控程度由其城市性的等级决定。较高城市性等级的建筑对周围城市功能的依附性较弱，自身功能调配的可能性也较大。功能的调配有自发调节和被动适应两种方式。前者是基于城市整体功能结构基本不变的前提下，通过城市各组成元素之间自发的组织能动地实现；后者是对城市功能结构动态适应的结果，经过一段时间的磨合而达成新的平衡状态。从系统的角度看，这两种调节机制往往交织在一起，共同起作用[15]。

2）空间结构受控

城市性的空间结构受控体现在城市建筑由于受到外部城市空间结构的影响，而使其楔入城市环境时与既有的城市空间结构同构，表现为城市空间结构的连续。城市的发展总是以原有的空间结构为基础，历史上既存的空间组织原则对现今乃至未来的城市发展格局具有强大的惯性。城市建筑在城市系统的关联层级中，由于作用层级的不同，对所依附的城市结构产生不同的效能。建筑的城市性等级越低，城市空间环境对楔入的物质实体具有越强的空间结构限定，使其在维持结构基本特征的前提下实现空间的“增殖”。传统城市中大量存在的居住建筑和一般性公共建筑就是基于这种空间组织方式实现。古城长安、苏州、北京等城市的艺术价值不在于建筑单体的质量，而在于城市整体结构的完整。在基本的空间组织原则下，单体建筑遵循一系列的规则和标准，体现着政治性和象征性的空间等级。在更为微观的层面上，如住宅的朝向、内部空间的构成方式、宅门的位置和大小等方面也遵循一套固定的规则，建筑的类型和城市的结构之间的关系被严格确定[16]。

在宏观层面上的城市结构特征体现在城市各组成要素的空间组织上。不同的城市有着不同的空间格局，体现着城市物质形态与自然环境的结合以及城市的人文特征。城市空间结构可以归结为有机模式、图形模式、壮丽风格模式和格网模式四种[17]（图 2.13）。城市性在宏观层面的结构受控即城市建筑在楔入城市空间环境时，以连续性的界面和空间围合反映城市空间结构的基本构成原则，体现出相对整体的空间结构特征，建筑受城市空间结构的制约，以背景化的方式有节制地表现，在城市整体结构框架中有秩序地填补、复制和转换。

在中、微观层面上的城市结构特征分别体现在城市街区内部由城市街巷体系和由院落体系所构成的城市肌理方面。街巷是通往城市空间单元的通道，又是构成聚落的公共活动空间。街巷的走向、层次和构成方式建立了城市次级结构上的基本框架。院落体系在更低一级的结构层面上反映了城市的空间构成原则，同样具有较稳定的组织方式。院落的拓展是在原型的基础上对纵、横方向的拼接、叠加，显示出明确的结构逻辑和空间层次。西方传统城市中的院落组成则是城市外部空间有序化的产物，街区中的空间实体通过外部界面的形成对城市街道进行空间限定，院落空间是对城市空间进行切割后的“边角料”，在空间层次上形成开放空间—半开放空间—私密空间的过渡。

在近现代城市中，街区的肌理构成倾向于功能、朝向、间距等方面的规定性，虽然在结构的明晰度上不及传统城市，但还是能够通过一系列的空间分析方法进行结构的还原（图 2.14）。

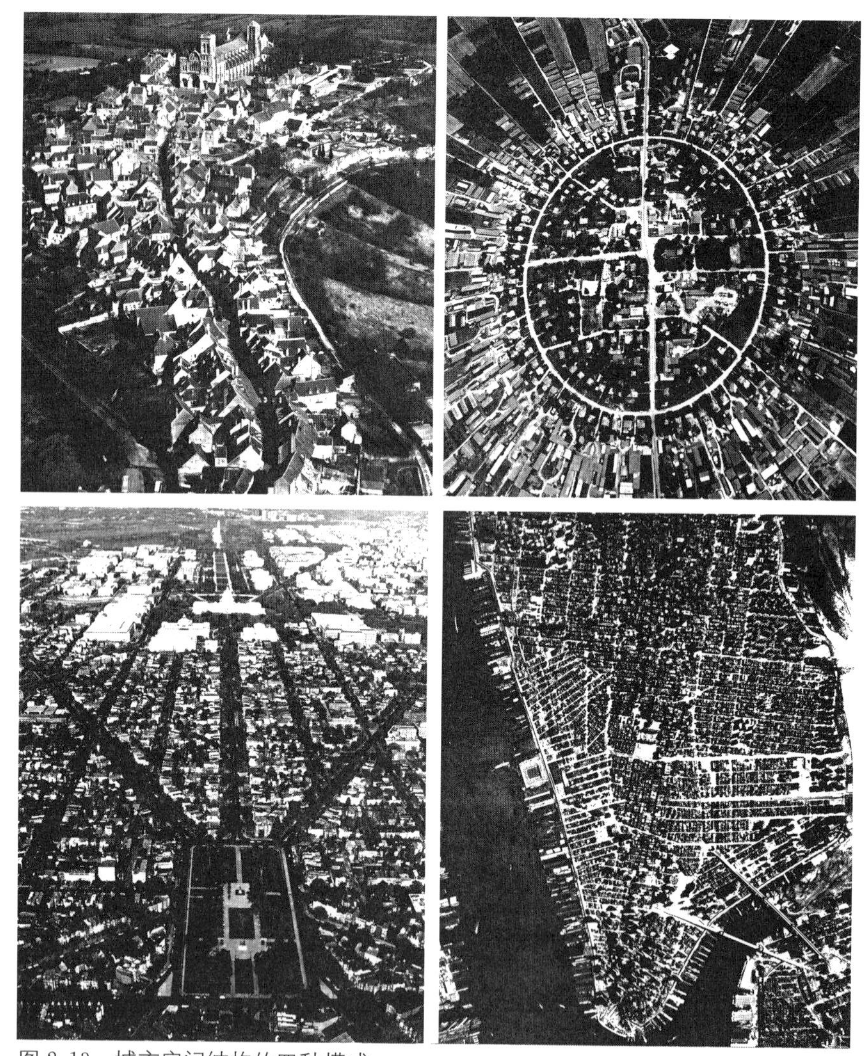

图 2.13　城市空间结构的四种模式
来源:城市的形成:历史进程中的城市模式和城市意义,2005,p8

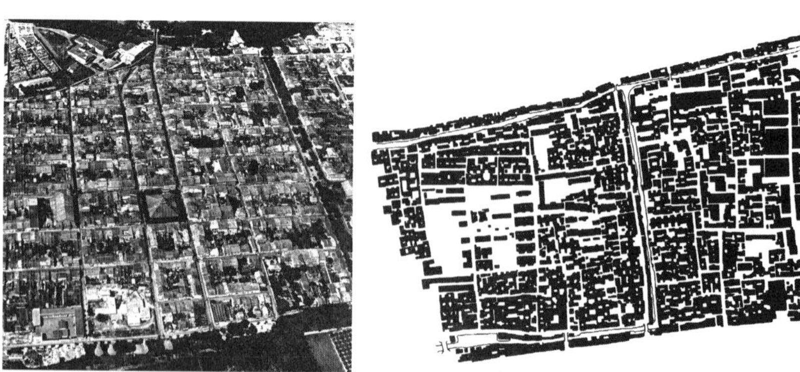

图 2.14　不同历史时期城市街区结构的变化
左图为传统欧洲城市的街区结构,右图为苏州古城 9 号街坊街区结构
来源:城市的形成:历史进程中的城市模式和城市意义,2005,p129;城市空间发展论,1999,p53

在中、微观层面上城市性的空间结构受控可以理解为城市建筑在楔入城市环境时通过对城市街巷结构和基本肌理的复制和转换,形成城市空间结构的连续。这类城市建筑的外部环境往往具有稳定的空间结构特

征，空间组合关系在长期的演化中相对成熟、完善，对楔入其中的相关元素具有较强的“同化”能力，而成为较均质的“面状”斑块。

3）形式秩序受控

城市性的形式秩序受控是指城市建筑在楔入城市环境时，建筑的风格、意象、空间、尺度、材质、构造方式等受到其所处城市物质环境的限定，并在这些方面与之相适应。这种连续不是对既有建筑纯粹的模仿，而应根据不同的时代特征有甄别地部分移植。形态的受控必须依附于功能和结构层面的作用状态，不能过度夸大形态延续的重要性，仅从建筑语言上做符号化的装饰，无济于事。

风格的延续是通过模仿或抽象，将相关建筑的一些形态特征运用于新建筑的形态塑造过程，达成新与旧、破与立的统一。在当今的设计中，一味对既有建筑形态的“克隆”已无法实现或代价高昂，应在现实的技术背景下重塑建筑的文化意义和功能状态，以现代化的技术手段实现传统的“再生”。宁波古慈溪县衙署的设计按照中国传统建筑群体空间和建造特点，以慈城现存古代民居中的“步架”为建筑单体的基本模度，并根据中国古建各部件的模数关系，推演出各步架的尺寸、建筑规模和院落尺度，体现出官式建筑和民间地域建造传统的结合。在材料的选用上，根据功能使用的不同，在保证整体空间品质的前提下，大胆选用与之相适应的现代材质。在唐代遗存的甬道展示空间使用了轻钢结构和抓点玻璃，体现了与现代使用功能相对应的时代性(图 2.15)。

意象的延续体现在城市演变过程中所积淀的环境意象特征对楔入建筑所形成的影响以及建筑在传承这种意象时在空间形态上的一致性表述。城市中一些有特色的物质空间是环境意象的组成要素，成为一定区域内的共享意象。这些意象的存在对楔入建筑形态特征起到一定控制作用，使其对区域环境特征做出主动回应。这种有益的形态反馈有助于延续、完善既有城市的意象结构，或以此为基础，建构新的城市意象景观。

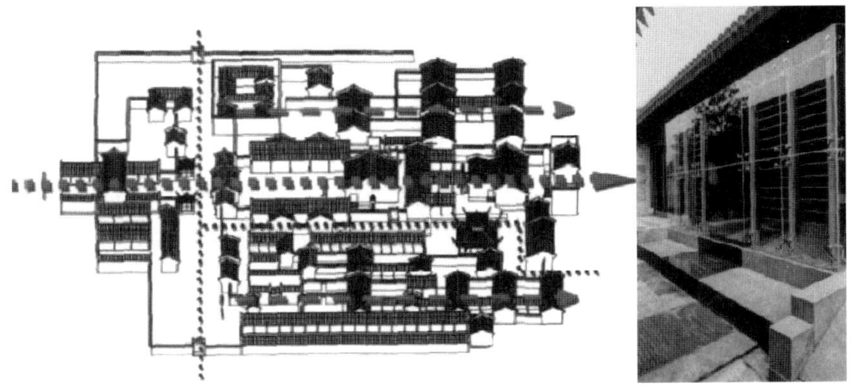

图 2.15 宁波古慈溪县衙署设计的空间结构及细部做法
来源：“古慈溪县衙署”建筑群重建，建筑学报，2006(1)，p56-59

2.3.2 引导作用

在城市系统中，当局部与整体的互动强化到一定程度，元素之间的局部规则不再完全受制于系统自上而下的管控，系统体现出局部规则与整体规则的调转，而成为决定系统基本特征的主要方面。这种具有质变性质的作用转换，在城市中体现为功能、形态的一系列"中断"。原有的系统连续被打破，新的秩序标准逐渐发展、成熟，并与原有的规定性共存，表现为"孔洞"(和城市基本肌理形态不一致的区域)的存在，以及"孔洞"之间片段式的拼贴(图 2.16)。城市建筑以局部、小尺度的楔入带动更大范围内功能、形态的连锁变化，引导区域的未来发展。

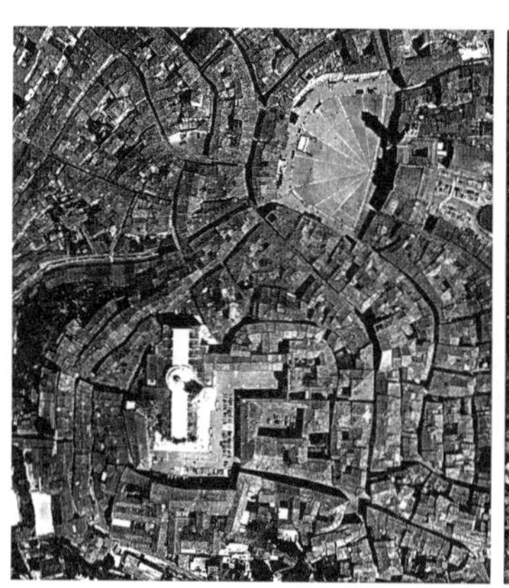

图 2.16　城市空间结构中"孔洞"的存在

来源：城市的形成：历史进程中的城市模式和城市意义，2005，p107、中文版扉页

1）功能引导

城市性的功能引导作用源于原有城市功能的结构性调整以及部分城市功能的引入。在城市的发展过程中，原有的功能布局随着时代的变迁，需要对局部的功能进行调配或者强化，以实现区域经济的发展，需要将局部功能转换为与城市阶段性发展相适应的类型与规模，或将新的功能引入，在资源、公共设施、基础设施、人口等级等方面实现门槛的超越，达成建筑城市性级别的跃迁。此外，通过将城市公共交通、步行交通、公共空间等因素引入城市空间单元，通过交通和空间的"渠化"，吸引更多人流、物流的聚集，并作为功能的催化，实现对周边城市地段的功能规模的激发，起到以点带面的引导作用。

城市性功能引导的意义在于通过局部的功能调整，在较长时段内对后续城市功能进行动态调整。首先，必须对该城市地区产生较强的功能激化，在较大范围内形成显著的功能涨落；其次，这种功能类型和规模的改变具有区域功能优化的可能，能够吸引更多的相关功能在特定区位的聚合，达到整体效益的提升；最后，这种功能的激化，要在一定的时期内长期存在，实现城市局部功能被动适配向整体功能协调发展的转化，促进城市资源配置的优化。

功能引导的作用强度与城市性的等级密切相关。建筑的城市性等级越高，起到的催化作用越强，对周边地区功能演化的持续作用范围越广，作用时间也越长。因此，需要对城市局部功能的引导做出全面统筹。首先，要建立层级化的功能网络，明确哪些城市区域的功能引导是起关键作用的，哪些是辅助性的；其次，各种功能引导作用应彼此协调，互为补充，要避免引导过程中的重复和缺失；最后，对功能引导做出时序上的规划，根据其城市性的层级不同，优先解决城市重点区域、地段中的功能引导问题。

2）空间结构引导

城市性的空间结构引导表现为对原有结构、肌理的"异化"，导致空间

"孔洞"的存在。城市的功能与结构关系互为因果,城市功能的置换和更迭,必定在城市空间结构上有所反映。结构引导也在城市的宏观层面和中、微观层面均有体现。

在城市空间结构的宏观层面,空间结构的引导性表现为通过建筑的楔入对原有城市的整体空间结构框架产生新的组织方式,使其成为城市新的生长点,引导城市以其为核心进一步发展。地段的生长以一种连续的与"蛙跳"相结合的方式反复进行,形成新的空间结构模式,同时孕育着新的空间生长点。这类结构性的引导往往成为城市新区的空间中心,并与城市原有的空间框架形成内在的关联。例如,巴黎的德方斯新城位于法国传统轴线的延长线上,轴线的延伸通过德方斯巨门这一具有标志性与象征性的建筑实现。德方斯巨门在城市宏观空间结构上有着双重意义,既作为巴黎传统结构主线的终点,又作为新城区结构的起点,二者遥相呼应,在此转接。通过它的空间转接,建立了德方斯新城的空间结构体系:以主轴线的延伸作为中心,高层建筑沿轴线两侧布置,与传统街区形成鲜明的对比,展现了巴黎现代性的一面(图 2.17)。

在城市的空间结构中、微观层面,空间结构的引导性表现为局部结构异化,成为该空间斑块向周边地域扩展的主导力量和基本模式,后续的城市建设以此为空间组织的"原型",以相对稳定的连续方式,实现斑块的向外扩张,并逐步改变城市中、微观层面的结构状态。例如,我国传统城市中大量存在的居住建筑由固有的空间组织原则(宗法关系和风水关系)形成相对完整的肌理特征。随着城市居住模式的改变,以院落为基础的结构模式被以小区为单位的异质性"孔洞"所代替,并作为一种新的结构模式,不断扩大、蔓延,逐渐取代了城市原有的肌理特征。1980 年代以后,由于较大规模城市公共建筑的出现,在城市空间结构上又形成了新的"孔洞"。这些"孔洞"沿城市主要街道轴向延展,逐步向街区内部过渡、渗透,酝酿着又一次结构局部的均质化过程。因此,在这一层面,城市性的结构引导随时代的发展不断重复,不同时段结构"孔洞"的共存增加了空间结构的复杂性(图 2.18)。

城市性的空间结构引导依据城市性的层级不同而不同。"孔洞"中心的城市建筑在结构发展位序上优先,具有相对较高的城市性级别,其结构特征也较为明显;"孔洞"边缘的城市建筑,其存在的状态受到"孔洞"及"母体"的双重制约,结构特征相对模糊,城市性级别较低。随着"孔洞"规模的不断扩大,内部结构的规模不断增强,形成对城市"母体"侵略性的扩张,以自身的结构模式取代原有的结构类型,从而使得边缘地区的结构特征趋于明朗,成为"孔洞"核心结构的一部分,边缘地区向城市圈层式蔓延。

3) 形式秩序引导

城市性的形式秩序引导是指城市建筑的形态特征与周边的建筑形态及空间形态具有一定的反差,由于这种反差体现了现代建筑和城市空间的必然发展趋势,而成为该区域建筑共同遵循的形态规则,或对该区域的建筑形态产生整体的控制。

随着城市空间结构中"异质孔洞"的形成,内部空间组织原则发生了本质的转变,并转化为物质形体层面上对原有建筑形态特征的异化。当

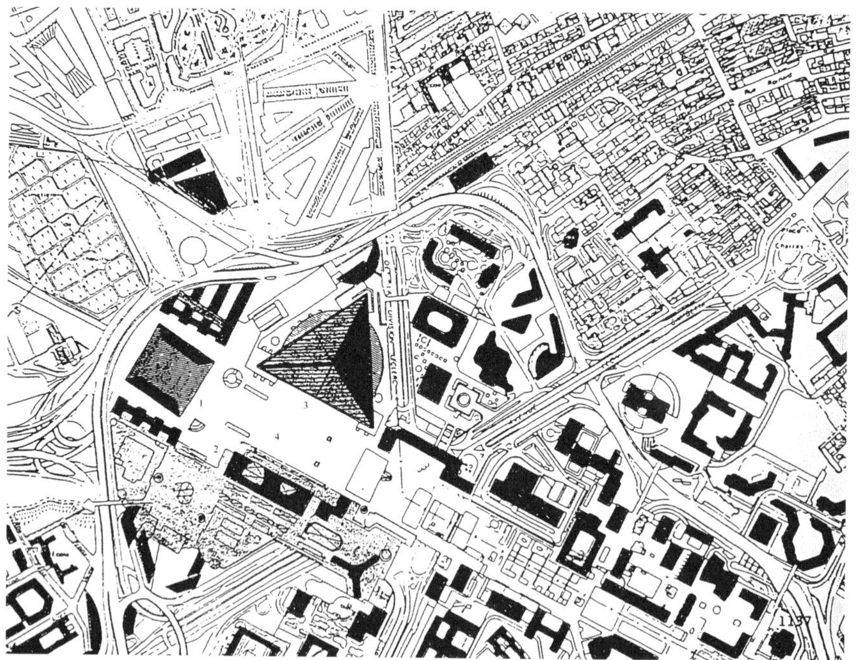

图 2.17　德方斯巨门的结构作用

来源:城市・建筑一体化设计,1999,p144

图 2.18　南京门东地区建筑形态的拼贴

来源:Google Earth

这种异化符合建筑功能的使用和审美趣味的变化,则成为一种默认的形态模式,成为后续的建筑的形态参照。"孔洞"的发展初期,后续的城市建设以"异质"形态为参照进行组织,通过一系列的延续、转化、更迭,将这种形态特征在街区内部及街区之间延展,最终导致内部相对均质化的"孔洞"或斑块的形成。当代城市土地使用强度激增,反映为城市密度、空间容量的增加，在建筑的形态方面，体现为建筑规模的增大、内部结构复杂程度的提高以及建筑高度的攀升。复合结构、超级结构的产生是这种城市形态发展的结果。

1976 年以前，南京新街口地区的城市建筑主要由沿城市主干道的商业建筑和街区内部的居住街坊构成，建筑规模都不大，建筑高度相对均衡，空间形态特征较为均质。1980 年代金陵饭店的建设是新街口地区城市空间形态演变的起点。金陵饭店的建设在城市空间形态上具有两方面的意义：其一，高大的体量使之区别于新街口地区传统建筑尺度，简洁、规则的形体特征与该地区混杂的建筑风格形成强烈对比；其二，建筑与道路之间预留了开敞空间打破了新街口地区长久以来形成的建筑紧贴道路红线的建设模式，封闭的街道空间得以打开。这两方面对新街口地区后续的形态控制具有一定的引导作用。自 1990 年代至今，新街口地区的城市建设以高层、超高层建筑为主，各地块的主楼布局基本沿城市主干道设置，在中山南路、中山东路—汉中路的空间节点形成了以交通转盘为中心，由金陵饭店、招商局国际金融中心和新百主楼组成的向心汇聚格局(图 2.19)。

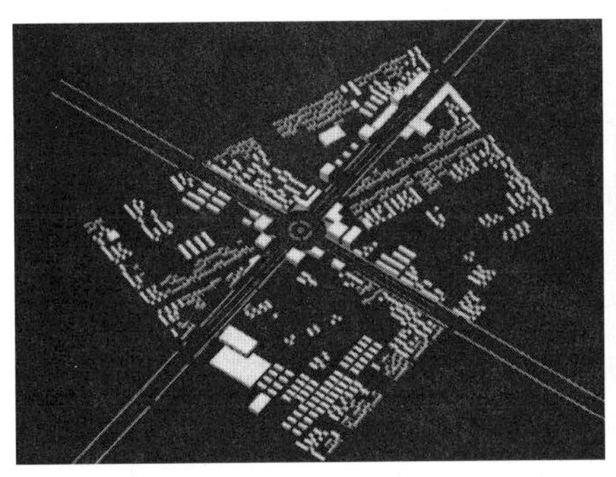
1945年新街口地区空间形态

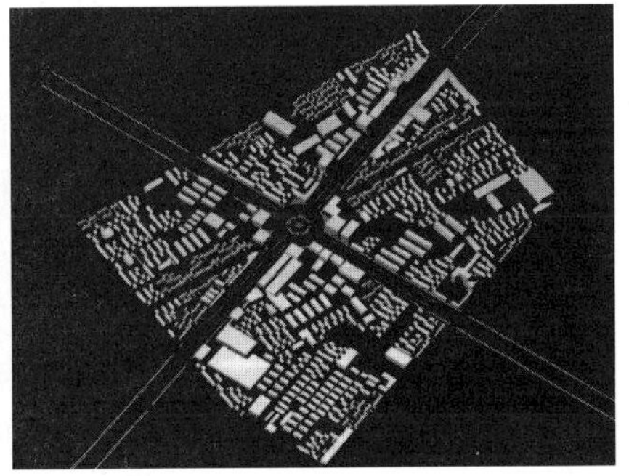
1976年新街口地区空间形态

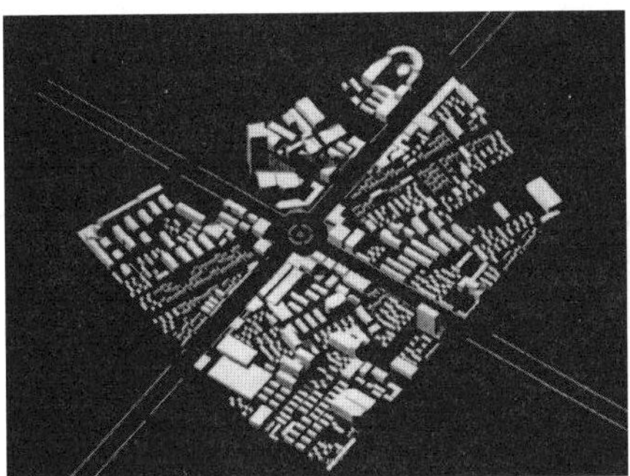
1991年新街口地区空间形态

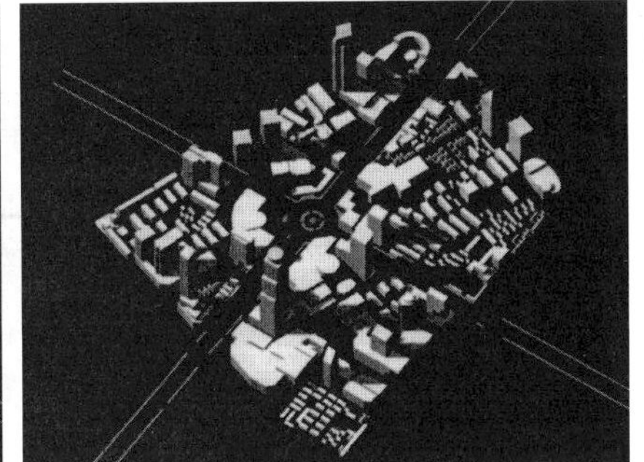
2000年新街口地区空间形态

图 2.19　南京新街口地区建筑形态演变过程中，金陵饭店起到重要的作用
来源：南京新街口街区形态发展变迁研究，南京大学建筑学院硕士论文，2004，p12

2.3.3　受控与引导作用的时序

城市性的受控和引导两种作用方式不是孤立存在的，城市建筑在城市系统中的作用是这两种作用的“合力”表现，反映出其在城市系统中的不同定位和作用等级。城市性的受控与引导作用在城市发展的不同阶段，有着不同的侧重方面。二者的叠合促成城市功能、形态的有序。城市性的受控与引导作用在城市发展的不同阶段同时存在，持续的作用使城

市呈现不同程度的同、异质拼合。

在城市建设初期，建筑城市性的引导作用大于受控作用，在城市的优势区位形成空间的生长点，吸引资源的相对聚集，各空间生长点在功能上相互补充、协调，促使城市整体空间框架的形成。其后的建筑楔入方式表现为对城市整体结构框架的填补，依据所处城市区位的不同以及与各空间生长点关系的强弱，按照该结构模式和形态的参照进行连续性的空间“增殖”，显现出受控为主的特征。当这种空间的“填补”趋于完整，城市系统的各组成元素之间达成功能、形态的相对平衡。城市的发展以及微观元素之间的相互作用，会导致系统内部的动态调整。同时，一系列城市事件的发生以及政策的调整，以外力的形式对城市各空间单元施加影响。在自下而上和自上而下的共同作用下，城市的功能布局、形态特征与原有的平衡状态产生一定的矛盾，需要相关元素适当的调整和改变，以适应系统的改变。当这种局部的变动不足以动摇系统的完整性时，可以通过元素之间的局部调适，保持系统的相对稳定，此时受控作用仍然占据主导地位；当局部的变动需要城市系统做出结构性的重组，则会在城市系统内部出现“异质”斑块，或者在系统以外形成新的生长点，这时引导作用重新占据主导地位，并促使城市系统进入新的演化过程。

亚历山大在旧金山海滨的试验可以看作城市空间发展的小尺度复原。在该地区的建设过程中，建筑对城市环境的楔入过程体现了受控和引导两种不同作用方式(图 2.20)。

在项目的第一阶段，大门的建设是整个项目的起点，其目的不仅是建立进入场地的入口，还通过对地块纵深的暗示，启发了随后整个街道的建设，引导了饭店、咖啡馆、教育中心等后续项目的陆续成型。这些项目受到林荫道、斯皮尔大街、米申大街和地下高速公路的限制，采用沿街道周边布置和跨地下通道布置的策略，形成街区结构的基本框架。其中社区银行的设置，在空间形体上具有多重作用，既在结构上明确了林荫道的结束点，又通过形体的组织，串联了街区道路和内部小广场，还通过中部打通的通道，使步行空间向地块的北部和海滨方向渗透。它既受到已有的基督教青年会、汽车库和地下高速公路走向的限制，又以跨街连接的方式暗示了未来东部地块的发展格局，体现了引导和受控的双重作用。项目的第二阶段，为了吸引东部地块的发展，采用“蛙跳”的方式，建设了浴室和教堂两个具有公共性的建筑，空间指向与弧形的地下高速公路走向关联，并与第一阶段建成区形成空间上的“力线”，为后续的建设奠定了整体的发展结构和路网基础。随后的建筑行为表现为对既定结构框架的填充和完善，直至剧院和报社大厦的酝酿。剧院和报社大厦在空间结构上实现了东西两个地块的转接，起到了空间缝合的作用，同时由浴室—主广场—剧院庭院的空间关系与社区银行向海滨的空间延伸方向一致，强化了街区的结构秩序，在受制于整体空间结构的同时，又为最后阶段的完成提供了空间的引导。

通过旧金山的案例分析可以看出，受控与引导作用是城市的微观元素和城市系统双向互动的结果，不能脱离城市环境主观地对城市建筑的作用类型加以臆度，也不能忽视城市建筑的引导作用过于保守地维持城市系统的现状。关键在于针对不同的城市发展情况，选择适宜的时间和区位以及适宜的建筑功能和形态楔入城市环境，并通过这种局部的作用有效地在城市整体结构上做出适配的复位、调整和重组。

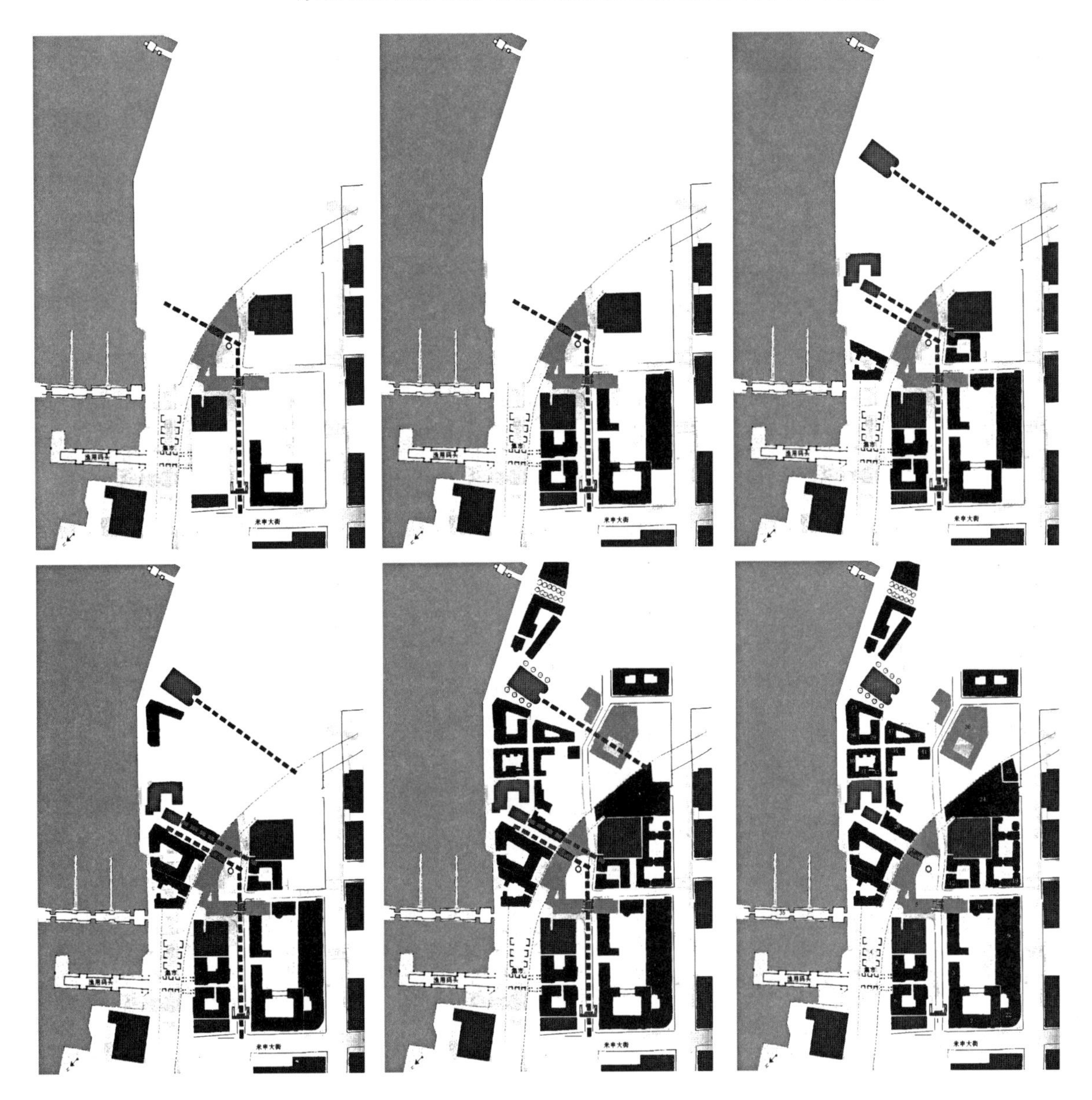

图 2.20 亚历山大在旧金山海滨试验的各发展阶段，建筑的引导与受控作用图解

2.4 建筑城市性的形态作用类型

城市的发展是一个从均质到异质状态的动态过程。完全均质状态是城市产生瞬间的状态，是一种抽象的概念，只在本体论层面具有意义。正如海德格尔所说，以“存在”作为本源意义的哲学一经产生，便成为研究存在的方式，并马上失去其本源的意义，从而演化成为形而上学。城市的发展也与此类似，城市的初始形态一旦形成，便开始了向异化的转变，并永远无法转回到初始的均质状态，发展过程不可逆转。相对稳定的城市形态其实是城市不同发展时期同、异的拼贴和组合，并随着城市的发展而不断演化。

在城市系统中，城市建筑可以抽象为“点”。“点”通过城市街道、广场和开放空间的连接而成为相互关联的整体。“点”状的城市建筑与城市交通相结合，会随着交通动线的空间连接，产生与相应站点以及步行网络周边空间单元的广泛关联。因此，根据城市性受控与引导的“合力”作用，建筑城市性在城市系统中的作用类型分为具有空间连续特征的点状融合、点状缝合、点状统合以及空间非连续特征的网络关联(图 2.21)。

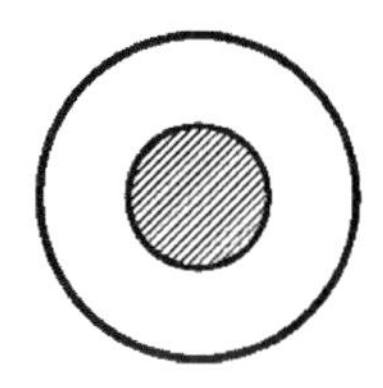
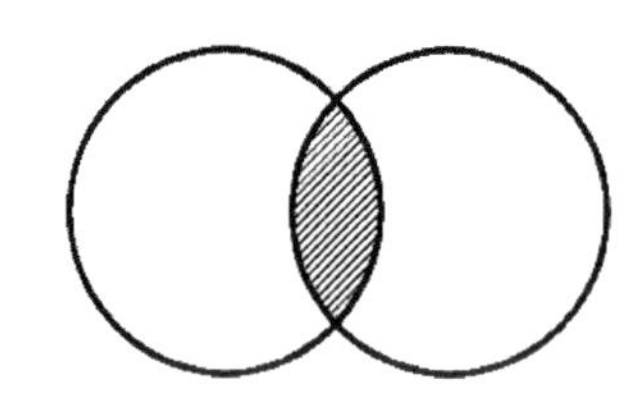
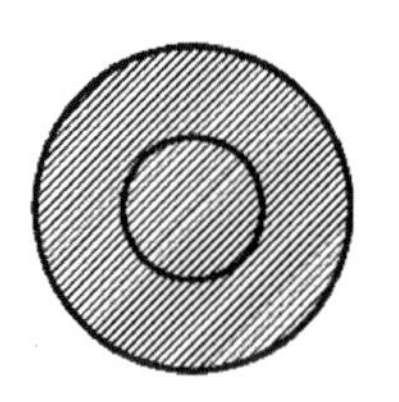
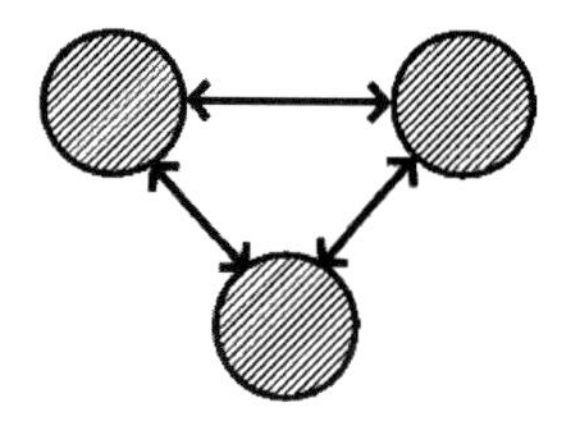

图 2.21　建筑城市性作用的四种类型，依次为点状融合、点状缝合、点状统合、网络关联

2.4.1　点状融合

点状融合表明城市微观的空间单元对城市系统保持既有的依附性，强化其所处街区、地段的基本特征，而不彰显自身。点状融合作用的建筑在城市性的等级中往往属于相对较低的层次，受到自然、人工环境的制约，表现出系统稳定的连续性。点状融合作用的城市建筑在功能组织方面，与既存城市环境形成同质性连续，扩大原有功能的组织结构，或对其进行补充，使之更加完备；在建筑形态方面是对周边城市空间形态和建筑形态特征的转译、移植，体现出群组形态特征的连续性。

点状融合在建筑形态上可分为主动式的组织和被动式的填充两种状态。前者在融入城市环境时具有一定的灵活性，可以依据总体功能、结构布局进行有针对性的调整，建筑自身的形态特征较为完整。上海安亭新城周边式的街坊布局是经典的德国城镇典型空间元素在国内的完整移植。不规则的环状街道和不规则的“L”形广场的设置保证了街坊外部界面的连续性和内部公共空间的开放性。广场周围风车式的建筑布局通过加长街坊南北长度、压缩东西长度，增加东西向开口等方式，形成南北、东西向的空间围合。虽然一些东西向住宅的设置与我国传统居住习惯有着某种冲突，但建筑的基本布局和形态特征对保证总体空间结构的完整有利(图 2.22)。后者则体现了对现有建成环境的尊重和理解，通过对城市街道结构和院落类型的研究，在形态和空间结构上与传统的建筑拟合。自身的形态特征也许并不完整，但能保证城市公共空间体系和结构组织关系的完整。

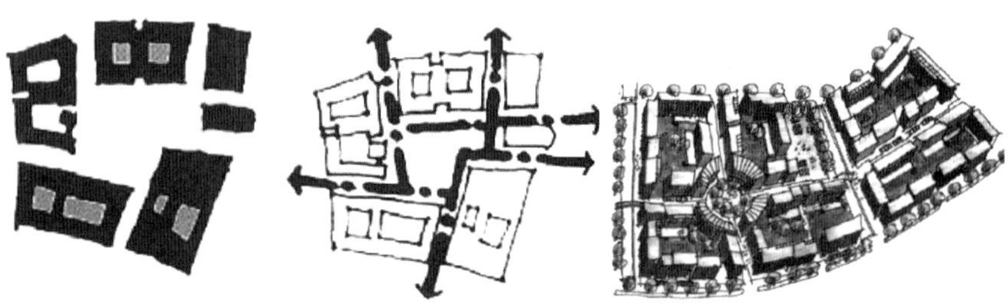

图 2.22　安亭新城的建筑组团空间格局
来源：解读安亭新镇，2004，p3

2.4.2 点状缝合

点状缝合是指通过城市建筑与城市相关元素的关联，使相对“碎片”化的城市组织结构相对完整。它在功能、形态和空间结构等方面同时具有相关子系统的某些特性，而具有整合的可能。通过该类型建筑的接驳和转化，实现不同子系统之间有机的过渡和衔接。具有缝合作用的城市建筑在作用机制上兼具受控和引导两种方式，缝合作用是通过建立楔入建筑与既存建筑之间功能与形态的关联而实现的。子系统 A 内部的某些特征传递至该建筑，并发生部分的异质转化，与子系统 B 的相关环节形成呼应，从而具有双向的连续和引导作用。其意义在于通过城市建筑的缝合与连接，形成更高系统层级的完整。

在街区—地段层级，点状缝合的形态作用体现在对城市街区不同建筑在空间结构上的整合，自身的形态特征不以功能为出发点，而是对既存建筑环境的回应，往往表现为各种关系、线索的叠合，是一种结构性的复原。这种点状缝合通常采用“同质缝合”的策略，使楔入的建筑与原有的建筑环境有机地统一。柏林约翰尼斯特区的国际艺术馆区(Tacheles)的建造环境极为复杂，基地被传统的街坊式建筑包围。罗伯·克里尔(Rob Krier)在设计中将复杂的功能组织在一栋空间形态“怪异”的建筑中，以圆形的小广场为核心，将美术馆演变成由“城市街道”串联的连续空间，以“迷宫”的方式对城市街道与建筑的定义做出了诠释。新建筑与周边建筑有机地结合在一起，内部的通道与城市街巷系统相互衔接，实现了对该地段的空间缝合(图 2.23)。

在跨街区—分区层级，点状缝合体现在对不同结构子系统的整合，将不同街区内独立的空间单元在功能、形态、结构等方面加以连接，成为具有城市节点性质的空间实体。缝合作用的物质构成由建筑主体和连接体(多层次的步行网络)两方面组成，建筑主体具有一定的城市综合体特征，对城市局部的功能、形态进行控制和引导，同时通过连接体的接驳，使分散的城市活动得到有机组织，城市空间碎片得以连续。有时建筑主体的缝合作用并不明显，仅通过连接体的跨街区联系即可形成对城市空间的缝合。这种点状缝合通常采用“异质缝合”和“同质缝合”相结合的策略，使楔入的建筑在形态上既有别于既有的建筑，又与周边建筑环境保持一定的关联。例如北京西单文化广场的建设针对周边建筑各自为政、缺乏功能关联，公共设施没有统筹安排、交通不便，各地块公共空间相互独立、城市界面破碎等弊端，制定了对该地区的城市空间进行修补、接驳和缝合的设计指导原则。通过建立地下步行商业空间、二层步行系统，实施广场地面的景观，实现了公交换乘、购物、休闲、交往等多种功能，并使广场与周边建筑有机联系起来，成为西单中心商业区个性鲜明的“序曲”，整合了由车流切割、分裂的各个街区(图 2.24)。

2.4.3 点状统合

点状统合是指城市建筑由于其自身功能、形态的特殊性，与周边建筑环境存在较大的涨落，周边建筑环境以其为核心的组织方式。这类城市建筑具有三方面的特征，首先，它是城市整体结构框架的基础，对后续结

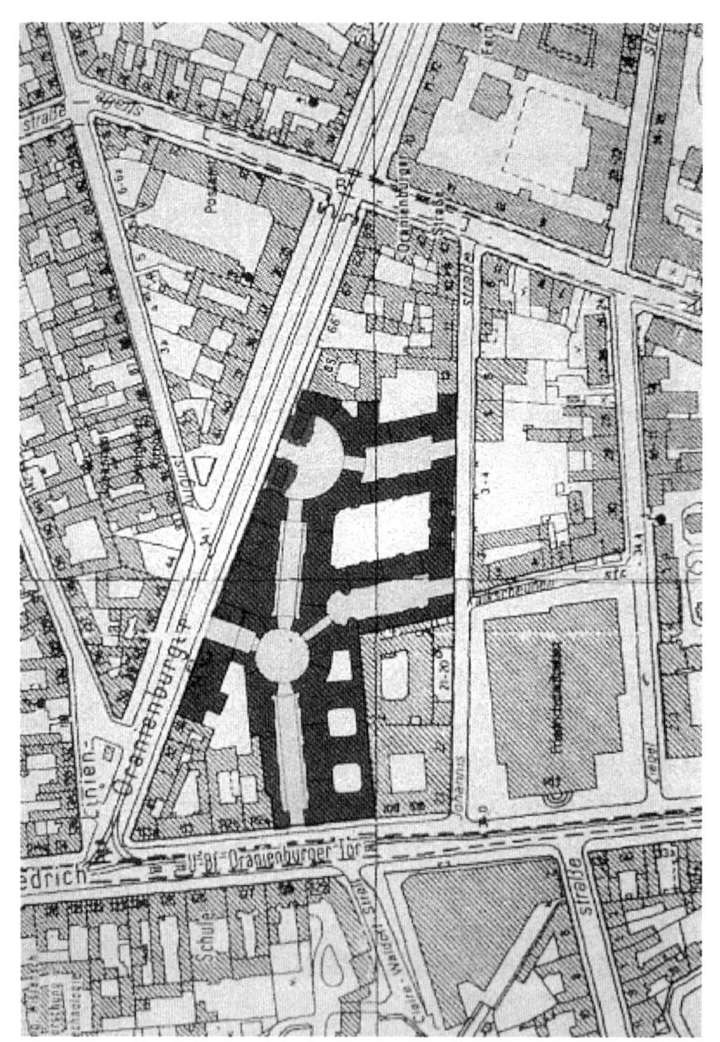

图 2.23 柏林约翰尼斯特区的国际艺术馆区最终方案
来源:城镇空间,2007,p115

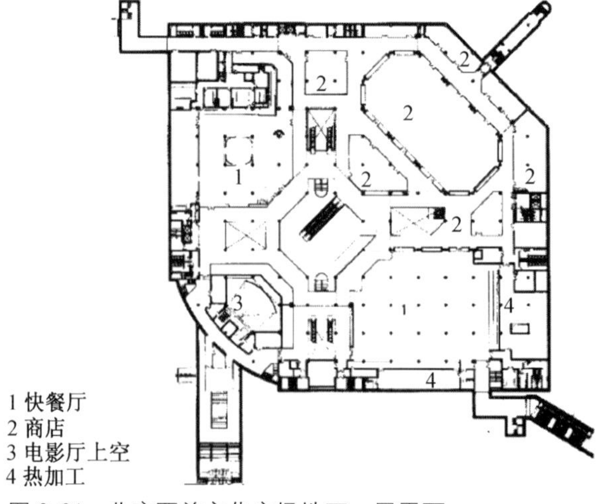

图 2.24 北京西单文化广场地下一层平面
来源:城市空间的修补、接驳与触媒,建筑创作,2000(3),p14

构的扩展和填充起着关键作用;其次,它在形态上突出城市背景,具有一定范围内的标志作用;最后,由于其功能和形态的引导作用,能促进其周边建筑环境围绕其进一步演化。在形态上表现为其建筑高度、规模对周边建筑的统摄，或形式的“异质”。其楔入的方式有“同质异化”和“异质对比”两种方式。在“同质异化”状态下，表现为通过对城市既存建筑形态某一方面特征上的强化，使其具有超出参照物的高度、规模等特征，而其他方面与参照物基本保持一致。如纽约原世贸中心塔楼，以自身高度改变了城市天际线轮廓，成为曼哈顿的视觉核心，而其基本形体则对曼哈顿式的摩天楼进行了简化、抽象，矩形的体量与城市街道格网相协调。在“异质对比”状态下，建筑通过具有个性鲜明的形态，与周边建筑环境形成强烈的反差，并以这种对比作为对现存建筑环境的“反语”，形成具有冲击力的空间统合手段。如格拉茨美术馆的泡状物(Blob-Like)主体由底层的开放空间支撑，悬浮在半空，连续光滑的表面消除了墙、屋顶和地面的差别，犹如外星来客一般楔入格拉茨具有传统建筑特征的街区。这个在公众眼中的“异物”成为城市街道景观中不可或缺的视觉焦点，套用屈米管用的一句话，它与“不可避免的力量”有着更为密切的关系，而不是美学的语言[18]。

城市是一个具有层级性的系统，城市建筑的点状统合作用在城市中依据其城市性等级的不同而具有层级性的差别，同时又相互关联、制约。城市性的级别越高，对城市的统合作用越强，相对于均质化的城市背景，其“异化”的程度越高，标志性和可识别性也就越高。

以上海市标志性建筑的布局为例，目前由于片面追求容积率，造成城市空间的拥挤、标志性建筑景观特色的弱化，导致城市整体空间秩序的混乱，真正具有空间统合作用的城市建筑在城市空间结构上的作用不能凸显。同时，根据上海市的总体发展规划，通过一城九镇的建设，力求将上海市建设成由主城—辅城—二级中心城镇组成的多中心、多层次、组团式现代化城市空间格局。为此，国内对上海标志性建筑的布局和城市整体空间的优化做出了相关的研究。研究表明，应当将疏散与疏导有机结合，在城市区位较好、能够适合城市空间的轴向发展并能强化上海滨水空间竖向形态特征的地段建造标志性建筑，同时标志性建筑的保护和选址应重视城市空间文化层面的建设和城市竖向形态特征的保护。在此基本原则下的中心城区标志性建筑根据其级别的不同制定相应的发展策略。其中市级的标志性建筑以三园(人民广场、陆家嘴中心区、世纪公园)、三线(南京东路、淮海中路、世纪大道和外滩)、十点(豫园、龙华塔、静安寺、吴淞晨鼓、三座跨江大桥、江湾体育学院、徐家汇天主教堂、锦江迎宾馆和小礼堂)为核心，形成城市空间结构的整体框架。副中心级和专业中心级的标志性建筑体系分别由徐汇副中心、真如副中心、江湾副中心、不夜城、展览中心、虹桥经济技术开发区、四川路商业街、物贸中心等构成。地区级的标志性建筑群体可以从分区规划中分别设置。其中起结构性的标志物设置在CBD、主要公路入口、城市交通口岸等重要地点，新城及城市建筑保护区、度假区、传统住区、海滨等建筑景观控制地区，以及由浦东新区行政中心—陆家嘴—中山东一路—人民广场—展览中心的东西向空间发展轴[19]。

2.4.4 网络关联

城市建筑的网络关联作用可视为通过城市快速交通系统的连接，超越地理空间的约束，在城市尺度上实现更大规模的关联与参照，表现为建筑功能和形态在空间的非连续状态下，在宏观层面对城市整体秩序的作用。在传统城市中，受制于交通方式，时间与空间在一定程度上是一致的，空间的距离决定了可达性的强弱。而在当代网络化的城市中，多种交通方式的并存使得空间距离不成为影响地点可达的唯一因素，而与交通的速度以及交通动线与城市空间单元的连接方式密切相关。人群在空间转换中的时间因素强于距离因素。同时，随着人、物和信息的交通运输速度的提高，人们经济生活和社会生活的空间尺度也按比例扩大。片段式的拼贴在城市交通的关联下成为意象中的连续，城市的物质构成以一种“超文本”链接的方式体现。在“超文本”的社会中，时间的连续取代了空间的连续，通过心理感知压缩了物理空间距离，产生跳跃性的空间意象和功能联系。在当代城市中，城市快速交通系统(地铁、轻轨等)的存在使得不同维度下的空间联系和作用成为可能，并通过这种作用方式在城市系统不同层级传递，实现对城市系统整体秩序的重构。

城市建筑网络关联作用体现于其在城市网络体系中对城市整体功能与结构的相关和互动。通过城市快速交通系统的串联和衔接，促使均质发展和轴向发展的城市空间发展向以交通转换枢纽为中心的地区聚集，形成一定的空间结节。该聚合地区由于占有区位上的优势，有利于产生与之相对应的功能集合，在城市空间网络中形成地区性的功能适配。各聚合节点在功能上彼此相互补充、支撑、调配，适应于当代城市整体功能的有效发挥(图 2.25)。同时，功能作为结构的一种特殊表现形式，其网络化特征对城市的空间结构施加影响，导致原有以该节点为中心的点状空间集合进一步系统化、层次化。在此过程中，低层级的城市单元有可能实现向上一网络层级的跃迁，同时随着城市产业结构的调整和局部功能的衰退，也可能导致原有的高级别网络节点向低层级的转变，演化过程具有动态性和相对性。

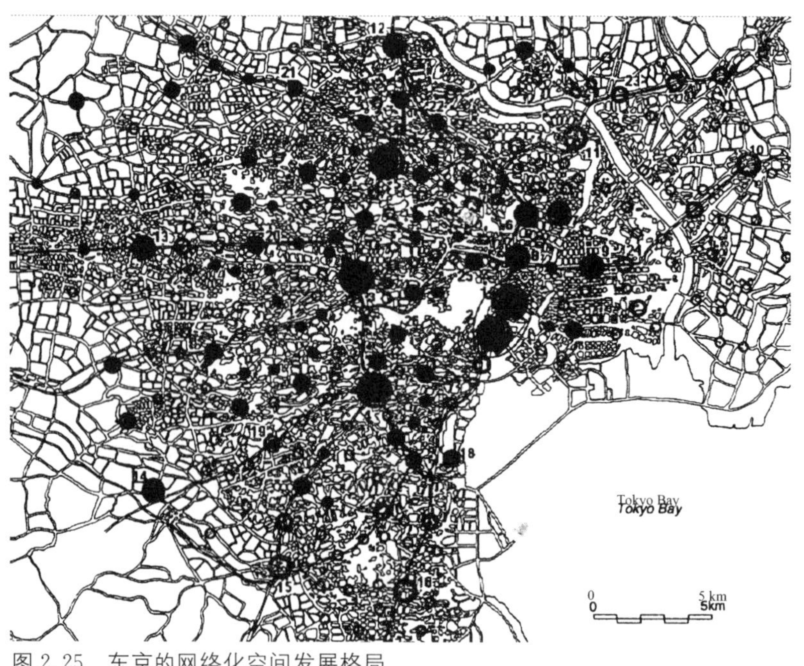

图 2.25　东京的网络化空间发展格局

来源：建筑师，1999(6)，p88

城市结构的网络化是通过空间节点和线性连接形成的，因此城市建筑的网络关联作用的实现必须基于该节点和路径的城市化与社会化。通过将城市街道引入建筑空间，使中庭空间成为城市交通的集散枢纽，建筑屋面成为城市广场等措施使城市建筑与城市空间体系紧密咬合、连接、渗透；通过多层次的步行交通网络的建立、多种城市功能在建筑内部的复合，使以往只能由城市设计操作的城市问题转化为建筑的基本命题。1991 年建成的墨尔本中心面积达 26 万多平方米，融合了出租办公、商场及多功能娱乐设施。黑川纪章(Kisho Kurokawa)设计了一个具有双重作用的锥形透明中庭，既是建筑裙房部分的公共空间核心，又通过与地铁站大厅的穿插连接，使其成为城市空间的转换环节。连续流动的空间使得城市交通、古建筑文物与商业娱乐等多项要素之间得以整合，在激活商业销售的同时给人们带来了全新的空间体验(图 2. 26)。

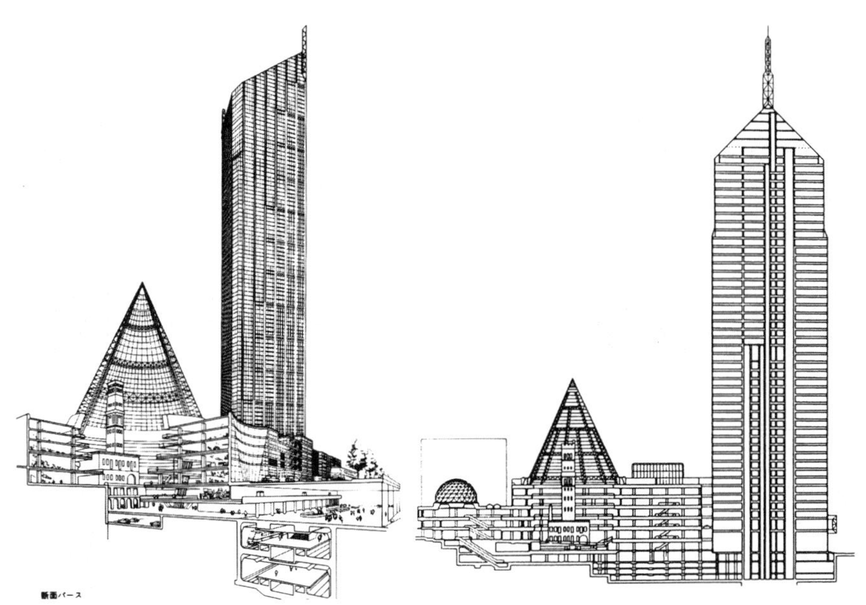

图 2. 26 墨尔本中心与城市的关系
来源：城市・建筑一体化设计，1999，p56-57

本章注释

1. 路易斯・沃斯(1897—1952)美国著名城市学家，芝加哥学派代表人物。他在 Urbanism as a Way of Life 一文中提到了 Urbanism 一词。文章题目的翻译核心在于对 Urbanism 一词的理解。陶家俊将此文翻译为《作为一种生活方式的都市主义》，但通观原文并无都市主义的含义，更多地指向城市生活。
2. 卓健. 速度・城市性・城市规划[J]. 城市规划，2004(1)：89-92.
3. 韩冬青. 文脉中的环节建筑[J]. 新建筑，1998(1)：20-22.
4. 张勇强. 城市空间发展自组织与城市规划[M]. 南京：东南大学出版社，2006：147-148.
5. Phasorhand. 神经网络[EB/OL]. [2019-04-06]. http://blog.csdn.net.
6. 齐康. 城市建筑[M]. 南京：东南大学出版社，2001：219.
7. 齐康. 城市建筑[M]. 南京：东南大学出版社，2001：259-266.
8. 韩冬青，冯金龙. 城市・建筑一体化设计[M]. 南京：东南大学出版社，1999：21.

9. 曾莹. 城市・建筑一体化设计中的环节建筑研究[D]. 南京：东南大学，2001：23-29.
10. 曾莹. 城市・建筑一体化设计中的环节建筑研究[D]. 南京：东南大学，2001：27-29.
11. 张尚杰，刘丛红. 得失交织的当代柏林城市建设[J]. 新建筑，2006(2)：38-40.
12. 彰国社. 东京都新都厅[M]. 王治，胡秀梅，译. 北京：中国建筑工业出版社，2004：104-109.
13. 上海陆家嘴 CBD 问题不少交通拥堵、功能区开放小[EB/OL]. [2004-11-18]，http：//news. sohu. com.
14. Indovina F. Os grandes eventos e acidade occasional[M]//A didade Da EXPO'98：Lisbon，Bizancio，1999：133.
15. 阳建强，吴明伟. 现代城市更新[M]. 南京：东南大学出版社，1999：43-45.
16. 克莱芒，魏庆泓. 城市设计概念与战略：历史连续性与空间连续性[J]. 世界建筑，2001(6)：23-25.
17. 科斯托夫. 城市的形成：历史进程中的城市模式和城市意义[M]. 北京：中国建筑工业出版社，2005：9-40.
18. 绍拉帕耶. 当代建筑与数字化设计[M]. 吴晓，虞刚，译. 北京：中国建筑工业出版社，2007：89.
19. 李阎魁. 城市标志性建筑布局探研：以上海为例[J]. 华中建筑，2002，20(4)：53-58.

3 基于建筑城市性的功能分析与策划

城市的产生和演化可用两种不同的视角进行诠释。在规划视角下，城市是各种下层系统的整合，系统性是评价和设定城市发展状态的基本话语。在建筑视角下，城市是由建筑的不断累积而产生的结果。在空间的不断填充与扩充过程中，人们自觉抑或不自觉地受到各种内部或外部的建造规则作用，同时受到地域建构传统的浸染。城市建筑介入城市的过程带有"小尺度、渐进性"的特点，其设计操作以客观、理性的城市阅读与分析入手，与传统的建筑设计方法形成明显的分野。虽然建筑功能在传统意义上在设计进行之前就被定义，但在城市的维度下重新判断建筑的功能状态并以"建筑的方式"建构城市的功能体系，是当代城市建筑功能研究的新方法。

3.1 功能分析的相关因素

在建筑城市性理念下的功能分析和策略选择将建筑的功能设计置于城市的视域范围，将城市建筑自身的功能价值建立在城市整体功能秩序的基础之上，寻求城市局部与整体之间有机统一。因此，参数的选定应基于建筑系统和城市系统中与功能相关的交集(图 3.1)。

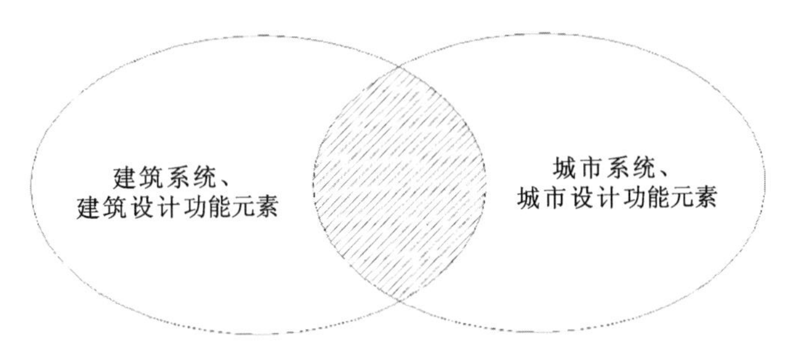

图 3.1 建筑功能分析的研究领域

3.1.1 城市层面的分析因素

1) 区位

区位理论是把城市系统看作外部条件与内部因素相互联系和制约的整体[1]。城市的区位优劣是随城市发展在时间和空间两个维度上进行演替、变化的。在时间维度上，城市产业的更新、发展，功能的改变都会促使城市空间区位性质的转化；在空间维度上，随着城市规模和结构的发展，空间区位也会呈现位置上的变动。因此，对于建筑在城市区位中的分析应建立在动态的基础之上。

与城市区位相关的因子包括物质环境、经济环境、社会文化环境等方面，这些因子的差异最终决定了一个建筑在楔入城市环境中所具有的最为基本的功能特征。一般来说较好的城市区位存在于如下几个方面。

(1) 城市中心

由于城市中心具有较为完善的基础设施，能够为交通运输、信息交流、空间资源利用等方面提供便利条件，有利于新建筑功能的发挥。

(2) 城市边缘地带或城市新区

由于现有的建成环境(如周边的城市建筑或其他设施)对其制约条件较少，使其能在设计过程中较少地受制于周围环境的约束。

(3) 城市风景名胜区、传统文化区

它们具有自然、人文优势的城市地段周边，直接影响着城市内部空间区位的优劣，为该地段的城市建筑提供了良好的社会、文化、自然条件。

(4) 对外交通口岸和交通转换枢纽地区

这些地区往往成为展示城市面貌的窗口，同时也具有大量的人流聚集，能为建筑功能效益的提升起到促进作用。

不同类型和功能的城市建筑置入城市的不同区位，其作用是不同的。具有较强公共性的建筑置于城市新区，可以起到城市触媒的作用，带动周边城市建设的兴起，促进土地增值，形成城市空间结构发展的新核心。而以居住功能为主的建筑大量地置于城市边缘地带，则会增强城市向外的圈层式扩张，加重城市内部交通的负担。区位的分析组成可归纳为如表3.1所示的内容。

表 3.1 区位分析的相关因子构成

<table>
<tr><td rowspan="10">区位分析因子</td><td rowspan="5">物质环境</td><td>外部交通</td></tr>
<tr><td>基础设施</td></tr>
<tr><td>建成环境</td></tr>
<tr><td>自然资源</td></tr>
<tr><td>业态的组织</td></tr>
<tr><td rowspan="3">经济环境</td><td>土地价值</td></tr>
<tr><td>政府土地政策</td></tr>
<tr><td>投资环境</td></tr>
<tr><td rowspan="2">社会文化环境</td><td>文化传统</td></tr>
<tr><td>历史遗存</td></tr>
</table>

2) 基地功能条件

对基地全面、深入的调研分析无疑对建筑项目的理性操作是有益的，林奇在《总体设计》(*Site Plan*)一书中，将基地与影响环境的相关因素制定出相应的调查表，分别从基地总体文脉、基地及毗邻用地的自然资源、基地及毗邻用地的文化资源等三个方面进行阐释。其中繁杂的相关因子包含了建筑与基地条件的各个方面，以至于林奇在对其调查表进行解释时也提到，这些资料表太长了，其中许多条目可做概略处理。因此在建筑功能分析中我们筛选出与建筑和城市环境同时作用的相关因素，包括基地周边功能配置、交通组织、城市管控措施及指标等几个方面。

(1) 功能配置

建筑基地周边的功能定位和配置在一定程度上决定了拟建建筑的功能类型及其功能效益的发挥程度，相应配套设施的完善和运作条件的成熟也为其功能设置创造了条件。城市各空间单元在功能体系中是互动的,整体功能效益的产生和提升有赖于各功能实体自身功能的完善以及相互之间功能的协调、连续。在非"外力"作用下,通过功能单元自身的适配达成自身功能效益的最大,同时保持系统整体功能的动态平衡。当人为的管控措施施加于既有的城市功能体系,将引起一系列城市空间单元的功能适应性调整,与城市整体功能目标相一致的城市单元得以更好地发展,而与其目标相背离的城市单元则受到抑制,引起局部功能的退化和置换。因此,对城市环境中的功能配置的分析应基于两个方面:一方面从外而内的角度,主要研究外部的业态分布和功能特征是否对项目的确立产生有利或不利的功能影响;另一方面从层级的角度,分析该地段的功能组成中,哪些因素起核心作用,哪些因素起辅助、填充作用,以及相互的关系。

建筑城市性等级越高,与拟建建筑的空间距离越近,其功能的影响也就越强。与新建筑的功能形成良性互动的功能关系遵循互补性、连续性的原则。互补性是指在局部地段内各建筑的功能相互支撑,在保持自身功能实施的同时,为毗邻建筑提供相关的服务和使用需求,形成局部的功能平衡。连续性是指各建筑的功能属性能为使用者提供功能使用上的连续,实现整体功能效益的最大化。整体功能秩序不在于某一环节功能效益的最大化,而在于功能网络中对整体功能发挥最不利因素的控制。如同"木桶效应",在一定的城市范围内,其他环节的功能优势再强,也不能抵消其相对弱势功能的反作用。

基地功能的分析组成可归纳为如表 3.2 所示的内容。

表 3.2 基地功能分析的相关因子构成

功能分析因子	功能的组成	业态分布
		功能类型
	功能的层级	主导性功能
		服务性功能
		其他功能
	相关建筑的功能关系	功能的互补性
		功能的连续性

(2) 交通组织

建筑基地周边的城市交通环境对楔入的建筑起到两个方面的作用:其一是决定了该建筑在城市中的交通可达性;其二是通过城市交通的输运、过滤和接驳作用,为城市建筑的功能使用提供了必要的条件。影响交通可达性的因素有三方面:一是通行效率,也可由城市内各区域到达该地点所需的时间作为速度的转换计量,所需的时间相对越短,则其可达程度越高;其二是一定空间范围内的道路密度,城市道路的密度越高,人群到达目的地的可选择性越强,则其可达程度越高;三是对到达目的地的交通方式的可选择性,能够采用多种通行方式的可达性相对较高。城市人流在不同交通模式下最终以步行的方式进入建筑,其中需要经过交通的模式转换、动态交通和静态交通的转换、人群的分流等过程。在多种交通模式中,步行交通须优先考虑。

基地的交通条件体现在如下几个方面：基地周边道路的性质与等级；城市广场、道路交叉口位置；基地的交通出入口；车流量及停车容量；人流量及人群疏散；城市公共交通站点位置和通道连接方式。分析数据的获得除了进行现场观测以外，还可以通过大数据查询、人群交通满意度调查、通勤时间调查等方式进行。

城市交通条件分析中不可忽视由于建筑的楔入所带来的城市交通环境改变。大型的公共性项目必然对现有的城市交通产生影响，体现在城市道路开口数目的增加、瞬时交通流量的增加以及城市步行交通体系的改变等方面。因此，需要根据项目的性质不同、规模不同对其城市外部交通的分析留有一定“预留”的空间，并通过交通模拟的方式对建成后的交通环境进行预测(交通评价分析)。

基地交通的分析组成可归纳为如表 3.3 所示的内容。

表 3.3　基地交通分析的相关因子构成

<table>
<tr><td rowspan="16">交通分析因子</td><td rowspan="2">交通的可达性</td><td>通行效率</td></tr>
<tr><td>道路密度</td></tr>
<tr><td rowspan="4">外部交通与建筑的关系</td><td>交通方式的可选择性</td></tr>
<tr><td>交通的输运</td></tr>
<tr><td>交通的转换</td></tr>
<tr><td>交通的接驳</td></tr>
<tr><td rowspan="6">交通设施现状</td><td>外部交通与建筑的组合可能</td></tr>
<tr><td>道路的性质、等级</td></tr>
<tr><td>交叉口位置</td></tr>
<tr><td>基地出入口位置</td></tr>
<tr><td>车流量及停车容量</td></tr>
<tr><td>人流量及人群疏散</td></tr>
<tr><td rowspan="4">交通环境预测</td><td>公交站点及连接通道</td></tr>
<tr><td>车流量的变化</td></tr>
<tr><td>人流量的变化</td></tr>
<tr><td>步行系统的优化</td></tr>
</table>

(3) 城市管控措施及指标

城市规划、城市设计对基地内建筑的双重限定和约束可视为一种对建筑功能外在的强制性控制，并通过规划设计要点、城市设计图则和导则以及各种控制指标的制定等方式进行具体的操作。它们是在人为干预下对城市系统各元素之间功能规则的制定，不以业主和建筑师个人意志所控制，而以城市发展的整体价值取向为目标，带有鲜明的自上而下的特征。外部的约束越强，城市的整体功能结构越能按照人为预期的方向演化。

控制性详细规划对建筑功能相关的规定包括用地范围内的用地面积和边界、土地使用、建筑容量、基地范围内交通出入口方位等控制要求。

我国在改革开放之前,单一的计划经济使得所有的社会资源归属于国家统一调配和控制,在建设过程中非常清晰地明确了城市建筑的功能属性,其他的团体、个人无法介入开发过程。随着计划经济被市场经济所取代,建设与经营的主体逐渐为各种不同的社会利益集团所替代,政府不可能对城市建设项目的功能进行明确的定位和控制。同时随着城市复杂性的增强,城市建设过程已经不可能完全由一种利益要求所左右,需要调和多方面的利益关系,建筑功能的定位很大程度上依赖于市场的需要,体现出刚性与弹性兼具的特点。

相对于城市规划,城市设计对于建筑功能的限定性要更为宽松。在建筑的功能配置方面,城市设计往往体现了绩效性导则和规定性导则管控的共同作用。一方面,通过对建筑基本功能属性以及空间位置的确定,明确了在城市空间构架中的功能布局,这种方式往往带有规定管制的性质;另一方面,通过对非强制性的局部功能调整和置换,优化城市空间结构和人群的行为模式,需要业主和规划管理部门的相互协调,往往带有绩效性管制的色彩。可以认为对建筑功能属性的约束条件越多,建筑的受控性越强,自身功能在这种外在规则作用下的能动性越弱。

城市管控措施及指标的分析组成可归纳为如表 3.4 所示的内容。

表 3.4 城市管控措施的相关因子构成

<table>
<tr><td rowspan="18">城市管控措施及指标</td><td rowspan="9">城市控制性详细规划管控内容</td><td rowspan="3">用地使用控制</td><td>用地面积及边界</td></tr>
<tr><td>用地性质</td></tr>
<tr><td>土地使用的相容性</td></tr>
<tr><td rowspan="3">环境容量控制</td><td>容积率</td></tr>
<tr><td>建筑密度</td></tr>
<tr><td>绿地率、空地率</td></tr>
<tr><td rowspan="3">交通活动控制</td><td>交通组织</td></tr>
<tr><td>出入口方位及数量</td></tr>
<tr><td>站场设置</td></tr>
<tr><td rowspan="9">城市设计管控内容</td><td rowspan="3">用地使用控制</td><td>业态分布</td></tr>
<tr><td>地块功能配置</td></tr>
<tr><td>各功能衔接关系</td></tr>
<tr><td rowspan="3">功能调整弹性</td><td>规定性功能因素</td></tr>
<tr><td>功能的调整、置换</td></tr>
<tr><td>奖励措施</td></tr>
<tr><td rowspan="3">交通控制</td><td>道路、广场的衔接</td></tr>
<tr><td>人行交通网络</td></tr>
<tr><td>公共交通的接驳</td></tr>
</table>

3) 自然条件

建筑功能的作用无论受控还是引导非各向同性,在其功能作用的传递过程中都会受到多种因素的影响而呈现指状发展的格局。其中城市自然地理条件的作用不容忽视。当建筑功能的辐射途径上出现自然山脉、河流等因素的阻碍时,其作用会大大减弱,甚至消失。此外,同样的自然条件在不同的方向上具有不同的影响结果。如沿着河流方向进行的传导得益于空间方向上的引导和自然条件的优势,会使传导的效果得到增强,而垂直于河流的方向则受到交通通行的阻力,形成传导的自然屏障。

在日益强调城市生态发展的背景下,城市自然条件是一个可供利用的资源,更是一个须保护的对象。虽然对自然条件的改造能在一定程度上达成功能辐射、传递作用的实现,但不能因暂时的利益而对未来城市生态结构进行破坏。因此,在各种自然条件的制约中,存在着可供利用程度的判断,从而形成城市空间发展的适合度。自然的森林、水域等虽然不构成对功能影响的刚性限制,但出于生态保护的要求,在当代城市中还是尽量予以保留,从而产生了一定的限定性(图 3.2)。自然条件的分析组成由表 3.5 构成。

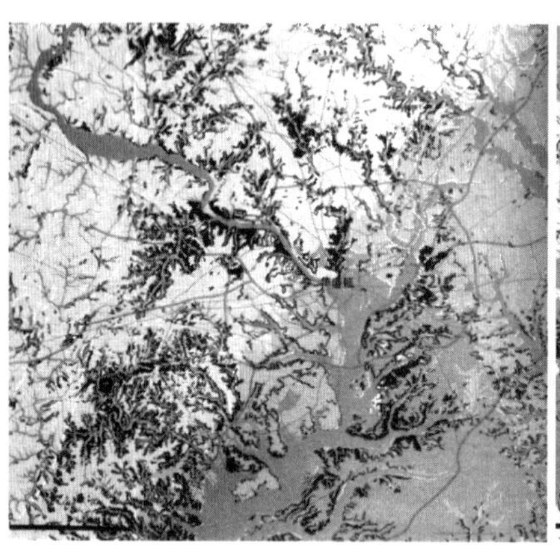
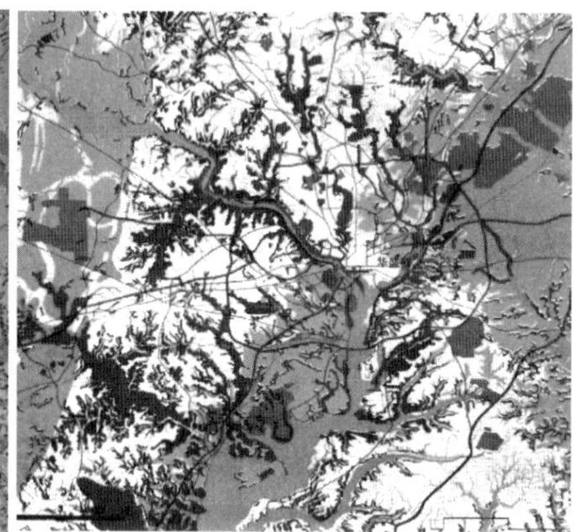

图 3.2 华盛顿地区的自然条件和城市适合度
来源:设计结合自然,2006,p188、189

表 3.5 自然条件分析的相关因子构成

自然条件因子	制约因素	地形地貌
		气象条件
		水文条件
		生物群落
	利用可能	地形改造
		影响方向
		联系续接

4) 相关区域的功能作用

在网络城市中,功能体系也呈现一种网络性关联,这使得一个城市建筑的功能类型与其他城市要素产生各种显性或隐性的联系,并通过各功能之间的竞争和协同,达成在城市功能构架中的平衡。这种跨区域的功能关联属性由三方面因素构成。

首先,根据建筑城市性的层级性特征,城市建筑具有不同的作用圈层,高等级的城市建筑对城市外部环境的作用半径较大,能对较大的地域范围产生作用。其次，根据建筑城市性的非线性关联特征，由于城市快速交通的存在，压缩了城市各区域的空间距离，从而使相互隔离的功能类型能够达成协同的可能。最后，由于现代城市系统的网络化发展，在构成上形成三维网络格局，每一个城市空间单元在不同的空间等级内部以及各等级之间都与其他空间单元相互关联。功能状态作为它们之间作用的特征之一，始终处于一种动态过程，通过自我适配达成城市功能体系的有机平衡。

这种相关区域之间功能作用的强弱取决于参照建筑的城市性等级强弱、产生连接的方式以及与参照建筑的空间距离。一般而言，作为参照的建筑物往往不止一个，这种区域间的功能关联就会表现为不同层次的叠合。有的功能关联呈现相互促进的关系，有的则呈现相互制约的关系，需要根据作用属性的不同将这种复杂的关系分层、分项，分别进行状态的分析。

相关区域的功能作用分析可归纳为如表 3.6 所示的内容。

表 3.6　相关区域功能作用的相关因子构成

<table>
<tr><td rowspan="7">相关区域功能作用分析因子</td><td>参照建筑的城市性等级</td><td></td></tr>
<tr><td rowspan="2">与参照建筑的交通联系</td><td>便捷性</td></tr>
<tr><td>可达性</td></tr>
<tr><td>与参照建筑的空间关系</td><td>空间距离的远近</td></tr>
<tr><td rowspan="2">参照建筑的功能关系</td><td>功能互补</td></tr>
<tr><td>功能连续</td></tr>
</table>

5) 各相关因素的相互关系

上述几方面因素在不同的城市环境中所呈现的作用与自然生境中的生态因子有着某种相似性。在一个生态环境中，决定着某一生物种类生存、繁衍的外界因素纷繁复杂，基本特征在于综合性、阶段性和对该物种的直接或间接的相关性。所谓综合性是指各生态因子之间是一个相互促进、相互制约、相互转化的整体，任何一个生态环节的断裂和缺失都将造成整个生态体系平衡状态的破坏。阶段性是指各生态因子之间在生态系统的发展过程中的作用是不同的，相互之间的作用会由于外界环境的变迁而产生改变。这种生态因子间的作用强度由其在生境中的地位和结构所决定，对某一环节的作用能力因关联程度的不同而有所区别。

在城市的功能结构中，也存在类似的关系。各种外部条件相互协同、相互制约的现象非常明显。比如建筑功能的发挥在一定程度上决定于建筑基地的区位、周边建筑的功能配置、交通状况及相关区域功能协同的共同作用，其中任何一个环节的欠缺都对其产生影响，并最终反映到周边环境的整体功能效益方面。同时，这些外部因素对建筑的作用并不是一个静态的方式，随着其相互作用的演化而呈现动态的改变。

城市外部环境对建筑功能的作用可以分为三种状态：由主导因素控制的作用方式、由限制性因素控制的作用方式和由规定性因素控制的作用方式。第一种状态是对建筑功能作用的主要因素，是由这些相关因素中某一个具有较强作用能力的方面所决定。如城市道路对于交通建筑、区位条件对于商业建筑、文化背景对于文教建筑等，都可视为这种由主导性因素所决定的类型。第二种状态类似于生态中的限制因子规律，即在各种生态因子中，各种因子的存在有一个适宜的度，超过或者低于这个最佳的生长环境，其生命活动就会受到抑制。在处理城市外部条件时，往往其中的关键因素是由其中较为敏感的作用因素所决定，这些因素的达成或者缺失会引起相关因素的连锁变化，而对主导因素起到间接的作用。第三种状态主要针对建筑城市性程度不高，受控性大于引导性的城市建筑而言，城市规划、城市设计的相关功能规定成为影响建筑功能的主导因素，而形成外在功能控制，这种作用方式并不是由城市系统内部功能单元的自组织实现，而是以人为的方式达成城市功能的有序。

3.1.2 建筑层面的分析因素

1）功能的内化与外化

对建筑功能的传统分类是按使用属性进行的，不同的使用类型决定了使用者的人群数量、类型和活动方式。随着当代建筑功能复杂性的增强，公共性的功能与私密性的功能往往相互交织、彼此渗透。内化的功能可以理解为对建筑自身的使用提供支持的功能类型，这与建筑的公共功能类型定义不同。而外化的功能是建筑功能为城市系统提供功能服务的部分，是建筑中更具公共性的部分，决定了建筑对城市开放的程度。

2）功能的延展

建筑的功能除了自身的使用之外，还具有两个方面的特征。首先，如果将具体的使用功能定义为显性的功能，那么由于建筑所蕴含的历史事件及城市人文特色，使其具备了一种隐含的功能作用，而且这种隐性的功能往往能超越其自身原有的功能组成，成为代表一个城市或者地段的文化标志和事件象征。这时，原有的使用功能降格为其象征功能的附属。其次，城市建筑的功能组成与周边的城市单元保持着一种连续关系，就某一独立的建筑而言，其功能组成并不完全取决于自身功能的实现，而在一定程度上取决于维持并促成这种内在连续过程，即取决于功能链的形成与完善。

在北京绿景创维所做的旅游引导的新型城市化研究中就提到通过建立“泛旅游”与“泛地产”相结合的方式实施城镇空间增长并建立新型城镇功能体系的方法。其中“泛旅游”与“泛地产”均为传统旅游和地产职能在内容和业态形式上的扩展，形成彼此相关、顺应续接、互为支撑的功能关系。当功能链得到扩展，链锁上的功能结构能具有更强的市场竞争力和对外部不利条件的抗性，并能自我修补和替换其中的不利环节。

3）功能的混合

城市用地属性的混合为城市增添了生机与活力。同样，建筑功能的混合进一步为城市生活提供了条件。城市建筑功能的混合有两种状态。第一种是基于相对宏观的建筑层面，是城市功能在不同空间层次上混合的体现，并逐级向微观层面延展。一般而言，通过将城市用地的小型化，能够更为精确地定义，从而出现用地状态的镶拼(图 3.3)。而在我国的城市用地政策中，一般用地划分较大，混合功能的用地属性更应值得提倡。第二种是基于相对微观的建筑层面，对土地高强度使用的诉求使得城市建筑在三维空间中日益拓展功能混合的概念，不同的使用功能乃至一些城市功能进入建筑内部，在三维空间重新组合，使平面化的功能组织模式向立体模式转化(图 3.4)。在此基础上，城市功能网络也呈现出立体网络的特征，并可在不同的空间维度上将这种关联以空间化的方式加以呈现。

建筑内部的功能混合有三种模式。其一是各组成功能在相互关系上属于并置的关系，通过公共空间将其进行三维的叠加，彼此之间无须相互关联和连接，各自保持一定的功能独立。这种模式可以视为建筑内部功能混合上的“树形结构”。其二是各组成功能在内在关系上具有一种连贯的前后承接，由其自身的组织原则作为串联各功能的线索，并投射于各功能的空间配置和形体塑造。其三是强调各功能组成之间的相互关系以及建筑内部、外部功能的功能关联，使多重功能因素在建筑内部交织成网，并与城市功能网络接驳，呈现一种“类城市化”的复杂功能模式。这种功能关系可视为功能混合上的“半网络结构”。

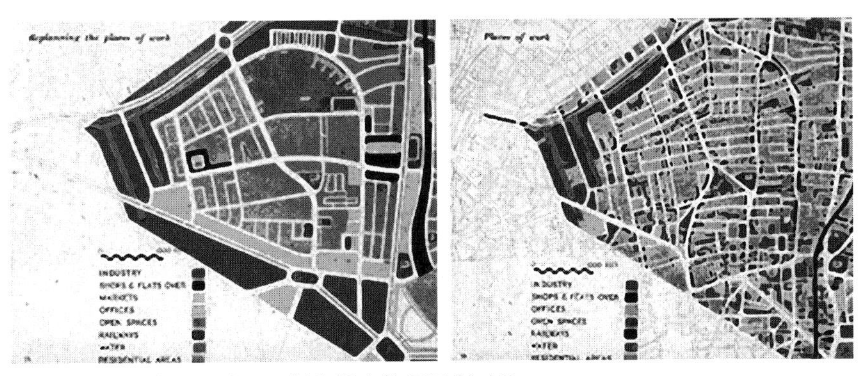

图 3.3　伦敦中心区单一区划和混合使用区划对比
来源：http://www.abbs.com

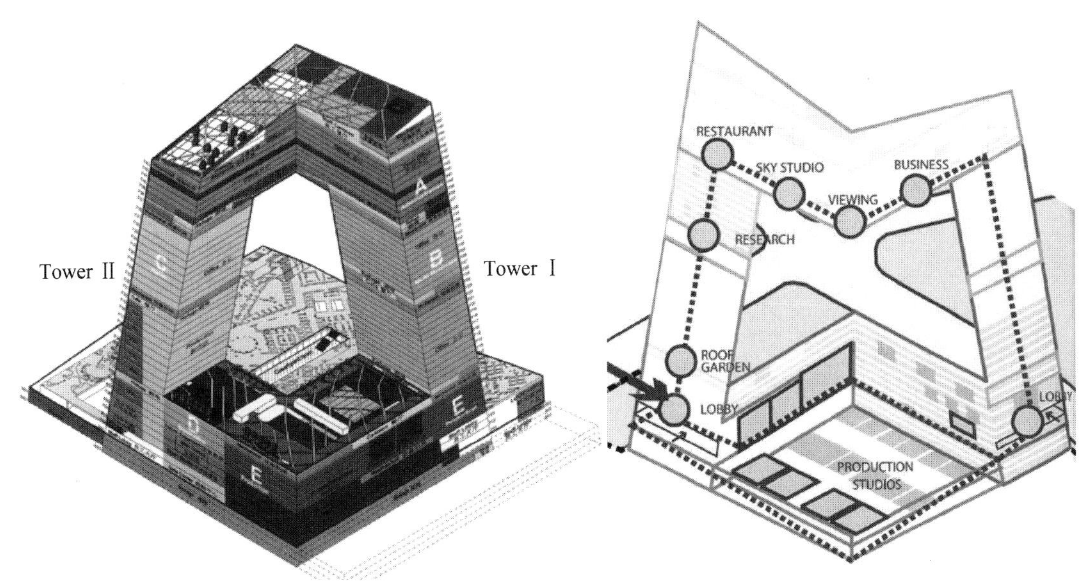

图 3.4　库哈斯的 CCTV 项目以电视台内部的机能运作关系为核心进行内部功能组织
来源：http://www.abbs.com

4）功能作用的效能

不同类型的建筑，其功能作用的效能一方面取决于作用的强度，另一方面取决于功能作用的持续时间。功能作用不是静态的，在不同时段内的作用方式也会随之变化。一般而言，城市性的等级越高，功能的时效性越强。对于基于神经网络模式的功能作用，这种效能还体现在对后续功能的引导以及对既有功能网络关系的牵引作用。在何种程度上影响既有功能结构的平衡，使其产生连锁性的功能调整以及在多长的时段内作用于后续功能的配置，唯一的检验手段就是市场的选择和城市政策的策动。

建筑功能的作用并非同心圆似的均匀分布，而是根据现实的城市状态呈现出各向异性，往往以最具效率的方式达成彼此之间的相互参照。路径的选择一方面决定于外部的环境条件，另一方面也与各城市单元的功能状态相关。同时，由于建筑的功能作用在多个层级中共时存在，高层级功能作用的路径具有相对的"优先权"，对城市整体功能结构产生意义的功能关联强于对局部功能结构作用的关联。

3.2 城市建筑功能分析与策略

3.2.1 基于 CA 的城市性功能分析

1）SWOT 方法的借鉴

SWOT 是一种被广泛应用于企业内部竞争策略研究的分析方法，即通过优势（Strength）、劣势（Weakness）、机会（Opportunity）、威胁（Threat）的分析，进而制定选择策略的分析方法。其中优劣势分析主要着眼于企业自身的实力及其与竞争对手的比较，机会与威胁分析则将注意力放在外部环境的变化及可能影响上，但外部环境的变化给具有不同资源和能力的主体带来的机会却可能完全不同，因此二者之间有着紧密的联系[2]。通过对各组成部分的相关因素的筛选，并赋予一定的评价，可以相对客观地为主体的策略选择提供依据。

SWOT 分析图是一个正交的坐标体系，由两个方向所限定的四个象限分别表示依据主体的不同情况应采取的不同战略方针。通过将计算结果在相应的坐标系中的定位，可以得出相对客观的战略选择目标(图 3.5)。

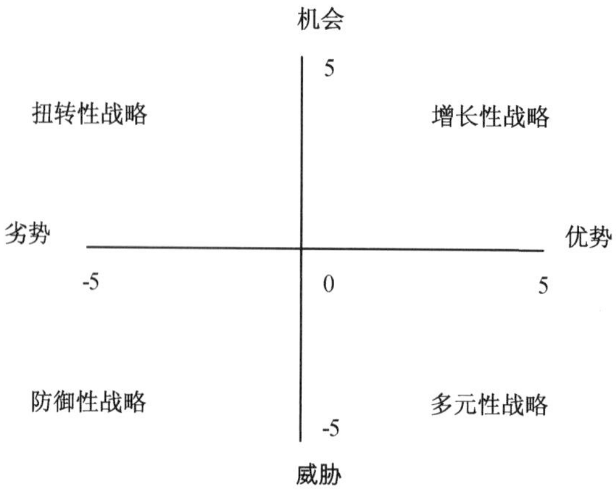

图 3.5　SWOT 分析及其策略的选择

SWOT 分析具有分析的相对客观性、分析与策略的连贯性，具有其他分析方法所不具备的一些基本特征。

(1) 相对客观

SWOT 分析把一个复杂系统问题的研究转化为研究主体和外部环境构成的二元体系，将对系统产生作用的种种关系转化为内部能力和外部条件两种相互关联的方面，主体在系统中的状态由这二者关系的“合力”决定，因而在一定程度上排除了对主体决策方面的主观性和片面性。

(2) 分析与策略的同步

SWOT 分析是一种分析研究与策略制定相统一的连续性操作过程，其分析结果对明确主体后续的发展方向以及采取的相应手段具有直接参照作用。同时该分析法相对其他一些研究方法较为简单，易于操作，是一种普适性很强的分析手段。

(3) 主体特异性

SWOT 方法强调研究主体的特异性，每一个研究对象的基本属性特征不同，其所处的环境及其与系统内部相关要素之间的作用状态和作用方式也有所区别，因此，针对研究主体的分析具有唯一性。类似的研究结果只能提供一定的参考，而不能简单替代。

基于以上的特征，SWOT 分析方法能为建筑城市性的功能分析研究提供一种很好的借鉴。在城市中，城市建筑与城市外部环境也是一个相互联系的二元体系，城市建筑的功能状态在一定程度上取决于城市系统的功能配置，同时也能反馈到城市的功能系统。因此，通过对 SWOT 分析方法的移植，可以用来对基于 CA 的建筑城市性功能问题进行分析。

2) GHOC 功能分析方法

根据 SWOT 分析方法的二元性原则，将建筑城市性的研究对象分解为具体的城市建筑以及与其功能相关的城市元素所构成的二元体系。在这一体系中，主要考虑与空间距离产生关联的相关要素。建筑依据其功能对城市作用的不同，可以用引导(Guidance)和他律(Heteronomy)进行描述。而建筑楔入的城市环境可以对建筑提供不同的外部条件，既提供对城市现有功能系统进行修正与改善的机会(Opportunity)，又对拟建建筑的功能实施控制(Control)。

引导是指该建筑的城市性中具有相对较高的等级，其作用方式表现为引导大于受控，显现出对城市功能环境的主动干预和引导，具有城市“触媒”的特征。在功能上较多地与城市相关功能产生交叠、重合，能够充分激发周边相关城市功能的运作，带动地区性经济的发展，并能对后续的建筑功能配置形成一种连续性的影响。

他律是指该建筑由于内在功能的相对自洽，与城市功能的互动作用不强，在城市性层级中处于较为低级的等级，城市性的作用方式表现为受控大于引导，受到城市功能环境的调配和制约，在城市的功能图景中具有“背景”的特征。

机会是指城市的社会、政治、经济、文化等及其外显的物质与非物质环境对城市特定区位成长具有有利条件，能为该地区的发展创造出良好的基础，能够将局部的优势整合为更为整体、完善的区位优势，为该地区建筑功能结构的发挥提供促进的动力。

控制是指在城市的特定区位，由于城市区位、交通环境、功能配置、城市管控措施等因素对拟建建筑的功能具有较强的限定，并作为一种无形的控制力在一定的时间、空间内对其周边的建设行为形成潜移默化的功能约束，使新的功能行为统合在原有的基本功能框架之下。同时该建筑在功能配置上主要以满足自身功能的有序为前提，为其周边的主要城市功能提供互补和连续的条件。

引导、他律、机会和控制四项，作为建筑—城市二元功能体系的基本组成，其中与引导、机会相关的参数使用正值，与他律、控制相关的参数选用负值。相关的赋值及权重计算方法与 SWOT 类同。根据计算的结果，将数据带入 GHOC 矩阵就能够依据其在不同象限内位置关系的判读，确立具体实施的功能策略(图 3.6)。

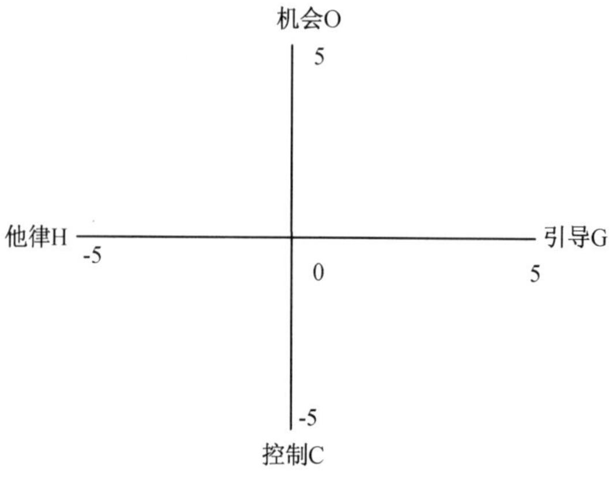

图 3.6　GHOC 分析矩阵

3) 分析中参数的选定

GHOC 分析方法中的参数与城市和建筑两个层面中与功能状态相关的因素有关，在一般的项目设计中所涉及的因素如图 3.7 表示。这些因子的设立并不能涵盖全部，可以视为在功能分析过程中应考虑因素的“最小化”。根据项目所涉及的不同层面，可以以此为基础进行扩充。随着相关因子设立数量的增加，分析结果的信度和效度也将得到增强。

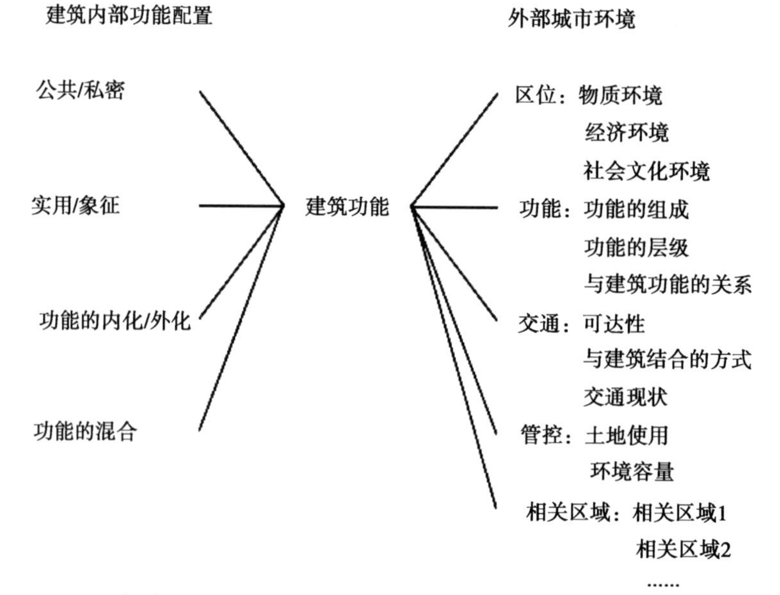

图 3.7　与建筑功能相关的内、外因素

4) 城市建筑的功能策略

根据分析因子与参数、权重的设定就可以建立建筑功能的 GHOC 分析矩阵，并通过 GH 轴和 OC 轴的指向坐标制定出建筑的功能策略。

目标点出现在 OG 象限，表明建筑的功能属性偏向于公共、外化的特征，对城市功能的优化和重整具有一定的导向性，而外部城市环境给予建筑功能的发挥提供了良好的机遇。则该建筑的功能对于所在的城市地段具有触媒的作用，以积极的方式介入，引导周边的城市功能配置向更为良性的方向发展。目标点出现在 CH 象限，表明建筑的功能偏向于私密、内化的特征，受到周边城市功能的制约，应采取相对保守的功能策略，立足于功能的自足，为周边的城市功能提供辅助性的功能支持和市场消费的可能。目标点在 CG 象限，表明建筑功能引导性的存在，但其所处的城市环境具有较多的限制性，在一定程度上会对其功能的全面发挥产生一定的阻碍。其功能策略是建立多重功能的复合机制，在保持其主要功能的引导作用同时，引入其他配套的功能配置，形成连续的“功能环”“功能链”。目标点出现在 OH 象限，表示该建筑处于一个富于发展潜力的城市地段，具有区位、交通等外部条件的优势，而自身的功能配置偏向于满足自身使用目的，与城市功能的互动不足。其功能策略是对自身的功能配置进行局部的调整，利用面向城市的公共、半公共空间引入具有一定城市性的商业、服务等功能，配合周边的功能结构并对其进行填充。

3.2.2 基于神经网络的城市性功能分析

基于神经网络的城市性功能模式体现了微观元素对城市功能系统非线性作用。目前国内外对人工神经网络模型在城市系统中的运用还集中于相对整体的层面，数学模型复杂，对建筑师而言，不具备实际的操作意义。然而作为一种理念，这种城市性的功能作用模式可以通过“定性”的方式加以剖析。分析的内容分为两个方面：参照对象的选择和相关因素的研究。

1) 分析对象的设定

基于神经网络的城市性功能模式实际上是建立在城市区域化发展基础上，各区域功能相互协同的一种模式，因此分析对象的选择一方面着眼于微观元素的作用效能，另一方面涉及城市功能网络上参照元素的提取。

首先，能够形成跨区域非线性功能作用的城市建筑在城市性的层级结构中应处于相对较高的层级，其功能作用以辐射、引导为主，具有较强的涨落关系，是区域性的功能核心，在城市空间中呈首位分布或占有较高的序列。因此，在对象的选择上强调其功能属性的“门槛”作用。其次，该建筑必定与城市的交通系统产生紧密的关联，能通过城市交通的输送，将其功能向外辐射，实现跨区域的广泛关联。这两个条件缺一不可。

2) 参照对象的限定

该类型的建筑功能关系是一种大尺度空间上的功能协作，因此其指涉的对象不仅局限于同层级的“邻居”，更关注于不同区域中的功能核心。在区域层面，其参照对象一般是具有相同功能作用模式的城市空间单元，这样建立起宏观层面的功能关系网络。这些参照目标有的与其功能类似，形成更大的功能集群分布；有的与之相互适配，形成各区域之间的功能协作、互补;有的则与其相互竞争,产生区域性的功能制约。在区域内部,存在着局部的子功能系统,呈现CA功能体系的特征。因此,参照对象的设定也是一个具有层级性的结构。

3)分析内容

(1)功能作用的效能

对于以圈层式作用为主的功能类型,主要是研究该类型的"门槛"条件。一般而言,"门槛"条件包括稳定条件(国土、有限资源、宏观人口等)和不稳定条件(投资、微观人口、交通等),根据二者的交织关系,可以探寻"门槛"的一般规律[3]。而对于一些特殊类型的建筑,一方面在其周围会吸引更多的城市功能,形成密集化的功能群组,对其进行功能的扩充和完善;另一方面通过功能网络的组织,向城市投射,实现功能的系统化。这时的分析重在对相应配套功能的类型、数量以及该功能与其他城市功能之间关系的研究。该类型城市性的功能作用效能还取决于外部的自然环境、交通环境是否有利于其功能辐射与牵引作用的实现。

(2)功能作用的路径

在神经网络模式下,建筑城市性的功能作用通过一种隐含的"力线"在城市的各区域之间形成功能关联网络。在作用路径上一般选择最为直接的方式,如利用既有的城市交通网络,在交通联系通道上形成相应的路径,连接方式最短的路径组合会得到优先发展。此外,城市中自然地形和生态保护预留地域的存在,会使传递路径发生折转,形成对这些区域的跳跃式关联。

根据神经网络的特点,在功能的传递过程中,其路径上会形成一系列的相关点,作为功能传递的介质。这些"点"一方面具有学习和适应能力,与主导功能相适配的功能对主导功能的传递达成一定的激发,另一方面,与主导功能存在竞争关系的功能则对传递形成一定的抑制。

该类型城市性的功能作用往往体现为对城市既有功能网络结构的重构:产生新的功能激发点,使原有功能系统的区域平衡发生改变,从而改变原有功能作用的路径。新路径的产生是对原有功能区域结构的修正,同时引发路径上功能相关点的形成,或使这些相关点的状态改变,因此具有一定的动态特征。对这种功能结构状态的有限预测,可以能动地对城市功能结构和空间结构的发展进行模拟,促进后续城市功能系统动态、有序。

(3)功能作用的时序

基于神经网络的城市性功能模式是一种非线性的动态作用,其作用效能随城市功能网络的演化而发生改变,从而具有一定的时序性,从对周边功能作用和对城市整体功能网络格局两方面体现。建筑的功能状态是一个动态调整的过程,周边功能环境也会由于不断地发展而弱化这种功能关系的涨落,同时新功能激发点的产生会对原有的功能网络结构产生牵引,对原有的相关功能作用产生一定的强化或削弱。这种功能作用的时效受到城市发展状态、经济状态以及各种发展契机的影响,并不能对其做出准确的度量。因此,时序的分析应着重于功能状态相对性,强调与相应功能环境的相互影响。同时功能作用又受到城市发展政策层面和各种偶然因素的影响,这种影响往往带有突变性,使其功能的连锁作用发生中断。这时,分析应以城市的区域功能定位为前提,并充分考虑城市发展的应变。

发展初期,建筑对局部区域具有很强的功能提升作用,刺激相应的功能配置在较短的时间内产生、发展,但随着周边功能的孵化、培育,这种功能涨落逐渐趋于平衡,从而达到相对稳定。这时就会形成以该建筑为核心的功能系统,周边的功能配置为其提供配套、服务,实现局部区域性功能协作。协同型的功能构成易于产生功能的相对稳定,而竞争型的功能构成则会经过较长时间的相互磨合才能达到平衡状态。因此,这时的分析重点应放在局部功能结构的构成关系上。

4) 功能策略的确定

在我国传统住区规划中,各种功能的配置是以住区人口为基础,按照一定的用地构成和面积指标进行的,这种规划方式以局部功能平衡为原则。当设计区域面对更为复杂的城市外部环境,需要通过局部地区的功能配置,带动周边地区的功能重组时,传统的功能设计方法就失去了意义,须以跨区域的研究为基础,实现更高层次功能结构的优化。这时的功能策略就不是以各种功能的局部平衡为基础,而要在城市的整体层面上达成局部对整体的功能促进与优化,实现跨区域的功能平衡。

基于神经网络的城市性功能策略强调区域间的功能协作,在对建筑或建筑群组进行功能策划时,不能仅从局部区域的功能配比关系出发,而要着眼于各相关区域之间的功能关系,通过区域间的功能协作,在更大范围内实现功能结构的有机与平衡。同时兼顾小区域内的功能引导作用,维系该层级的功能有序。

3.3 城市建筑功能设计策略

在建筑城市性的理念下,建筑与不同层级的城市建筑之间以及与城市系统之间的功能彼此交织成网络,呈现建筑与城市的一体化倾向。对自身功能的定位以及功能的设计策略选择不但基于自身的功能属性,还在于对各种功能关联的体现,在不断的动态演进视角下对功能做出适应性调整,并通过这种功能互动体现整体功能效益的最大化,实现城市区域功能结构的优化与发展。策略与具体的设计操作之间存在着内在的逻辑统一,并由策略的选择产生功能的组织类型。

3.3.1 城市建筑的功能策略

1) 一般系统论下城市建筑的功能策略

一般系统论通常把系统定义为:由若干要素以一定结构形式联结构成具有某种功能的有机整体。它表明了要素与要素、要素与系统、系统与环境三方面的关系。路德维希·冯·贝塔朗菲(Ludwiig von Bertalanffy)用亚里士多德的"整体大于部分之和"的名言来说明系统的整体性,系统中各要素不是孤立地存在着,每个要素在系统中都处于一定的位置上,起着特定的作用。要素之间相互关联,构成了一个不可分割的整体。

以此为基础,城市中的功能单元在实施其基本职能的同时,保持着与其上层功能结构以及同级功能单元之间的种种关联。从功能关系的角度，这类功能单元往往体现出从属、补充、协同的角色定位，为局部功能结构的完整和有序提供背景和填充，为其中起核心职能作用的城市单元提供支持。它们的设计策略和原则可以归纳为：整体性、结构性和最优性。

（1）整体性

功能的整体性是指在城市某一空间范围内的功能结构中，局部功能的完善不代表整体功能的完整，整体功能运作得有序，则会带来局部功能的有效发挥。首先，这种功能的组群效应不是由局部功能要素所决定，而是呈现了多元素之间功能交织、叠合之后的整合特征；其次，在功能结构中，整体功能的运作效果取决于其中每一个功能单元的功能状态和运作效果，任何一个环节的失效和缺失都会导致连续功能链的断裂，从而造成整体功能的破坏；最后，各个功能单元之间的功能协作是整体功能得以存在的条件，它们在功能属性上相互支撑、互为条件，某一功能单元的强化或削弱会影响与之相关的其他单元，实现功能状态的连锁变化。因此，功能的整体性要求制定建筑的动能策略时将其置于城市相应的功能结构，在局部与整体的有机平衡中寻求恰当的功能定位，“过”与“不足”都将对功能结构的稳定与平衡造成影响。

（2）结构性

功能的结构性是建立在功能结构中各种类型的功能单元之间结构关系的基础之上。在城市中，这类城市建筑的功能属性各不相同，彼此之间存在一定的内在联系，形成一定的功能组织结构。各功能之间不同的构成方式，是由该功能结构中要素的状态和关系所决定：当要素的功能组成不变，构成方式决定了功能整体特征；当构成结构相同，功能的整体特征也可能导向多样；当功能要素与功能构成方式均不一致，也有可能出现相同的整体功能特征。多样化构成关系的存在，需要在功能策略制定时，突破地域、空间的局限，按照功能之间以及局部功能和整体功能结构之间的层级关系和相互作用进行梳理，寻找最适配的功能构成方式。

（3）最优性

功能的最优性是指在功能结构中整体功能与局部功能的双赢，既能满足局部自身的功能要求，又促进整体功能的有序和协调。对功能结构的优化也能促进局部功能以及各功能单元之间关系的优化。为了实现这一目标，可以在两个层面上进行调整：首先是通过局部功能单元功能属性和作用效能的调整，使其在功能结构中与其他相关单元适配；其次是通过改变各功能单元相关程度、联系方式、作用等级和范围等，对内在的功能结构性进行调整。

基于一般系统论的独立功能单元设计策略，从严格意义上来说是建立了一套完整的功能秩序网络，在这个网络中，功能单元之间的关系是维持功能秩序的前提。每一个功能的楔入都有明确的目的和适配的定位，这样有利于以较为宏观的方式进行整体上的功能调配。传统的城市规划理论、城市设计理论和建筑设计理论中有关建筑功能的论述都基本反映了这种功能系统观，在长期的研究与实践中，对建筑师的影响深刻。

2）复杂系统论下城市建筑的功能策略

随着复杂性研究在20世纪中期以后的兴起，系统论的研究开始转向对复杂系统内部机制的探索。法国哲学家莫兰作为复杂系统论的代表性人物，用“多样性统一”的概念模式来纠正经典科学还原论的认识方法，主张整体和部分共同决定系统来修正传统系统观的单纯整体性原则。伊利亚·普利高津(Illy Prigogine)认为以往系统论的核心问题在于它静态、简化的研究方式，而不考虑“时间”这个参量的作用，无视自然变化的“历史”性。他所提出的复杂性的理论揭示了物质的进化机制：发展的多种可能、不确定以及结构的动态有序。圣菲研究所的默里·盖尔曼(Murray Gell-Mann)提出“适应性造就复杂性”的观念，认为复杂适应系统的共同特征是能够从经验中提取有关客观世界的规律作为自己行为的参照，并通过实践活动中的反馈改进对世界规律性的认识，从而改善自己的行为方式。复杂性理论把被一般系统论所排除的多样性、无序性以及个体因素的作用引入，以科学的方法研究系统复杂的自组织问题[4]。

根据复杂系统论，独立功能单元在城市功能网络中的作用有着不同的特征：城市功能结构是一种掺杂着有序和无序的混沌；功能是一种随时间变化的参量；由城市功能单元组成的功能结构不是一种稳定的模式，随组成元素的自组织行为产生动态改变。这些特征将直接转化为城市复杂模式下独立功能单元的设计策略。在当代，城市建筑的功能策略选择越发呈现出动态适配的特征。

(1) 动态性

将功能单元的功能时效性推演至更宏观的层次，就是城市局部功能结构的动态性特征。一方面牵涉功能结构中各功能单元的功能动态适配、调整；另一方面涉及各功能单元之间有序/无序、动态/静态的多样化关系组成。相对于一般系统中稳定的功能结构，这种功能结构随时间的推移，而具有类似于生命过程的特征。起初，这种功能结构并不完善，但受到内在功能的激励，吸引相关功能的聚合，逐步发展成熟，并得到功能等级的跃迁。当这种功能结构发展成熟，就体现出一定的相对稳定，但其中的相互作用并未停止，只是结构内、外元素间的作用还不能构成撼动其结构框架的条件。当遇到一定外部条件改变，或者元素之间的作用扩大到一定程度，其作用的效能将动摇并摧毁功能结构的稳定，并最终产生新的功能结构。新的功能结构脱胎于旧有的，或者带有原有的功能基因，或者呈现全新的结构特征。这种状态变化不以个人的意志或外部强加的限定为转移，却受其作用；不以恒定的价值为参照，却在转化中体现城市局部功能的价值。

(2) 适配性

城市的功能网络是由相互竞争、合作的功能单元组成，通过彼此相互作用和相互适配形成整体的有序。在城市功能单元的相互作用中，相互关系和作用的结果不能完全预测。虽然宏观的控制和管理能把这种微观元素的功能自主性压缩到一种可操控的程度，但不能抹杀其对外界环境的能动性。微观的功能关系有可能与城市的功能运作保持一致，也有可能不完全一致。但不论哪一种状态，经过一段时期的自我调整和修复，都能使功能结构达到相对平衡。同时，功能结构中的“非和谐”因素有可能在外界条件作用下转化为局部功能的引导，促进功能结构的演进。因此，有序和无序只是一种状态的描述，相互之间能够转换。外部的管控与内在的功能组织既是实现有序的途径，也是导致无序的原因，关键在于这些手段和方式是否超出系统的自调能力，是否能在一段时间后使城市功能结构重回效能的轨道。

就某一具体的建筑而言，现有的功能状态是建筑使用功能与外部环境共同作用的结果，是一个相对的功能状态，外部条件的改变会导致其功能存在条件的变化。正如屈米所言，功能并不是策动建筑运作的基本条件，建筑空间中容纳的运动和事件具有更兼容的作用。运动和事件不随使用目的的变更而变动，改变的只是运动和事件的模式。功能的设计是对建筑内人群运动和事件的调度和安排，具有非特定性意义。同时功能的设计也是一种在时间坐标上一系列连续化的转化，并非预先设定和安排。随着我国城市建设的市场化，土地所有权、开发权与使用权分离，建筑功能的自主性得到增强，可以根据市场的需求、外部条件的变化，在一定程度上自觉调整。建立在"个体思维范式"基础上的设计策略，能使城市独立功能单元在动态的前提下通过局部功能之间的适配与调整，自发地形成宏观的城市功能秩序。

在复杂系统的背景下考量相对独立的功能单元，就是在功能的配置和协作关系方面更多地基于历时性的多样化城市环境，强调非预测性、非固化的建筑功能状态以及由功能非确定性所引发的局部功能结构的混沌与改变。所呈现的是一个被现代主义所屏蔽掉的功能真实，填补和强化了城市功能单元自下而上的能动性。

3.3.2 功能作为城市性的调节手段

城市建筑在城市功能体系中的能动性体现在可通过其功能的组织对其城市性特征进行有限度的调整，以此作为对其在城市功能体系中的定义修正。从本质上说，这种调整是对其功能引导或受控性的改变，当建筑功能与城市发生更多的互动关系时呈正向改变，当建筑功能变得更为独立时则呈反向改变。这里对建筑城市性的讨论一方面基于城市建筑的长寿命周期内使用状态的可变，另一方面基于对新建筑功能的作用判定，在某个相对稳定的功能状态下的局部适应性调整。

1）功能的作用等级改变

城市中的商业、服务等功能根据其辐射面的大小可以分为不同作用圈层。这种层级式的分布在同级之间存在着竞争和协同的关系，级别越高所需的"门槛"越高，呈现出金字塔似的由高至低分布。功能的高等级分布可由两种方式实现。一种是通过建筑自身功能和规模的增殖，强化对应城市单元的竞争优势，以达成较高的首位分布。另一种是通过相似功能之间的有序结合，形成一个相对协同的功能组团，形成功能聚合的规模效应。这是一种多方利益的博弈，着眼点不在于局部利益的得失，而在于整体功能效益的强化。当整体的利益得到最大化的体现，下属各个功能单元的价值也随之实现；反之亦然。

2）功能的不可替代性

城市功能之所以能成为系统，因其存在大量的"基质"，同时具有一系列关键的特异性功能点，这些"异质"点被"基质"服务，同时也定义了"基质"所构成的城市组群。当建筑由"基质"向"异质"变化，其城市性的等级得到正向加强，反之则等级降低。被定义为“异质”的功能往往在城市生活中具有重要的作用，不能由其他的功能简单替代。与之对应的正向设计策略首先在于对优势区位的选择；其次，周边的功能配置应能对其形成支持、互补、连续等功能作用，保证其功能效益发挥的同时，对相关的功能进行一定的孵化和培养；最后，该类型的城市建筑往往与相关的城市职能有较为密切的联系，突出其功能运作的效率。对于既存建筑而言，这种功能的调整是根本性的，从而也具备了活化既有建筑资源的根源性能动机制。

3）成为城市意象节点

一些城市建筑的使用功能特征并不突出，但由于其在城市发展过程中具有特殊的历史意义和象征意义，成为市民广泛认同的城市标志性建筑。该类型建筑的使用功能与其象征功能是相互剥离的，脱离了具体的使用功能，其象征意义仍然存在；而没有了象征意义，使用功能则变得无足轻重。正如罗西所说，“在几乎所有的欧洲城市中的一些大型的宫殿聚落，构成了城市中完整的一部分，而它们本体的功能已不是当初”。在人们的认知中，该类型建筑形成了另一种非客观性的城市结构描述，通过对城市标志性建筑的抽象、编码和分类，形成城市空间结构的心智地图。这一过程表明：简单化、标签化和程式化的操作是认知主体认知城市结构的典型特征。这两种结构的描述不相一致，但对于这类建筑空间位置和相互关系的叙述却异常准确，意象性的描述是对城市物质性空间结构的一种高度的抽象和体验。对于这类建筑的功能设计应着眼于其在城市空间中的结构性和意象性，是对城市历史和事件的映射，而不是使用功能的反映。上海“新天地”的成功在一定程度上就是将文化意义附加于商业功能之上的“脱胎换骨”。

4）功能成为城市触媒

城市建筑在与其他城市功能单元的互动中，由于功能之间的关联和激励，使其具有一种局部功能的“激发”能力，使相邻的其他城市功能单元在它的功能引导下实现持续性的功能调整和更新。功能的激发直接导向各功能单元功能的集聚和协同，进而引发功能链的产生和发展。是否具有催化功能，取决于其是否能够引起周边区域现有功能单元的连锁变动，是否能保持这种功能变动的长期有效性，是否对旧有的功能构成优化，是否在一系列的功能变化与转置中保持既有的功能特性等等。因此，功能的催化指向建筑功能的规模与类型，催化剂的产生由城市中各种功能关系塑造，并反作用于城市的各功能单元。从这个角度而言，催化并不是一个终极目标，而是一种驱动和引导后续发展的动因。和外部规则的功能引导不同，这种功能的催化不与预期的目标重合，而取决于功能的市场化运作下各功能单元的自组织行为。

具有催化功能的城市建筑，其功能与周边的功能配置在多数情况下体现为一种功能的异化，或与城市功能的多重叠合。功能的异化能够导致对既有功能构成的重组。与城市功能的结合（尤其是与城市快速交通功能的结合）则会使功能的构成纳入系统化的城市框架。不论哪一种方式，其功能属性与周边的功能单元之间必须存在一定的涨落，催化作用的连续是这种“势能”的传递与转化，触媒作用能力的差异也就是这种功能势差的区别，它决定着连续作用的时效和空间影响范围。因此，强化或削弱作用传递的效率也是调节的手段之一。

3.4 基于城市建筑一体化的功能设计方法

3.4.1 复合作为一种功能设计方法

1) 功能复合的维度

一般而言，在各功能的组合中遵循两种基本秩序，一是各功能机构的分布模式，二是在各功能机构中人员的行为方式，二者互为因果。商业和服务业一般分布于步行密度相对较高的层面，以求得到更多的人流、物流的交换；而办公、居住等功能一般分布于步行密度相对较低的层面和位置，以屏蔽外界无关人员的干扰，加强内部人员之间的交流和协作。当这种组合增加到一定程度，就不以单一建筑空间内部的功能叠合为主，而表现为多体块的分布和穿插，并在功能组成上更多地与城市交通网络相互包容与渗透，功能组成的多样性进一步得到扩展。

功能的组合主要有水平组合、垂直组合两种维度。前者强调在城市空间水平向的功能拼贴，有利于缩减各功能单元之间的联系环节，以最为直接的方式实现功能的互动（图 3.8）；后者则讲求功能组合中的空间效益，将不同的功能单元按对空间使用要求分层设置，各功能单元之间的联系性不强，相对独立。MVRDV 的功能组合策略常常采用一种相互契合的异型方式，将功能的多样性与使用的多样性统一，并将功能组合的基本模式在建筑的外在形态上投射（图 3.9）。

不同的功能理解导致对功能组合的不同方法。屈米认为功能、形式都不是建筑内在的必要性，有用性（Utility）是功能的代名词。在他看来，建筑在某种程度上是没有特定目的的容器，在建筑中的“事件”（Event）以及参与事件的“行为”（Movement）相对于功能、形态、空间等传统定义更为重要。因此，建筑中各种功能的叠合，其实就是行为主体以自身行为方式所主导的一系列活动和事件的发生。“事件”是屈米诸多理论和实践的核心，它既包含了特殊的使用、单一的功能和孤立的行为，也包含了相关的使用、功能与行为的系列化。“没有事件就没有建筑”。与功能不同，事件有它自身的逻辑性和叙事性，建筑功能的组成不一定严格地按照使用逻辑而可以依照叙事的结构发展。而“行为”是对事件的身体运动过程，是对建筑秩序的入侵。行为进入建筑，意味着对原有精确、秩序的几何性平衡的破坏[5]。空间、运动和事件的关系存在于三个方面：无关（Indifference）、互利（Reciprocity）、冲突（Conflict）。在这三方面中，屈米更倾向于冲突，这就可以解释在其设计中随处可见的功能多元混合与置换的现象。这些功能往往表面上缺少使用上的联系和逻辑，却因建筑中“事件”的存在而赋予意义。在洛桑桥梁城市设计中，桥梁的类型被转换为集合住宅、办公楼、娱乐设施和公交地铁转换站（图 3.10）；在法国图书馆设计中一个 400 米的标准跑道被整合进图书馆的内部空间，构想出未来运动员与学者共生体的空间行为（图 3.11）。

建筑功能的复合在当代城市中是一种普遍现象，既有大量背景建筑中的公共与私密部分的重叠，也有典型的复合型功能类型。

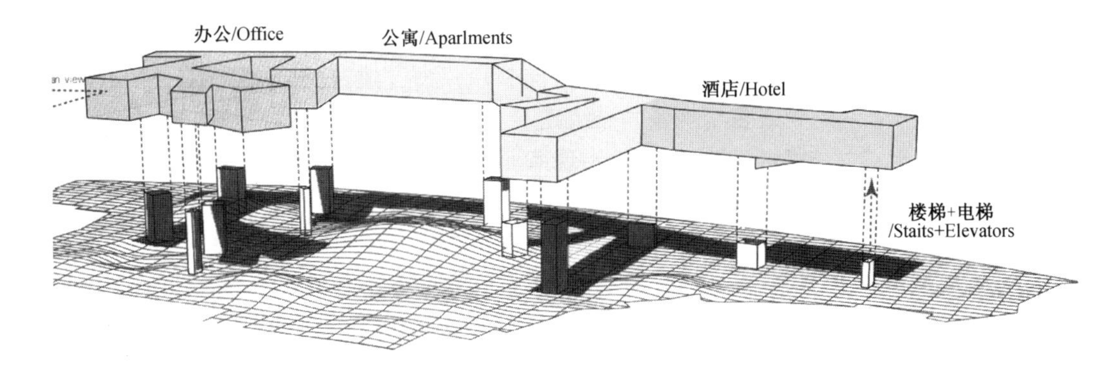

图 3.8 景观最大化的水平摩天楼
来源:世界建筑,2007(1),p101

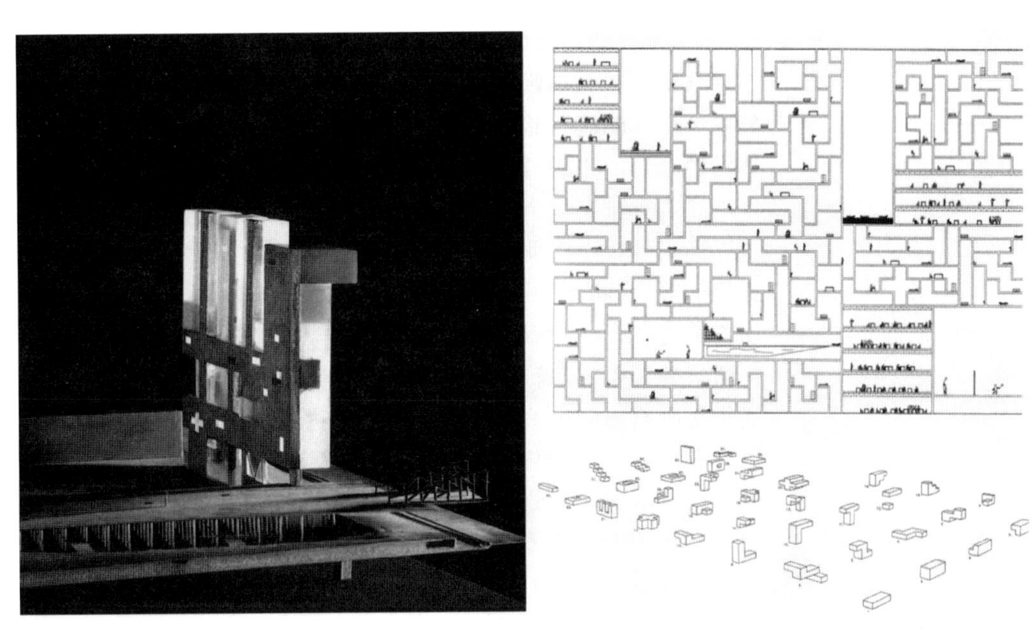

图 3.9 MVRDV 的 Berlin Voids 方案
来源:EL Croquis,MVRDV,2003,p53

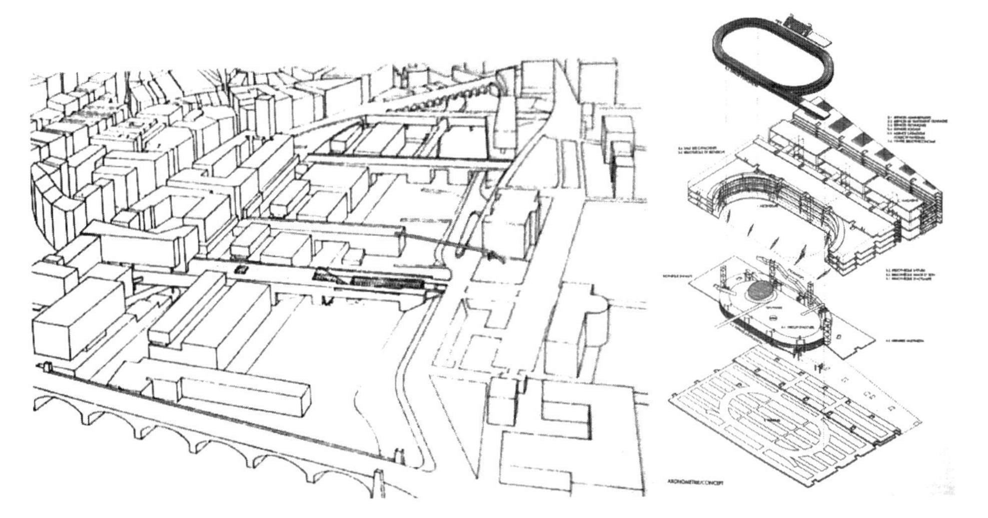

图 3.10 桥梁功能类型的转换
来源:Event City,1994,p181

图 3.11 屈米的法国国家图书馆方案
来源:El Croquis,MVRDV,2003,p351

2）城市综合体

根据《中国大百科全书》的定义，建筑综合体是在一个位置上具有单个或多个功能的一组建筑。随着城市和经济的发展，城市土地资源日益紧张，城市中开始出现商业综合体、办公综合体等功能相对集中的建筑类型。根据国务院发展研究中心等机构对2003年以来建成或在建的100个新建筑综合体的研究，在建筑综合体的功能类型与业态分布中，65%的建筑综合体具有酒店、办公、公寓、商业四大基本功能，这也表明了当代建筑综合体的主要功能组合特点[6]。城市综合体通过各种功能综合、互补，建立相互依存的价值关系，使之能适应不同时段的城市多样化生活，并能自我更新与调整，具有极大的社会效益。

城市综合体的功能设计包括功能的整体定位、档次定位、市场形象定位、各类物业的定位以及它们的功能组合方式。其中整体定位是根据城市综合体所在城市区段，通过市场分析确立城市综合体所承担的城市功能主体。在明确其整体定位的前提下，才能实施综合体内各类物业的具体定位和功能组织。

在各类城市综合体中，商业零售往往均占有一定的构成比例。按照国际通行的中心商业区结构和业态分布规律，较为合理的商业业态分配比例一般为：商业占30%—40%，餐饮占20%—25%，休闲、娱乐、酒店、服务等占30%—40%。但根据项目的具体情况和运作方式的差异，可进行适当的调整，以满足市场的需求。各种功能体在城市综合体中的布局，通常是围绕峰值地价交叉点的内部区进行，一般是商店、银行及商务办公区，而商业部分主要选择对可达性与人流密度要求较高的百货店、餐厅、专卖店等形式。由此可以形成建筑综合体内商业业态的分布位序，并作为其功能组织的基本条件（图3.12）。

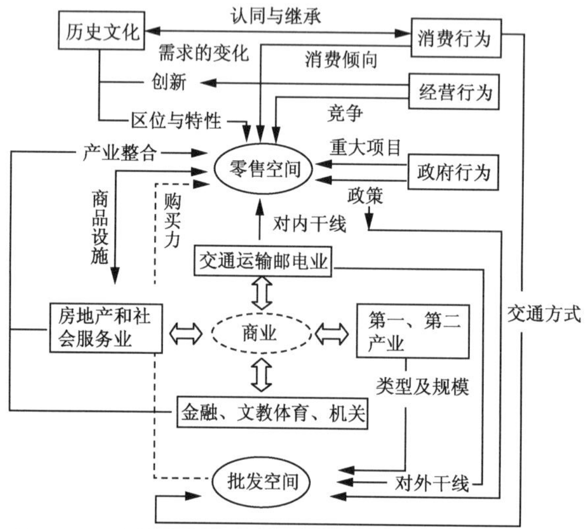

图3.12 建筑综合体的功能布局模型
来源：大型都市综合体开发研究与实践，2005，p139

在城市综合体中，随着功能类型的多样化聚合，为了保证各功能单元的使用效率，往往在功能的组织上采用层叠、组团的方式，表现为建筑体量和高度的增大。

当功能的组合以层叠为主，在建筑上表现为对垂直区位的层级式构成。地面以上的功能组合方式依次为：

地面层：具有较强的公共性，以商业、娱乐、社交、公共、交通为主。

近地面层：地上 2～4 层，功能表现为地面功能的延伸。

中层区：地上 5～8 层，功能以办公、商贸、居住、旅馆、商业为主。

高层区：9 层以上，100 米以内，以办公、居住、旅馆为主。

超高层区：超出地面 100 以上，独立性极强，其功能以办公为主。

城市地面以下的功能层次可分为：

地表层：地下 5 米，以设施、停车场、局部地面功能的延伸为主。

地下浅层区：地下 5～10 米，以零售、娱乐、停车和行人交通为主。

地下中层区：地下 10～20 米，以地铁交通为主，兼具零售功能。

地下深层区：地下 20 米以下，封闭性极强，以地铁交通为主。

当各功能单元的组合以平面方式为主，其组织原则一般基于空间的可达和各区域的商业价值最大化的考虑。例如将商业空间设置在人流密集、靠近城市公共空间的位置，办公、居住等功能置于相对远离公共人群的部位。在实践中，这两种方式往往结合使用。但不论采取哪一种方式，功能组合的整体效应以及各功能之间有效的联系是评价的标准和基础。

3）室内步行街

室内步行街是建筑综合体的一种平面化形式，宜人的购物、休闲环境使其不仅能满足日常生活的需要，更可以成为增加人们交往和社会见闻的场所，因此也被称为"城中之城"或"散步采购"的游憩通道[7]。其功能特点是各种商业设施沿着室内的步行通道布置，形成一种功能相对同质的聚合，突出功能的群体组合效应。

现代室内商业步行街的功能设置与洋流的作用有一定的共同之处。海洋的洋流主要是由长期的定向风的推动所形成的，流动方向与风向一致。洋流的流畅区域，海洋的生物资源难以停留、累积，而成为鱼类的迁徙途径。相反，当洋流产生回旋时，将导致大量生物的滞留，吸引鱼类的集聚，回旋区域内的食物链结构由此产生。在室内商业步行街的功能配置上，人为地制造这种"洋流的回旋"能起到对局部功能的激化，带动整体效益的提升。据此可以得出商业步行街的理想功能布局的模型（图 3.13）。

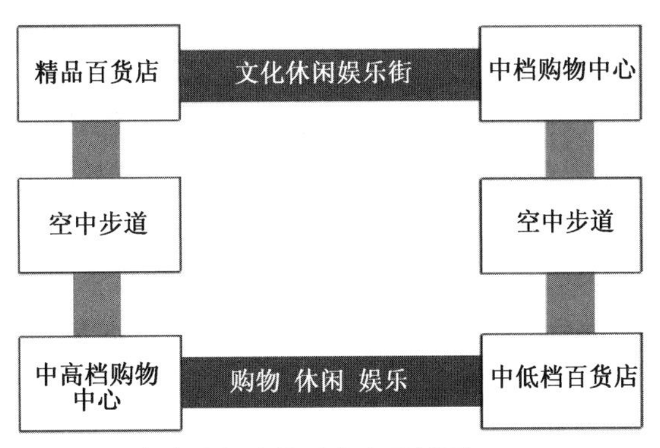

图 3.13 室内步行街的功能布局模型

来源：El Croquis，MVRDV，2003，p141

室内商业步行街在空间形态上是对城市街道、广场空间的一种移植，商业步行街也因此成为城市空间系统的一个片段。线性的组织是其最初的模式，在某些情况下，线性空间的局部扩大，形成空间转换与联系的环节，而带有节点的属性，丰富步行街的空间层次(图 3.14)。

现代室内步行街在空间的分布上，不仅仅局限于地面层，通过与多层次步行网络的连通，可以在各个层面上实现与城市空间的互动。当商业步行街与城市地铁发生功能与空间上的联系，更能得到功能的激发，提高功能的附加值，促进整体功能利益的提升。以日本为例，截至 1994 年，日本全国有 20 个城市共修建了 79 处地下街，总面积 92.27 万平方米[8]。多数的地下街整合了商业、餐饮、娱乐等功能，其中东京八重洲地下街面积 6.8 万平方米，每天的人流量达 1200 万人，将各种动态、静态交通和商业功能置于一体，极大地提高了各城市功能之间的运作效率。在《东京制造》一书中，大量的地下街案例将地下公共空间与城市基础设施相结合，使得城市的消极空间得以活化，大大增强了功能的开放和城市活力。

图 3.14　横滨皇后广场和地标塔室内步行空间
来源：城市设计，1999，p119、120

4) 城市复合结构

当建筑综合体的规模增加到一定的程度，自身的功能高度集聚，并与城市职能密切交织，而成为城市的复合结构。复合结构的主要特征是：建筑单体的概念相对模糊而趋向于建筑群组的综合；在用地方式上表现为跨越城市街区的联合开发；在功能组织上强调各类功能的多样聚合，且强度极大；在空间组织上反映了对城市空间最大限度地立体利用，地面上下的空间资源得到充分的发挥；在交通方式上形成以步行网络为主体的城市三维动线与静态交通相结合的综合模式[9]。城市复合结构是一种微缩化的城市结构，在建筑城市性的层级结构中占有较高的等级。

复合结构也常常是城市社会、文化的中心，人与人之间的交往、互动一直是其中的主题。从功能的构成上看，复合结构的功能有三种类型：以一种功能为主体的方式、多种使用功能并行的方式以及城市交通枢纽的功能复合化。

在第一种状态下，以某一种功能为主导，其他功能的设置进一步丰富和完善主导功能的运作。以东京国家会议中心为例，项目的初衷是作为城市的文化中心，能够满足会议、集会的要求。但该项目处于东京老的市政厅附近，是东京最重要的商业区之一，并与银座商业娱乐区毗邻，地理位置的独特性使得其在功能的设置上必须兼顾多种使用的需求，附加的功能又能够促进主导职能的发挥。设计师拉斐尔·维诺里(Rafael Vinoly)的方案是在基地的西边,并列布置4个不同体量的模块,分别对应不同规模的演艺、会议功能,并面向中央通道打开。主要的公共区域以及公共人流的起点设置在一个长225米、高60米的玻璃大厅中。二者之间的广场既是行人的主要通道,串联南北街区之间的交通,又是城市公共生活的舞台。在广场的周边布置了商店、饭店、图书馆、媒体中心、公共艺术展示等功能。广场下还有一个大厅,汇集了餐饮集市、商店及各种教育设施。这些功能的存在拓展了其主导功能的多样化使用,使其成为市内观光的主要场所(图3.15)。

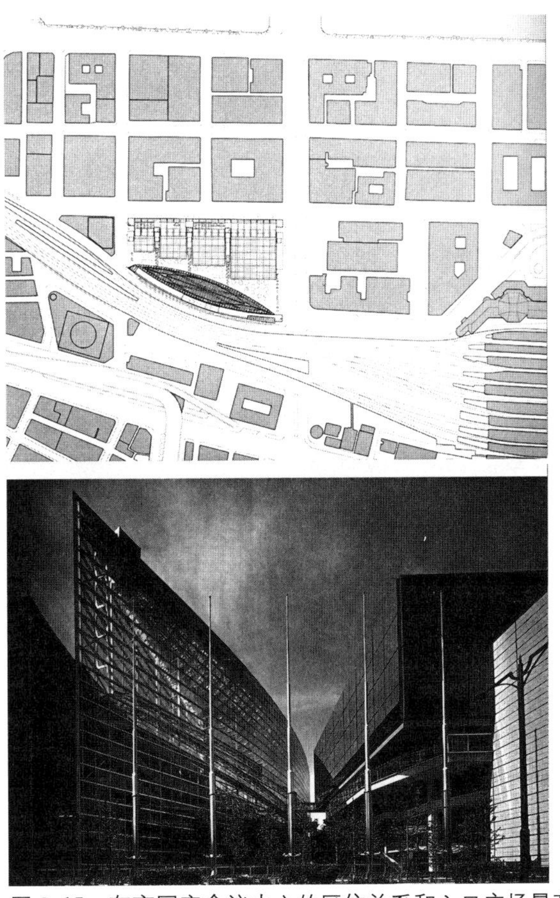

图3.15 东京国家会议中心的区位关系和入口广场景观
来源:Rafael Vinoly Architects,NAU,p215、226

在第二种状态下,复合结构中的各类功能多样化地组合、叠置,各个功能单元相互补充、支撑,形成功能的共生。日本福冈的博多水城是日本历史上规模最大的私营地产开发项目,其中包括了两座宾馆、两个大型商场、一个商务中心大楼和一个剧院。该项目将福冈市的三个步行街区融合为一个整体,同时体现了周围环境的细小尺度与传统肌理关系。各个功能单元在保持各自功能的独立性的同时,被由"水街"串联而成的商业街区加以联系,加上精心设计的水上舞台、音乐喷泉,形成极具主题风格的商业氛围(图3.16)。在开业最初的8个月里,接待的顾客就达1.2亿人次。

图 3.16 博多水城的各功能单元在“水街”的串联下成为有机的整体
来源：城市设计，1999，p185、186

城市的交通枢纽一般位于城市的门户地段，土地价值较高，促成了城市多元功能向交通枢纽的聚合，这是城市复合结构的第三种状态。在这类城市复合结构中，城市交通功能成为其功能主体，商业、办公、宾馆等为城市交通的服务人群提供连续、系列的功能辅助。其中的交通模式不同于一般的复合结构，呈现机动交通、步行交通、快速交通的多轴并置，并相互交织。九州转运站就是一个依托于城市客运站的城市复合功能体，车站部分采用跨站式设计，四层上的公共通路贯穿南北，城市地面交通人流通过自动扶梯到达二层的入口平台，然后进入公共通路。市际火车站台位于公共通路之下，公共通路的尽头通向新干线站台。在基本的车站功能以外，该建筑还配置了较大规模的商场、宾馆客房、地下停车库，建立了与交通运输相关联的功能配套。通过二层的公共平台，还将功能继续延伸至周边的相关建筑，形成更大规模的功能连锁（图 3.17）。我国传统的城市交通枢纽（如火车站）在管辖权限上分属铁路和地方行政部门，因此除少数个案（杭州城站火车站）以外无法做到空间资源的集约利用。在高铁时代，随着土地管理方式的转变和铁路部门改制，铁路站点周边成为城市空间高度复合型的发展模式成为主流趋势。万达集团跟随城市交通枢纽建设的“造城”运动可见一斑。

3.4.2 城市、建筑的功能一体

当城市建筑处于一个具有发展潜力的城市地段，区位、交通等外部条件的优势明显，功能的设计策略是通过对功能配置进行局部的调整和置换，引入部分的城市功能，实现建筑与城市功能的互动。所谓城市与建筑的功能一体即是城市功能成为建筑功能体系的必要组成，并进一步与建筑的空间生成同步，二者缺一不可。

1）城市交通与建筑功能的一体

城市交通与建筑功能的结合实现了一种城市局部与整体间功能的双赢。城市交通因建筑空间的延展而获得了更多的空间资源，改善了交通的物质条件，提高了运作的效率；城市建筑也因城市交通的结合，得到人流、物流上的便利，为建筑功能的实现提供了更多的可能。城市交通对建

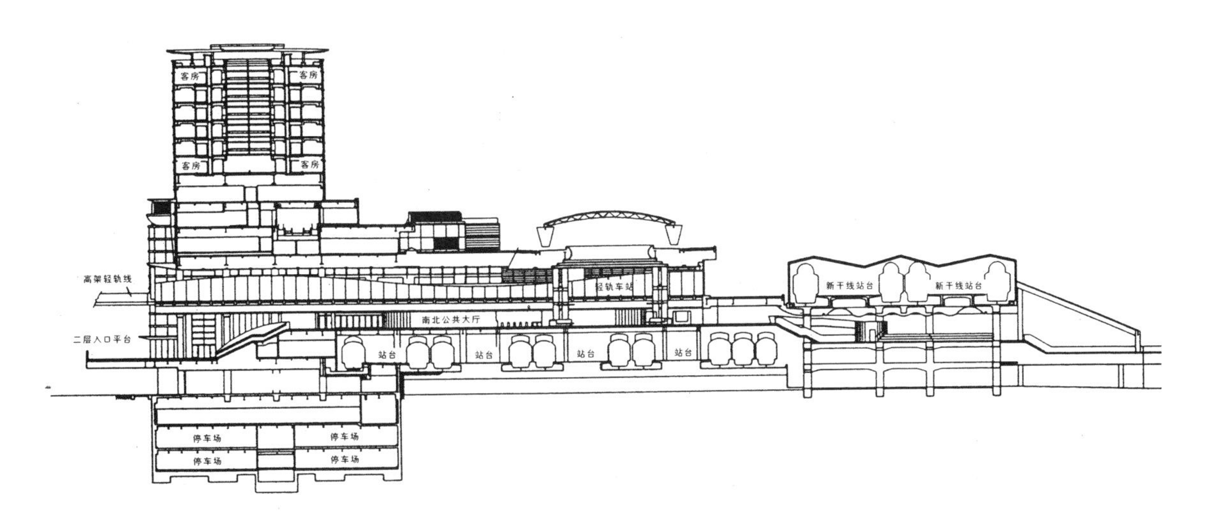

图 3.17　九州转运站的外部形态是内部功能关联的反映
来源:建筑·城市一体化设计,1999,p131、132

筑功能的转移包括静态交通、步行系统、换乘系统与建筑功能的结合,互动不仅产生于与城市空间的界面,更深入建筑的内部、上空和地下(图 3.18)。城市交通与建筑的结合依据交通整合方式的不同,可成为城市触媒的一种手段,也可成为城市功能网络中的节点,因此,可视为一种对建筑功能进行城市性调节的有效措施。

城市交通向建筑的转移还表现为对城市土地利用上的集约化方式,是对城市空间的使用效益的改善和提高(表 3.7)。静态交通往往占据较大的城市空间,与建筑功能的整合体现为各种机动车库在建筑使用价值相对较小的地下和顶部空间进行叠合配置,能有效地减少对城市土地的占用。城市步行网络与城市建筑内部空间的相互穿插交织,使独立的功能单元在步行系统的连接下成为彼此相关的功能连续系统。步行系统的植入在建筑的内部空间中产生了更多功能激发的可能。当步行系统在建筑内部与城市的交通换乘系统相配合时,其功能的媒介作用得到强化,能实现建筑内在功能的增殖和城市性等级的提升。

随着城市地下空间利用的普遍化,城市建设地块内独立使用的地下静态交通空间越来越多。非系统性的城市地下空间构成一方面不利于城市地下空间的利用，另一方面因为每个独立地块须分别处理机动车的出入库而须设置大量的地面疏导性交通，故而增加地面交通的压力。其中一种可行的方式是在地下空间密集的城市区域，通过局部建设地下交通环廊或地下交通系统的方式，将独立地块的停车空间与地下车行道路相联系，能够大大疏解地面交通的压力。

图 3.18 重庆李子坝站

表 3.7 日本城市空间立体分布

<table>
<tr><th>层面</th><th>民地
(建筑红线以内)</th><th>公地(道路)</th><th>公园、广场</th></tr>
<tr><td>城市上空</td><td rowspan="2">办公楼商业设施、住宅</td><td>高架道路</td><td rowspan="2">防灾避难场地</td></tr>
<tr><td>地表附近</td><td>车行道</td></tr>
<tr><td>浅层
0～－10 米</td><td>商业设施、住宅、步行道、建筑设备</td><td>地铁、地铁车站、商店街、公用设施、停车场</td><td>停车场、防灾避难设施、公用设施、处理系统</td></tr>
<tr><td>次浅层
－11 米～－50 米</td><td>防灾避难设施</td><td>地铁隧道、公用设施、干线道路</td><td></td></tr>
<tr><td>大深度
－50 米以下</td><td colspan="3">地铁隧道、公用设施、干线道路</td></tr>
</table>

2）城市、建筑的空间一体

城市交通尤其是步行交通向建筑的转移，间接地将城市街道、广场上的城市生活引向建筑内部，使得城市公共空间与建筑的内部空间得到系统化的整合，使其带有交往、休憩的功能。同时，人们对建筑与城市问题认知的深入以及建筑规模的不断扩大，使设计城市的空间语言在建筑空间中实现转译。城市道路、广场等语汇成为建筑的功能、空间的构造元素，在功能实体的间隙，形成一种具有城市公共属性的介质(In-Between)，黏合于功能实体之上，赋予更多非设定的使用要求。

雷姆·库哈斯(Rem Koolhaas)的西雅图公共图书馆设计是对建筑功能构造的一次新尝试，他的方案基于两个目标：对图书馆的重新定义与使用以及现实世界空间刺激与虚拟空间图示的合二为一。在具体的操作上，库哈斯总结了11种概念上的使用功能，然后将概念性的使用功能分解进入具体的功能空间，确立5个基本的功能实体：停车与操作（Parking & Operation）、藏书（Store）、集会（Assembly）、开架（Books）、管理（Headquarters）。这5个功能实体被库哈斯称为“平台”（Platform），它们的存在状态通过彼此之间的协作产生，因此可以产生对应的空间拉伸和错位。经过这样的操作，在各个平台之间产生了一种“类城市化”的空间间隙，使各个功能实体演化为城市中的建筑，而这种间隙则成为建筑中的街道和广场。通过对其功能配置的图解（图3.19）可以看出，库哈斯对该建筑的操作实际是将其当作一种竖向的城市，公共空间与实体的构造、组合实现了对水平化城市空间状态的转译和再造。

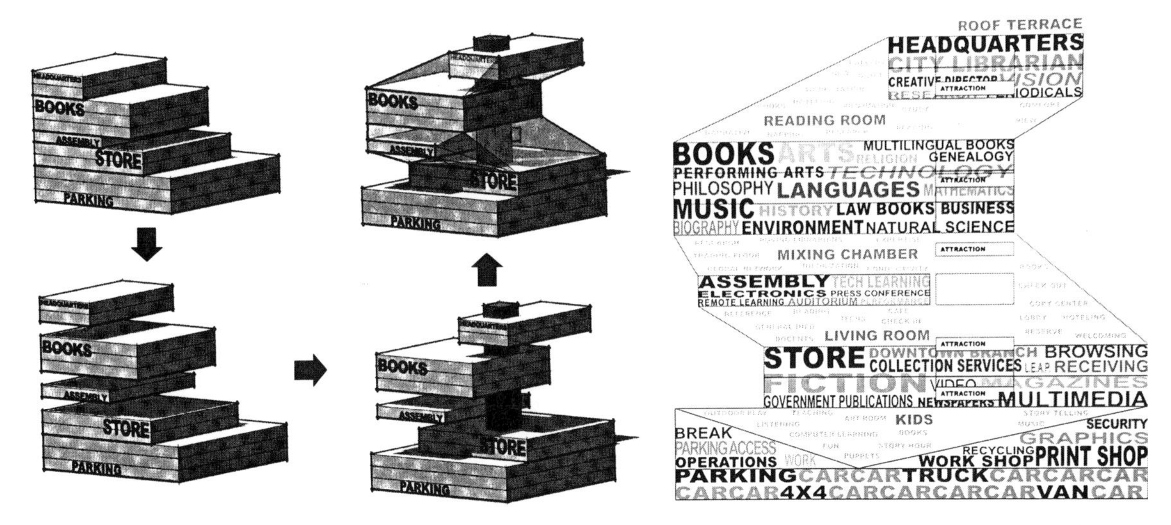

图3.19 西雅图公共图书馆功能关系图解
来源：剖面思维解析，东南大学建筑学院硕士论文，2005

城市性空间介质的楔入的另外一种形式，即对建筑交通空间的重新诠释，使其在空间联系作用的基础上添加了交往和互动的可能。设计的手法是对原有交通空间的尺度扩大，并将间断性的空间转化为建筑内部的“街道”。以MVRDV的代表作乌得勒支教育馆为例，其功能的基本组成包括两个会议厅、三个实验厅、能容纳1 000人的咖啡厅以及能容纳1 500辆自行车的停车库。不同于一般积木式的功能堆积，MVRDV的设计策略是将各种功能单元视为非固化的空间形体，建筑的生成过程基于内部交通的引导作用。连续化的内部流线既是功能组织的需要，又是功能连续的保证。空间的形成通过三种不同方式的折叠过程呈现：第一层空间折叠构筑了建筑的室内外高差和地下车库；第二层空间表面通过割裂、翻折形成了面向公共人流的交通坡道，并形成了两个报告厅的空间，一、二层表面之间的间隙则是咖啡厅的空间；第三层折叠与第二层相互咬合，构成三个实验室空间。各个空间之间没有传统意义上明确的空间分割，而是以坡道相串联，形成一种连续、开放的空间体系（图3.20）。这时的坡道既是交通的物质基础，也是人们进行公共活动与交往的场所。

同样的实例还有库哈斯的荷兰当代艺术中心设计。该建筑被设定为两条线路所组成的四个体块，每个体块对应不同的使用功能，其中的核心在于如何在这个分裂的空间体验中实现连续的循环。库哈斯的方法是以一个公共斜坡为出发点，构造一系列复杂的连续坡道，在建筑内部缠绕、交织，形成一种非线性的流线系统。在这个空间容器中，各功能单元不再是独立的个体，而是城市的一个部分(图 3.21)。建筑的内部空间与城市的公共空间构成有着同构性，正如库哈斯自己的解释，“代替于一种简单的叠加，建筑的每一个楼层都彼此接触，所有的平面都被一个轨迹所串联。一条扭曲的内部大道连接了所有的城市化元素。它的作用类似于街道，街道在建筑内部产生了超越城市化的元素”。

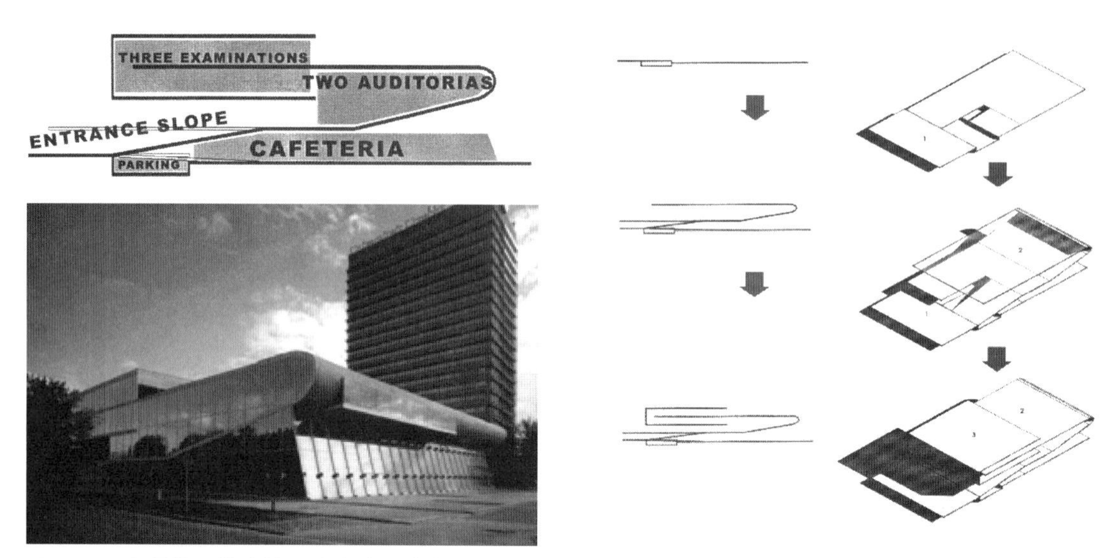

图 3.20　乌得勒支教育馆设计中坡道成为建筑功能、空间组织的线索
来源：剖面思维解析，东南大学建筑学院硕士论文，2005

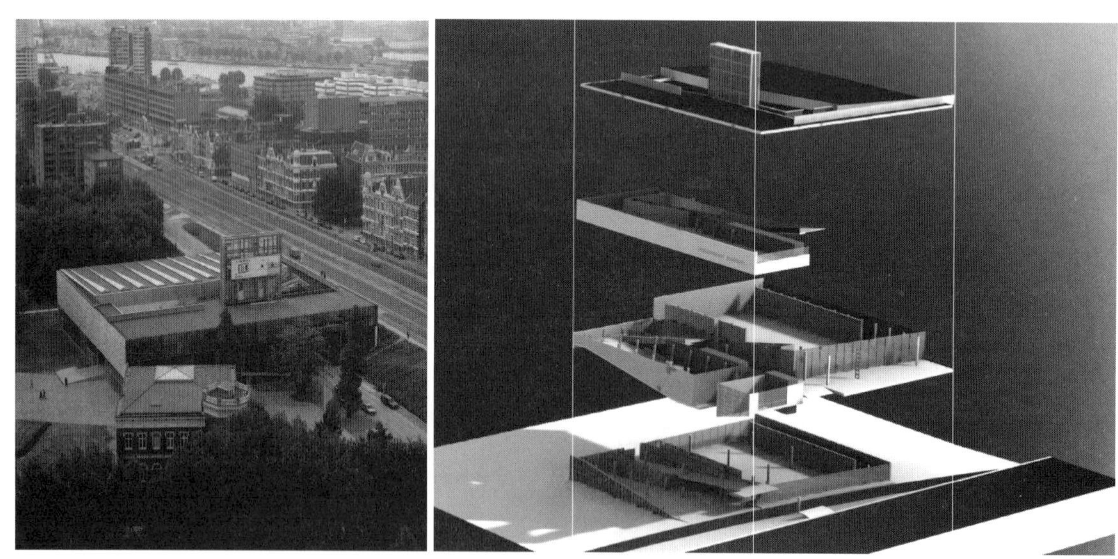

图 3.21　荷兰当代艺术中心设计各空间单元的生成图解
来源：剖面思维解析，东南大学建筑学院硕士论文，2005

3.4.3　渐进式的小尺度介入

相对于城市规划对城市功能和空间结构的系统性建构，建筑师介入的方式带有鲜明的“小尺度和渐进式”的特征。相对于追求终极目标的自上而下方式，这种对城市系统的营建是在动态特征下的建筑学回归。一方面基于对城市系统内元素之间功能能动性的反馈实现功能体之间的良

性平衡，另一方面也将这种功能结构关系折射于城市的空间建构体系，实现城市空间结构的优化。

1）局部功能对整体的反馈

城市局部功能是对城市整体的功能结构做出的一种适应性反馈和调整。不同于整体控制的规划手段，这种反馈是基于系统元素之间以及元素与系统之间的功能互动，是在内在规则和外部调控的双重作用下的能动行为，具有鲜明的局部性、动态性和非预见性的特征。

首先，无论是基于CA，还是基于神经网络的城市性功能作用，其对城市整体功能结构的反馈都针对局部功能与相关功能体系之间的有机平衡，通过系统内部的涨落，以自组织与他组织相结合的方式实现。作为全面揭示城市复杂功能系统内在机制的一种分析手段，它们弥补了通常功能分析方法中从整体到局部的不足，能够更加真实、全面地反映城市功能系统的运作状态。

其次，这种分析立足于对与功能相关的各种关系的梳理，而这些相关因素或关系在城市的发展过程中是不断变化的，只有把握了内在的关联机制和作用规则，在动态的基础上进行，才能较为准确地对不同时段的城市功能状态做出准确的判断，进而指导后续的功能设计。同时这种功能的互动又是一个不断往复的过程，既有的功能环境对新建筑的功能做出限定或引导，不断地修正和调整局部的功能结构，使之逐渐完善，并最终反馈于整体的功能结构。

最后，自下而上的功能组织自身带有很强的过程性和随机性，不能在短时间内立时呈现，也受到各种偶然因素、城市发展状态、政策管控规定的影响，与整体的城市功能结构规划不同，不能完全地加以预见，只能在动态中逐步调整而达到整体优化。这也与复杂系统的本质特征相吻合，普利高津在《确定性的终结》一书中就明确强调，在面对复杂的系统时，一切想通过人为控制的方法都是无效的，我们只能把握系统内在的运作机制和规则，在过程中寻求解答。一切的分析手段都不是长效的，只能根据现实的状况，达成对系统状态的有限预测。

局部的功能对两个方面产生意义：首先是形成城市各层级功能结构的有序，其次是通过功能结构进而作用于城市的空间结构，从而实现城市整体空间结构的有序。

2）功能结构的优化

基于CA的城市性功能作用是对城市局部功能结构的一种渐进式优化，是在区域内部，通过元素之间功能的连续、填充和协作而达成的均衡状态，从而使整体的功能结构有机。基于神经网络的城市性功能作用着眼于城市各相关区域的功能协同，在城市整体功能结构层面建立一种动态的平衡，实现微观元素功能作用的非线性跃迁。这两种作用方式都是对整体功能结构的有益反馈，并最终在城市各级功能结构上呈现。这种功能的反馈作用直接对城市规划的修编、调整产生积极意义，以作为下一阶段城市建设和管控的依据。

3）城市空间结构的优化

从城市空间结构与功能结构的表现形式来看，二者存在着互动，是相互对立、统一的关系。城市空间结构和功能的矛盾不断产生又不断解决，推动着城市空间的发展、演化。城市空间结构制约着城市的功能格局，而功能在适应城市环境变化的同时又能反作用于城市的空间结构，促进城市结构的改变，使改变后的结构具有更佳的功能环境。随着环境的改变，又会产生打破既有均衡的诉求，要求城市各部分的功能结构产生应变，引起城市空间结构新的调整。这种相互制约、相互促进的关系相互交织，在自组织和他组织的共同作用下实现城市空间结构与功能的整体协调。城市各级功能结构的优化，反映在城市的空间结构上就是城市空间结构的优化。例如，基于神经网络城市性功能作用的结果，是城市空间结构的多核心网络化状态，能够在宏观尺度上促进城市各区域的均衡发展，提高城市系统的运作效率，保护城市生态环境。

4）有限度的预测

由于模型对于事物发展具有一定的预测性，通过建立模型的方法能够对城市未来局部或整体的功能结构实现模拟，从而确定某一有限时段内的功能状态；或者通过功能结构对城市空间结构的投射，间接地反映城市空间结构的特征。基于系统微观元素相互作用的分析方式具有把握系统内在运作机制的特点，根据城市过去和目前功能状态的对比，得出相应的数学模型中的参数(规则的转化)，再作用于现阶段的城市功能状态，进而获得未来某一时段内的功能结构，并通过城市空间结构呈现。

目前这方面的研究成为国际、国内规划领域的研究重点方向之一。例如，山东理工大学的史玉峰、王艳通过自组织神经网络的 Kohonen 模型，进行了城市功能分区的研究。通过建立城市功能分区的指标体系，以济南市 2002 年土地利用类型现状图为工作基础，模拟出了未来城市功能的聚类结果。他们在工作中建立了两个自组织神经网络，一种是将属性指标和空间坐标位置一体化，构建了 5×14 的网络；另一种是仅考虑了属性指标，构建了 5×12 的网络。然后将数据输入到所构建的 SOFM(Self-organizing Feature Map)网络，运算至条件的满足，并根据网络给出的函数值将 7 149 个单元网格划分为 5 个类别，分别编码，在 Mapinfo 系统中依据类别码创建出专题地图，以反映功能集聚给未来城市空间结构带来的影响(图 3.22)。

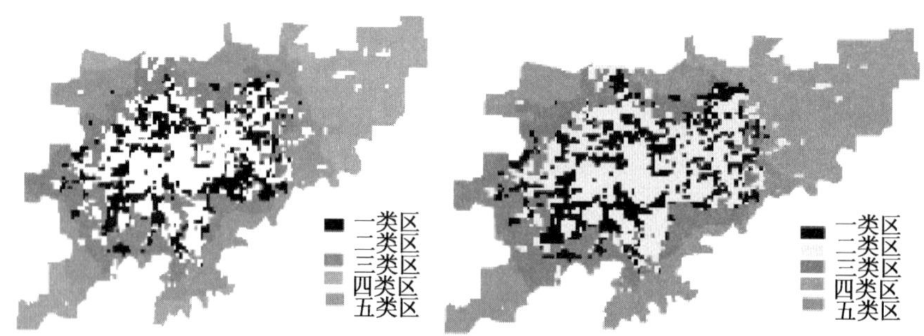

图 3.22　济南市某一地区的城市功能聚类结构
左图为基于属性的模拟结果，右图为基于属性和空间位置的模拟结果
来源：基于自组织神经网络的城市功能分区研究，计算机工程，2006(9)，p207

CA 和神经网络作为一种研究城市自组织运作的有效工具，对城市发展状态的有限预测不仅仅局限于功能结构，更可以用于城市的空间形态的研究。使用方法与功能的研究类似，都是通过数学模型的建立，将 GIS 获得的空间数据进行有限次的多重计算，将计算结果代码化，归入地图生成

系统，从而得到最终的预测结果。陈建权在荷兰乌得勒支(Utrecht)大学关于城市扩张的研究(图 3.23)，以及中山大学地理科学与规划学院的黎夏和香港大学城市规划及环境管理研究中心的叶嘉安合作完成的《基于元胞自动机的城市发展密度模拟》(图 3.24)均属于这类研究范畴。

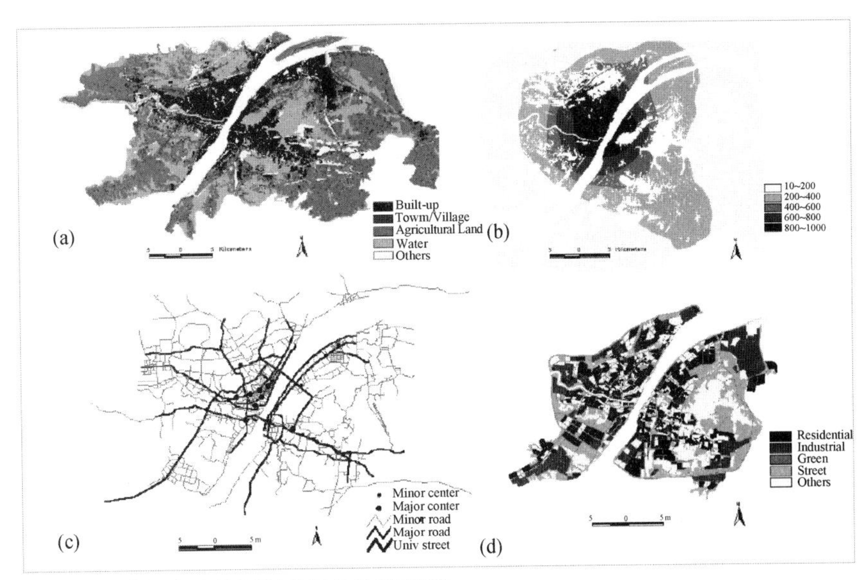

图 3.23 武汉各功能区划发展的有限预测

(a)为 1993 年的土地使用，(b)为城市人口密度，(c)为路网和城市多核结构，(d)为 1996—2020 年城市各功能区划的预测结果

来源：Modelling Spatial and Temporal Urban Growth，2003，p153

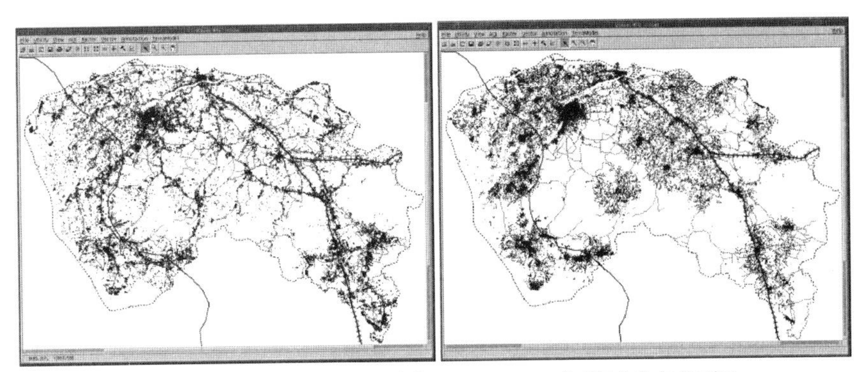

图 3.24 东莞 1988 年的空间发展状态与 1988—1993 年模拟状态的对比

来源：基于元胞自动机的城市发展密度模拟，地理科学，2002(3)，p164

5) 结构干预

如果说上述的应用多属于城市规划领域对城市总体功能结构与空间形态的研究，那么麻堪试验和闻家村更新则是从建筑师的视角对局部空间做出的优化解答。相对于规划师的操作方法，建筑师对问题的解决是由“相地”开始，即透过对项目基地的选择看到局部地段对于整体空间结构的意义，并通过在局部的设计操作产生对整体空间结构的干预，使其在“隐性”的目的下实现小规模渐进式的空间更新。

麻堪试验是基于 2018 年中奥联合教学成果针对深圳麻堪村作为水源保护地对城中村产业转型和空间改造一体化的深度教学研究。在该研究中选择村口具有污染性的造纸厂和村中的职工宿舍作为一期改造对象，通过二者之间的村中主街，激发两点间的联动发展。其中造纸厂改造为年轻创业者的初创园区，宿舍区改造为与村民共享的社区活动中心，在产业输出和生活改善两方面形成麻堪村改造的基本动力。该研究从创业者、村集体和投资者的三方利益博弈的角度，模拟业态置入的运作效果以保证每个实施计划的顺利进行。在初步形成主街沿线的线性发展之后，将这种功能的互动作用向村域的腹地扩展，一方面进一步拓展创业园区的规模和类型，另一方面对局部地块做功能置换，补充必要的服务功能。在最终的模拟中，麻堪的村域结构由线性结构转为主轴＋环形的社区型结构，从而实现了从产业结构到空间格局的再造(图 3.25)。

同样的方法在千岛湖闻家村更新中得到应用。该成果隶属于东南大学建筑学院"江南营造"设计课程，以在地性建造为教学和实践研究的目标。闻家村是地处深山的一个小村庄，一条山溪穿村而过。在现有的村中沿着该结构性的小溪有五座桥梁，按照中国村落的传统，桥头是重要的公共空间节点，选择桥头附近作为建设用地无疑就带有一种村落空间结构层面的意义。最终教学团队在村首桥头利用高铁的废弃建设平台设计了加工工厂和村民集市，在村尾桥头设计了育种温室，在村中的高点平台利用废弃学校设计了老幼活动中心，形成北集—中堂—北苑的基本空间框架，并在其余的桥头附近预留了公交车站、村民茶室等小型公共性功能用地(图 3.26)。虽然整体的教学聚焦于地域性的建造，但通过"相地"工作的提前介入，使得传统意义上的功能策划具有了空间层面的操作性，也与村子的产业发展和村民生活的改善得到同步提升。

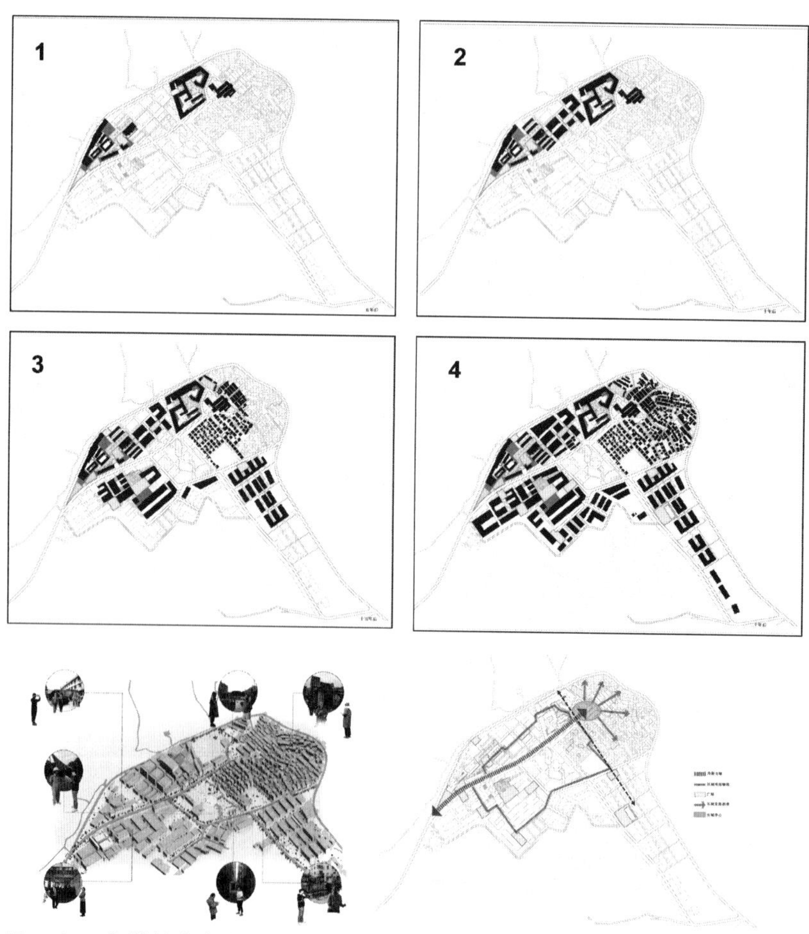

图 3.25　麻堪村改造时序及空间结构的转变

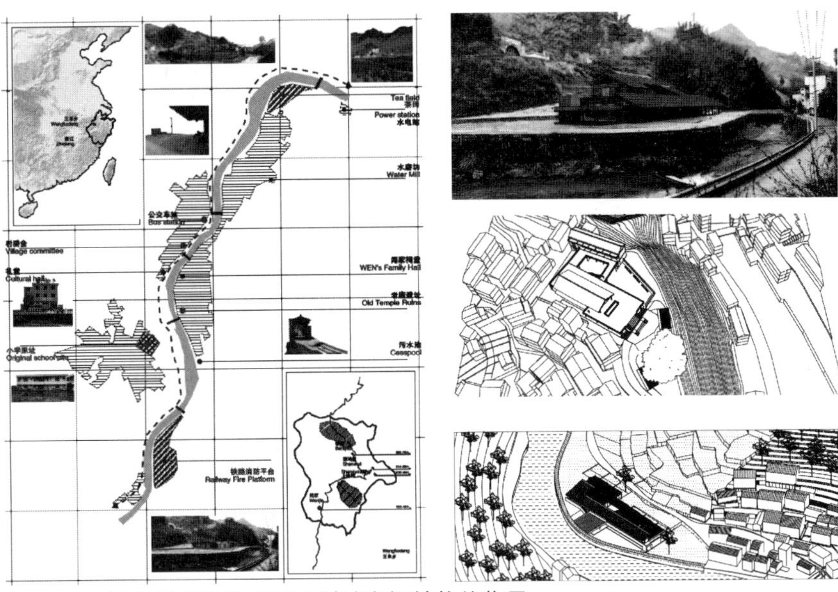

图 3.26　闻家村用地选择及对村域空间结构的作用

本章注释

1. 段进. 城市空间发展论[M]. 南京:江苏科学技术出版社,1999:75.
2. 注册咨询师考试教材编写委员会. 现代咨询方法与实务[M]. 北京:中国计划出版社,2003:24.
3. 段进. 城市空间发展论[M]. 南京:江苏科学技术出版社,1999:75.
4. 复杂性方法的基本内涵[EB/OL]. http://www.china.com.cn/xxsb/txt/2005-11/23/content_6039292.htm.
5. 杨保新. 建筑的欲望:伯纳德·屈米阅读[J]. 南方建筑,2006(1):90-92.
6. 龙固新. 大型都市综合体开发研究与实践[M]. 南京:东南大学出版社,2005:2.
7. 王建国. 城市设计[M]. 南京:东南大学出版社,1999:181.
8. 王文卿. 城市地下空间规划[M]. 南京:东南大学出版社,2000:114.
9. 段进. 城市空间发展论[M]. 南京:江苏科学技术出版社,1999:75.

4 城市建筑形态分析与操作

建筑城市性的形态分析与设计操作着重于建筑与城市环境在形态(形式秩序与空间结构)方面的关系。形态分析基于建筑城市性的形态模式,以微观层面的分析手段为主,并结合了基地特征的分析方法,力求以多样化的模式对建筑的形态生成进行阐释,并以此为基础探讨局部形态对整体形态的作用。设计操作作为对分析结果的逻辑反馈,与传统设计方法的最大区别在于,关注的基点置于城市空间关系的梳理和城市形态的塑造。

4.1 建筑形态操作的参照因素

4.1.1 微观参照

基于建筑的城市性,对建筑形态产生作用的外部因素有两个层次:首先,一个理性的建筑形态应该是对周边建筑的形态特征的充分参照,不仅是内部功能和空间的反映,也是对其“邻居”在城市空间结构和形式特征的对应。1745年杰曼·博弗兰德(Germain Boffrand)在《论建筑篇》中首次提出建筑句法的概念,认为建筑的一些基本元素,如门、窗、柱等是建筑语言的基本词汇,其在空间塑形中的组合原则是一种建筑设计特有的句法结构,对其周边建筑存在潜移默化的映射,使这种句法结构得以持续,形成独特的建筑景观。在文脉主义的理念中,一个建筑的形态受到物质环境的严格定义,在特定空间范围内个别因素与环境整体形成一种和谐的对话关系,使新建筑和既有的城市环境在形式秩序和空间结构上相互映照(图4.1)。另外,这种参照根据项目的具体情况和城市环境的不同,可以分为不同的空间层次。有的项目由于自身规模和形体特征的要求,只需要对街区层面的既存物质环境进行参照,而高层建筑或重要的公共建筑则需要跨越街区的界限,在与之相关的城市空间结构中寻求参照的目标,并作为影响建筑形态控制的基本因素。

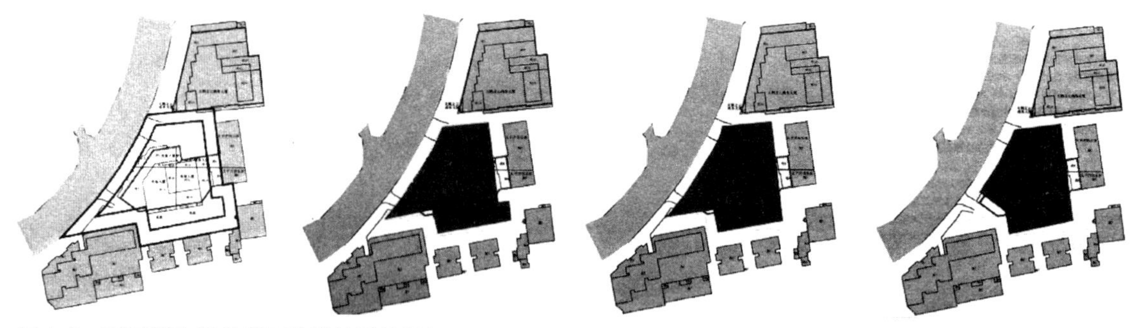

图4.1 不同形态相关度下的建筑形体组织
来源:南京城市空间形态及其塑造控制研究,南京大学建筑学院,2007

4.1.2 系统参照

对城市形态分析的不同视角,是在微观层面对建筑与城市的形态关联的体现，最终引导建筑形态的设计走向多元化。系统理论认为，结构是系统内部各个组成要素之间相对稳定的联系方式、组织秩序及其时空关系的内在表现形式[1]。城市结构分为表层结构和深层结构两个方面，表层结构是由城市物质设置所构成的显性结构，深层结构是由城市非物质要素所构成的隐形结构。城市的表层结构受深层结构的支配，同时深层结构也受到表层结构的影响，二者的互动构成了城市结构的全部内涵。就城市的物质空间结构来说，可分为空间结构、景观结构、功能结构、意象结构和意义结构等[2]，不同层面的结构之间相互作用，相互影响，具有很强的整体性特征。同时它们又受到社会、经济、文化等非物质要素的制约和影响，呈现出复杂性、多样性的一面。这样，往往表面上与建筑形态无关或关系不紧密的一些因素，会由于其内在的关联而进入建筑师的视野，并有可能成为主导设计方向的重要环节。同时，结构不是一个恒定不变的体系，其中任何子系统中构成因子的变动都会带动其他部分的改变，从而对既有的结构体系进行不断的修正。系统外部因素的不确定直接导致了结果的不确定和开放性，排除了预设的设计结果，使得结果变得无法准确预料，而建筑师能够把握的只是设计的过程。每一个分析、设计都应该是对特定外部环境因素的具体操作，无法进行简单的复制，能够重复的只是其中的方法和过程，并在针对不同环境的实践中进行调整和完善。

4.1.3 地域环境参照

与建筑形态生成相关的外部环境因素包括城市地域肌理特征、基地地形特征、人群行为动线、人群活动方式、建筑与外部环境的功能设置等方面，在分析过程中，各相关因素既可独立进行，也可相互结合而产生新的分析方法。如 FOA 建筑事务所在横滨客运码头设计中运用流线与场地的地形相结合，创造了基于地形学特征的新型建筑形态；库哈斯将建筑的不同功能与建筑内外的运动流线作为设计研究的基础，将交通空间作为有意义的内部场所，使其成为与使用空间并置的重要环节；彼得·埃森曼(Peter Eisenman)则将基地的物质性特征和外部的叙事性文本叠合，在充分体现城市结构特征的同时，使基地更具历史性和文化性。

4.1.4 形态研究的意义

这些案例带给我们这样的启示：首先，这些分析方法不是从城市的宏观架构出发，而是针对建筑面对的局部问题展开，宏观层面的城市以非显性的方式作为隐语出现。虽然直面的是城市局部的建筑问题，但分析的视角却基于当前的城市状态，正如 MVRDV 建筑事务所在解释其设计策略时所说，建筑可以成为解决城市问题的手术刀。其次，分析的意义在于对设计过程有针对性的引导，从某种意义上说，这种分析可以视为操作图解的一部分，并借由这种图解，将分析形态生成的“暗箱”过程变得有迹可循，使建筑的形态与其楔入的城市环境特征获得某个方面的意义。最后，正是由于这种有效的分析操作，使建筑的形态特征能够超越风格、类型的局限，呈现更为多元的外在表现。或许从某些角度上看，这种形态是一种“异质”，不能轻易辨识其与城市空间形态上的内在关联，但形态背后对城市相关元素的关注以及以此为基础的再创造真正揭示了这种隐含的深层内在机制,使其外在形态以最为恰当的方式楔入城市环境。

以下内容将对与建筑形态生成相关的分析方法进行总结,这种案例式的研究并不能穷尽现有的各种分析类型,也没有必要进行百科全书式的探求。毕竟有效的分析方法都是基于项目的独特性,并受到建筑师个人价值取向的浸润。案例选取的基本原则在于注重分析过程对建筑形态生成的有效性,并能直指建筑与城市空间形态的互动关系。

4.2 基于建筑城市性形态模式的分析方法

依据建筑城市性形态模型的分类,首先应对建筑的形态作用的类型进行判断,线性、网络和巨构这三种模型状态是对局部、整体形态作用关系的抽象,表明了这种作用状态的一般特征,然而建筑形态问题并不是一种抽象的描述,与建筑的具体形式和空间直接相关,需要按照相应的形态作用模式进行具体的分析。视觉秩序、空间肌理、空间关联耦合、动线关系、空间构造、形态触媒是模型的具体表现,它们与模型直接对应,同时可作为建筑形态分析的参照模式,不同的分析视角是对基本模型的具体操作。

4.2.1 视觉秩序分析

在建筑设计中进行视觉秩序分析就是将拟建建筑置于城市视觉环境网络中,从看与被看的不同角度,检验城市环境中视觉秩序的完整性和连续性。空间体验的整体性在于与运动和速度相关联的多视点影像的合成,而不是简单的数学叠加,连续的景观更替和对景观的解读是建立良好视觉秩序的基础。视觉秩序的基本审美原则包括多样与统一、主体与次要、均衡与稳定、对比与微差、韵律与节奏、尺度与比例、色彩与质感的协调等评价标准。视觉秩序的建立在于三个方面:运动、位置、内容。运动包括两方面的内容:现在的和将被揭示的景观。人们往往能够对自己在环境中所处位置产生不断的认识,通过戏剧性的景观并置,产生连续性的场景意象。在特定的视点位置,人们将对此处的感受与对彼处的认知相结合,从不断自我确认和连续感受的过程中,实现对空间的体验。作为被关注的对象,形体化的物质与一系列事件相关联,将静态的景观模式向充满活力的动态模式转变,强化了城市空间的戏剧性连续。视觉对象的色彩、肌理、尺度、风格、特色、品质和独特性是观察的具体方面。

【案例 1】

江苏广电城方案的选址位于南京鼓楼原江苏省电视台原址,基地毗邻鼓楼广场。该广场是南京市多条市内干道的交汇点,也是紫金山绿带向城市延伸的西部端点,同时还由于邻近鼓楼、钟楼、鼓楼市民广场,成为具有历史文化意义的空间节点。在方案阶段,城市景观序列关系以及新建筑在城市主要街道的景观效果是重点考虑的一个方面。经过视觉秩序分析和多方案的比对,选择了如下的设计策略:通过高层建筑在空间和视域上的联系,强化新街口—鼓楼中心区的空间纽带;突出其作为媒体建筑的标志性特征,强调在中山北路上的对景关系;控制主楼与周边各高层建筑的空间距离,既使城市空间趋于统一,又使其从高层建筑的背景中脱颖而出;主楼融入紫金山—北极阁—鼓楼的城市绿化景观体系,为使用者提

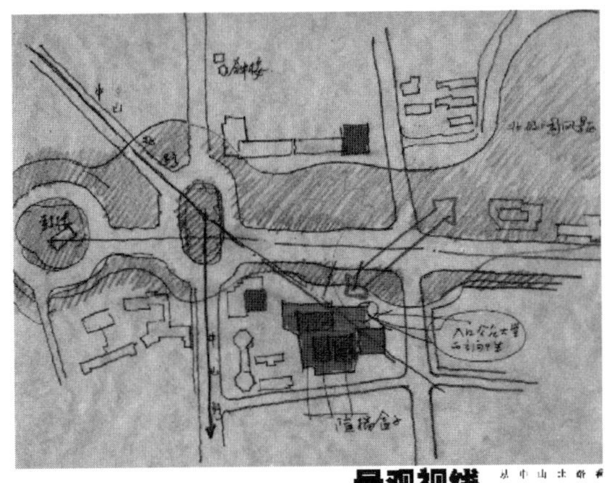

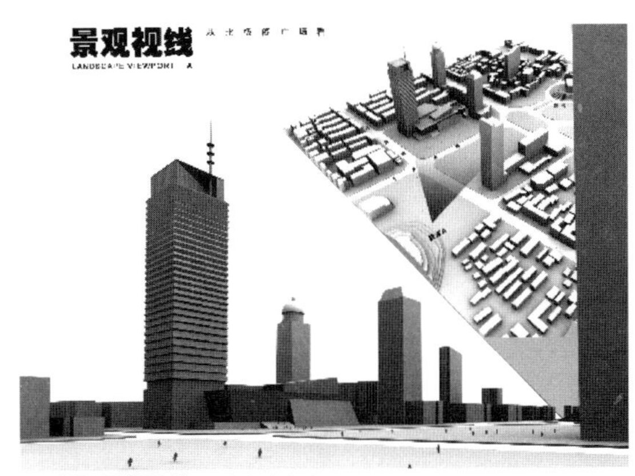

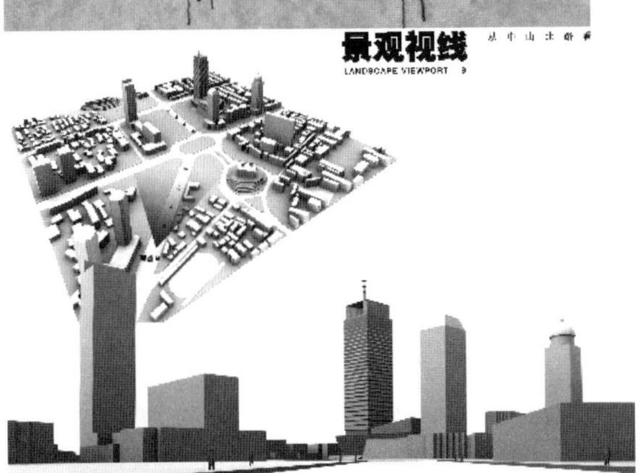

景观视线

图 4.2 江苏广电城方案的视觉秩序解析
来源:江苏广电城方案文本,东南大学建筑学院,2004

供良好的观景条件(图 4.2)。

【启示】

标志性建筑在城市的视觉秩序中扮演着两个角色:看与被看。既要保证在城市主要空间廊道、景观廊道上的对景效果,又要使其与城市主要景观节点产生联系,从而在视觉层面上沟通局部与整体的关联,形成一个完整的景观体系。

【案例 2】

2000 年北京举办了天园广场方案的国际方案招标,由于项目所在的位置非常特别,吸引了国内外众多设计单位的参与。该项目位于北京市的传统中轴线的北端,其作用犹如德方斯巨门,既是历史轴线的结束,也是新城市空间的开始。因此,该建筑在城市的空间结构、景观结构中占有极为重要的地位,同时对于城市主轴线的空间、景观特征的考虑也成为各方案的基点。在众多的参投方案中,多数将主要建筑沿中轴线两侧对称布置,也有少数将建筑安置在中轴线上,通过局部的空间处理,使轴线关系得以延伸。从视觉效果来看,这两种处理方法各有千秋,所不同的是对建筑在城市空间、景观结构中重要性不同程度的强调(图 4.3)。

【启示】

视觉秩序往往与空间秩序产生一定的重叠,借用空间分析的方法进行视觉景观研究也是一条可行的途径。同时达成这种秩序的方法是多样的,不同的处理手段基于对视觉秩序的不同理解,但其核心在于各种视觉、空间关系的梳理,并以最为适配的方式呈现。

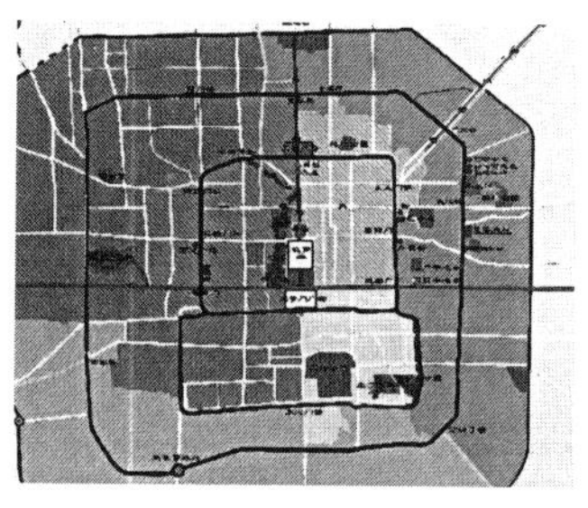

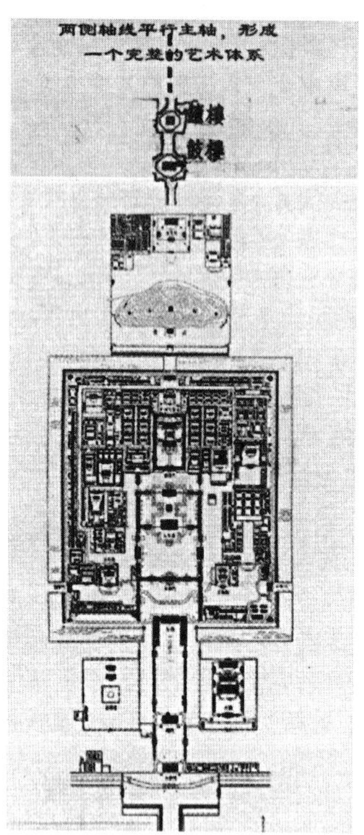

图 4.3　天园广场城市空间、景观轴线分析及方案比对
来源:天园广场方案国际招标作品集,2001

4.2.2　空间肌理分析

城市的空间肌理是城市形态结构的一个基本特征,所谓的肌理结构和城市密度相关,是指某个城市不同空间要素的空间结合方式。肌理有两个基本的特征,其一是细度,其二是清晰度。影响细度的因素有元素的尺度和元素之间的距离。当相似的元素或相似元素的小尺度群组较为均匀地分布在其他元素之间时,这个肌理结构是细致的;当元素及元素群组的空间尺度较大,并与相似的大尺度元素之间相互间隔,则该肌理结构较为粗糙。当某一类元素与其相邻的其他元素之间的平均距离在某个容许范围之内,偏差不大,则该肌理结构是细致的;反之则为模糊。如果从一个建筑群组的相似空间单元到其相邻空间单元的转变是突然的,那么这种建筑群组的肌理特征被称为清晰的;如果这种转变是渐进展现的,则是相对模糊的。城市肌理的特征表现在城市的不同尺度。街区层面的城市肌理关系表现在两个方面:街区内道路的组织以及由各建筑围合而成的空间景观,其中道路系统成为肌理结构的基本骨架,街区中不同细度和清晰度的空间组织成为该肌理结构特征的主要表现(图 4.4)。

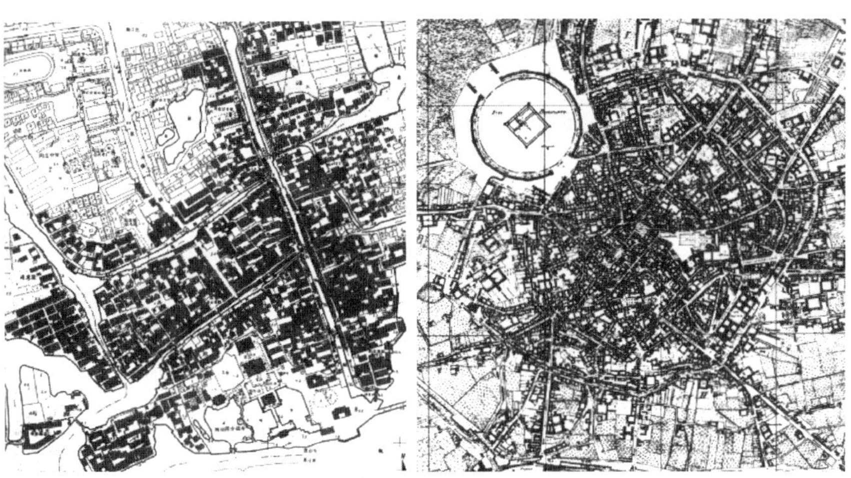

图 4.4 同里古镇与 1801 年米兰城的肌理对比

城市是一个具有生命体特征的复杂系统，城市局部空间的肌理随时间的演化而发展。城市肌理的演变呈现三种状态：蔓延式、生长式和跨越式[3]。在肌理演变的总体格局下，微观的肌理组成元素也非静止状态的复制，而呈现生物学意义上的演变。一方面通过肌理特征的自我复制，使得城市局部的空间、形体组织方式趋向统一，这种空间增殖方式一般基于内在城市文化积淀的传承，不随时间的变迁而发生质变，具有很强的“遗传性”；另一方面，由于外部环境和突发事件的影响，使建立稳定肌理特征的要素发生变化，从而引发外在肌理特征的改变，这种改变类似于生物学的“变异”，是在微观层面上的自组织式的能动回应。肌理的遗传和变异特征在城市的演化过程中重复进行，在城市整体结构上形成不同肌理碎片的叠合。因此肌理分析不但要以共时性的角度进行类型的梳理，还要以“考古学”的方式进行历时性的推究，以展现肌理的完整特征。

【案例 3】

八卦山台地位于中国台湾彰化县东，居民多由中国大陆移民迁居而来，建筑风貌秉承了中国传统合院的特点，并反映了闽南客家社会固有的宗族观念。该地多数建筑群落由大家族合居，形成较大规模的聚落，建筑形制一般由“进”（正向两两相对的主屋）和“护龙”（侧向相互平行的居住性建筑）组成。“进”的延伸是官宦人家的建造模式，而“护龙”是一般人家的扩展方式。单元的组合是以“间”为基础。“间”与“间”相连形成“屋”（在民居中“屋”一般由奇数组成），“屋”与“屋”的组合成为“屋群”。在八卦山地区，屋群分为两种形式，房屋的正堂两两相对形成“进”的，称为“堂屋群”；各“屋”纵向排列，背背相连或侧面相连的称为“横屋群”。由一个堂屋群和左右若干横屋群组成的建筑群体即为“宅”，若干个“宅”的聚合成为聚落（图 4.5）。

将基本空间构造原则加以延伸，就可以形成规模不等的建筑群落（图 4.6）。这种构成方式既受到“原型”的浸染，同时又受到来自内部和外部条件的限定，从而显现出多样化的方式。内部的限定性主要出自建筑的采光和使用要求；外部的限定性来自地理因素、经济因素、族群因素、建造技术和伦理习惯。经过限定性的“过滤”，导致对“原型”的修正和调配，使之适应于不同的地域特点。

【启示】

该案例的启示在于，建筑成为组织城市肌理结构的物质基础。在建筑群体的组织中，结构组成遵循系统化的建构原则，而这种层级性的组构方式可以通过类型学的方法分析得出。在基地研究中，基于建筑层面的肌理分析能够还原隐含其中的肌理组织和结构“原型”，并通过对外部环境的参照，对这种组织和“原型”进行针对性的再造。

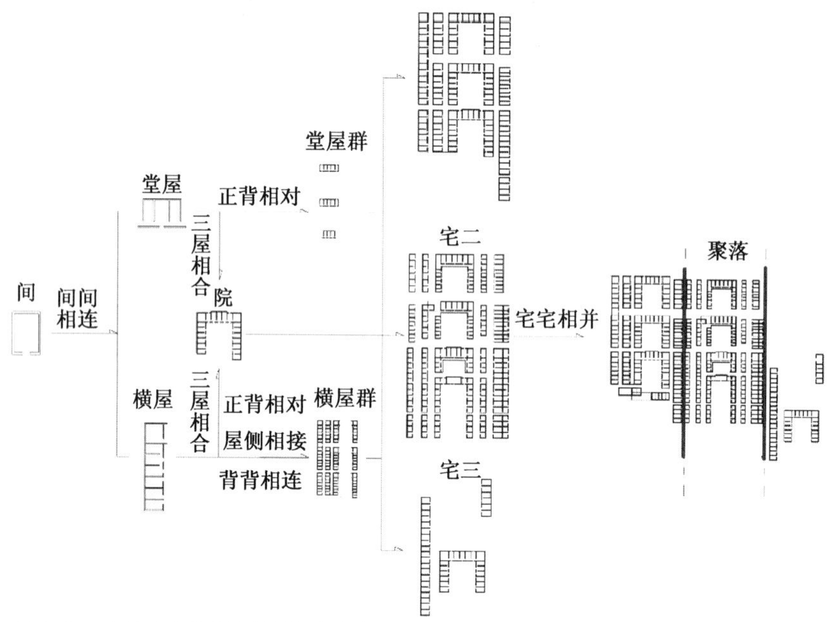

图 4.5 八卦山台地民居的构成方式

来源：类型形式转化之研究：以彰化县八卦山山脚路民居为例，台湾云林科技大学硕士论文，2004

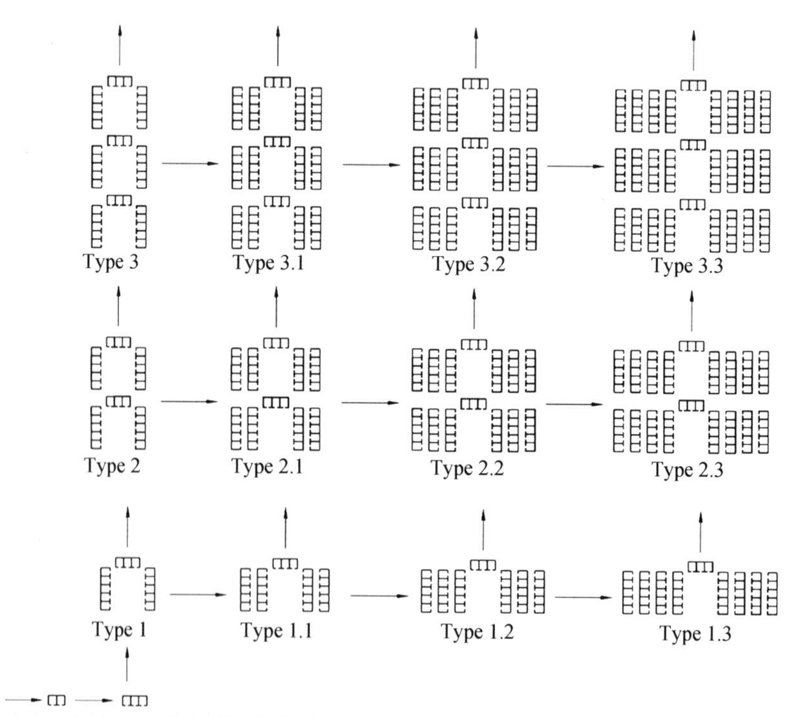

图 4.6 八卦山台地民居的群落类型

来源：类型形式转化之研究：以彰化县八卦山山脚路民居为例，台湾云林科技大学硕士论文，2004

【案例 4】

2002 年由贝聿铭先生完成了苏州博物馆的概念设计。该方案在总体布局上巧妙地借助于水面的组织，将拙政园和忠王府的空间结构进行拓扑变化，并与之融为一体，在建筑风格上却体现出简洁、明朗的贝式传统，使之成为对传统建筑特征的现代版演绎。该项目分为三个部分，中央由各公共空间组成，包括入口、大堂和主庭院；西部为博物馆展厅区；东部是行政办公等设施。整体布局呈现东西两条轴线的交合，院落式的空间结构也与江南民居一致，与周边合院式建筑群组协调。在建筑与水体的空间关系上，明显地与苏州园林具有同构性(图 4.7)。建筑成为水体的自然界面，呈三面围合，东北部的缺口打开，与贯穿拙政园和忠王府的水系相通。拓扑性的空间构成既能折射出对苏州建筑、园林特征的参照，又使复杂的功能配置在原型参照中寻得基点。周干峙对该方案的评价是：它与原有的拙政园建筑环境浑然一体，又有自身的独立性，以中轴线及园林、庭院空间将两者结合，在空间布局和城市肌理上恰到好处。

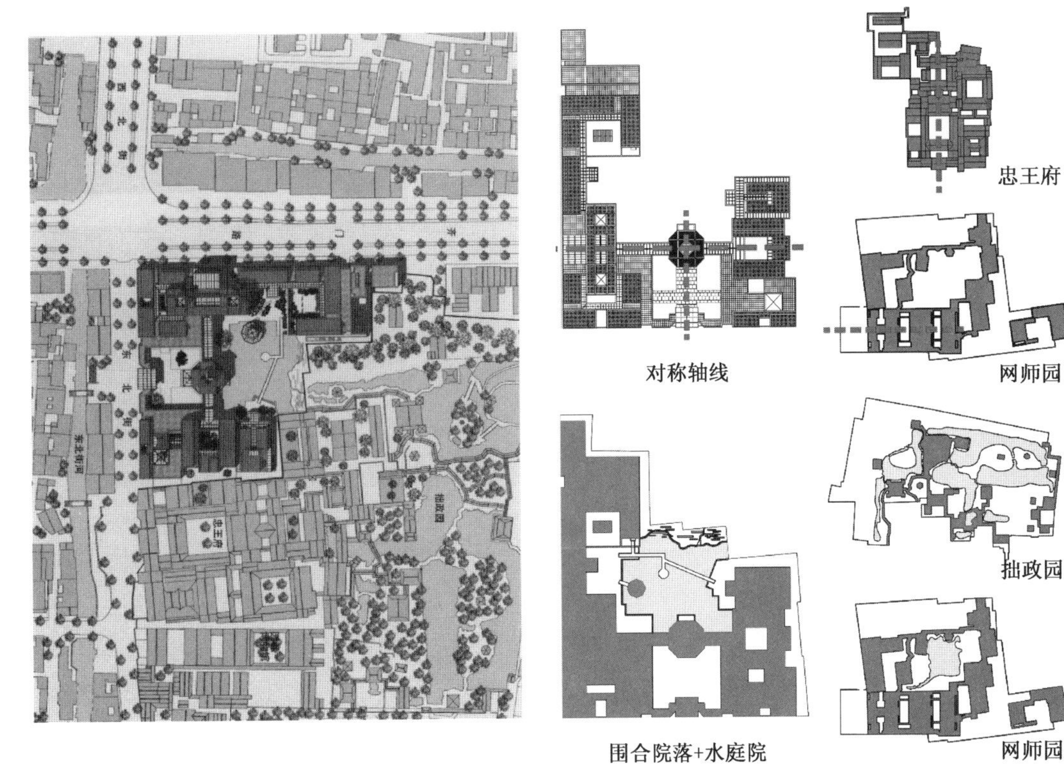

图 4.7　苏州博物馆与传统城市民居的结构对比
来源：东南大学建筑学院设计分析课程研究，2006

【启示】

城市既有肌理特征既是一种可依赖的传统，又是一个可供利用的资源。对城市肌理的尊重，不是对原型刻板的复制，而是基于对肌理的理解，通过形态的拓扑变化，创造性地再造。同时，肌理的还原与再造不同于建筑形态的复制，在肌理统一的基础上，应对建筑形态的塑造做出时代性的标记，这就如同传统中国画的画境：神似胜于形似。

【案例 5】

2006 年，南京市为了中华门门东地区的改造，实施了南门老街复兴计划，该项目由南京大学建筑研究所赵辰教授主持。在该地区的修建性详规中，明确了几个基本规划原则：空间结构的原真性、系统性和整体性；交通与街巷结构的真实性、层次性和易达性；公共空间的独特性、渗透性和深入性；建筑物的均质性、控制性和适应性。其中的核心是建立以城市特有的肌理特征为基础的城市更新模式。该项目采用的分析策略从肌理的两个方面入手，其一是建筑院落围合的类型特征；其二是结合街巷结构在不同历史时段的变迁，以"考古"和现状调研相结合的方式建立城市肌理中的结构性框架(图 4.8)。以此为基础可以构建城市公共空间系统和生活交往网络，在空间形体秩序之外实现真正意义上的城市历史街区复兴。

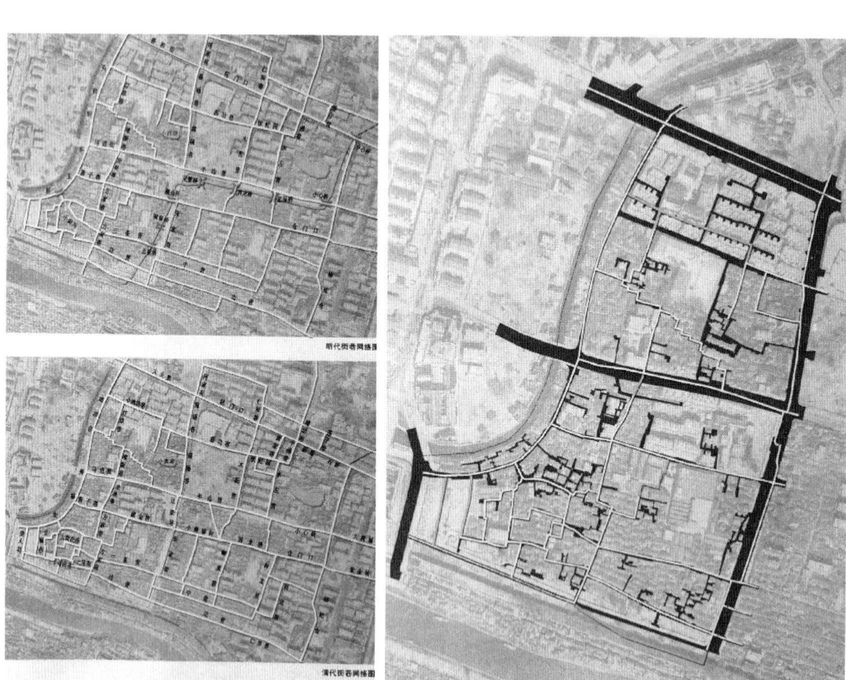

图 4.8 不同历史时代的街巷结构以及历史街巷与现状道路的重合
来源：长乐渡老城复兴项目(原南门老街)修建性详细规划，南京大学建筑学院，2005

【启示】

在城市环境的肌理分析中，结构性要素(街巷结构)的分析与建筑的类型研究同样重要，它同样承载着城市发展的历史脉络和人文精神。这种结构性表现在肌理环境中的街巷等级、空间网络和人的场所性活动。通过结构化的整合，城市肌理的局部特征才能在城市相对整体和宏观的层面上体现出其价值所在。

4.2.3 空间关联耦合分析

通过空间的关联耦合可以将相对松散的元素组成相对完整的结构秩序，用培根的话来说，就是"由设计结构决定的形式"。产生空间关联耦合的方式有三种：构图形态、巨硕形态和群组形态。构图形态是通过在建筑与城市空间之间建立一系列相互制约和引导的"静态力线"产生的，以各种控制线作用于建筑形态的生成。巨硕形态是以外在强加的秩序性元素，作用于分散的城市元素，使其成为紧密联系的整体。城市步行系统的串联就是其中一种重要的形式。群组形态是各城市单元通过具有层级性的组织，形成一种具有分形特征的群组结构，既呈现了整体上的独特风貌，同时又保持构成元素的清晰特征。

【案例 6】

理查德·迈耶(Richard Meier)设计的海牙市政厅和公共图书馆，处于一个楔形的基地上，基地长 800 英尺(约 244 米)，宽 250 英尺(约 76 米)，设计的内容包括议事大厅、婚礼厅、中心公共图书馆以及大量的当地政府办公设施。迈耶将基地街道的导向和街区建筑的隐含轴网关系定义为外部的控制线系统，通过两组轴线的交叠，限定出建筑形体的布局。同时，两组平行于现有建筑走向的形体，围合成主要的入口和内部的公共空间。虽然在外部形式秩序上，新建筑呈现了迈耶一贯的简洁、明快的风格，与周围建筑的形式特征不相一致，但在空间结构上得到了较为完整的体现(图 4.9)。

【启示】

城市中的街道、河流、山脉的走向等形成的线性限定以及重要建筑的轴线、方向等均可对建筑形成一种隐含的"力线"控制。作为空间组织的一个基本方法，这种基于静态力系的空间构图能够将视觉层面上不易感知的空间内在关联在相对整体的层面上展现，从而得到一种城市空间的整体构图。类似的方法在培根的《城市设计》中总结为以空间的连接、以轴线的连接、以建筑实体的连接、以连锁空间的连接、建立张拉力的发展、用延伸的方法发展等。

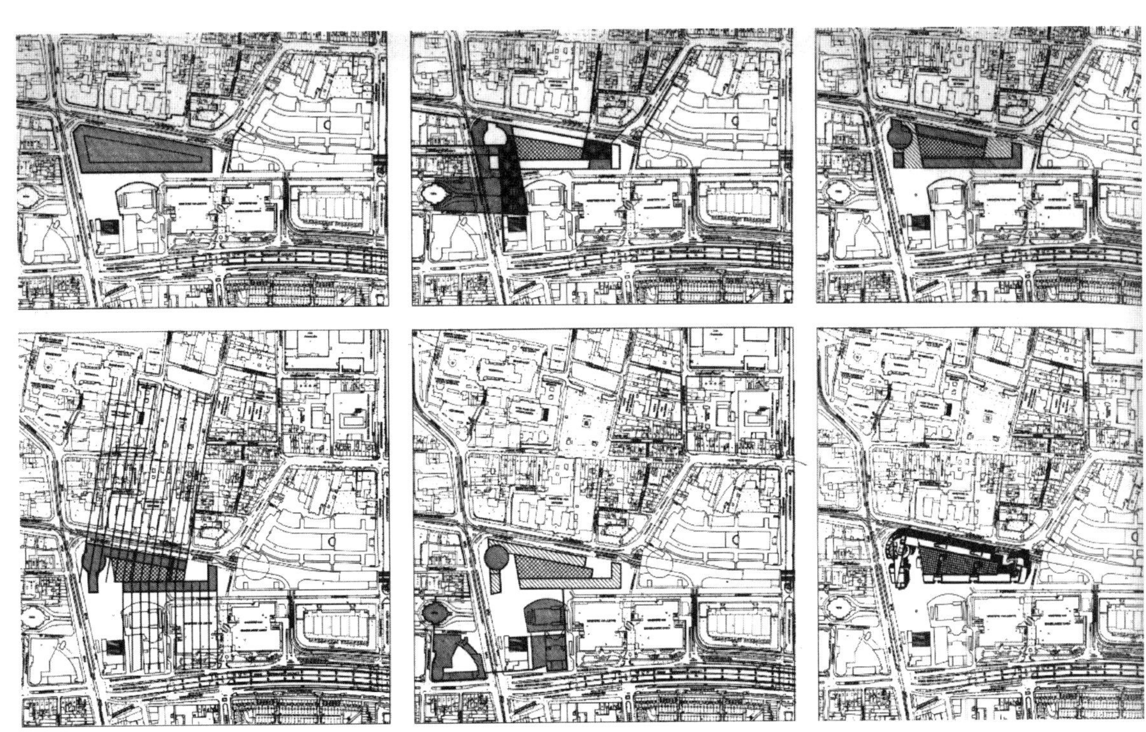

图 4.9 迈耶在海牙市政厅方案中对外部控制线的图解及方案的生成
来源：Richard Meier Architect 2，1992，p196

【案例 7】

美国纽约州水牛城的布法罗中心商业区原来的商业局部过于零散，影响了使用的效率。要把这种不利因素转化为有利因素，首先就要完善和建立中心区的交通运输系统和人行道桥系统。在其规划思想中，其中最为突出的是"干道林荫路"(Main Street Mail)的建设。它是连接快车道、停车场、市郊商业区和办公楼的主要道路,也是市内行人的必经之路,为商店、仓库、餐厅、饭店等提供良好的环境和辅助设施。这条干道林荫路实际上是绿化良好的商业步行街,规划委员会通过仔细研究,在林荫路上兴建了一批新建筑。林荫路与每一幢建筑相通,并与地下铁路同步进行。加之该林荫路有顶篷覆盖,并配有空调系统,设置了大量街道家具,使其成为具有吸引力的城市公共空间系统,将整个商业中心区激活(图4.10)。

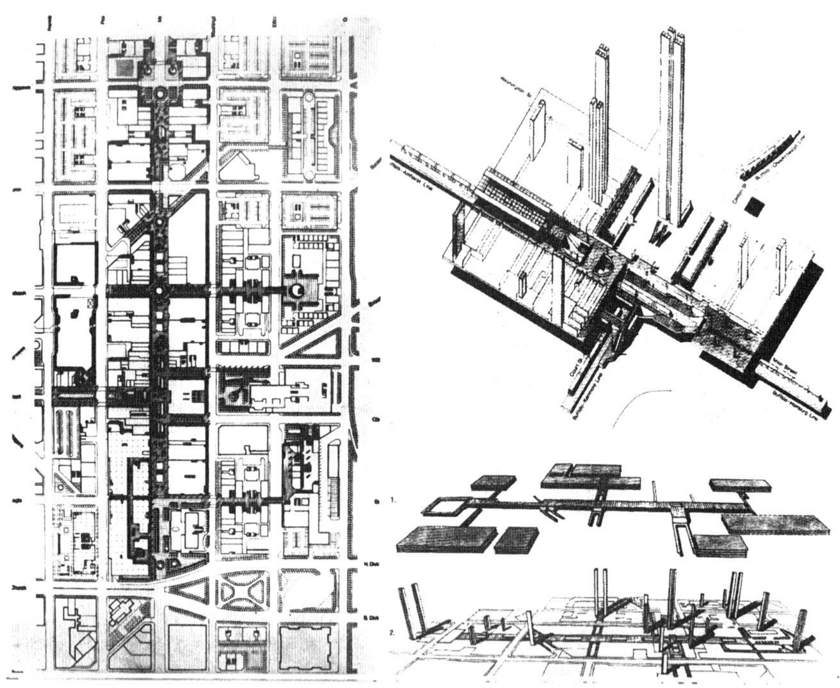

图4.10 水牛城干道林荫路的规划结构
左图为总平面设计,右图为电梯塔、门廊、商店及车站的关系图
来源:国外城市中心商业区与商业步行街,1990,p136

【启示】

城市的交通系统是一种外在强制性的空间秩序结构,它在沟通城市各部分流线的同时,也为各建筑之间建立了空间联系的通道,是一种巨硕形态的关联耦合方式。在城市中,以多样化的步行交通进行建筑之间的空间联系能极大地激发各相关建筑之间的功能协作和空间互动,从而实现建筑群组的规模效应和整体效应,同时也为城市空间结构的有序提供了一条极具效率的途径。

【案例8】

查尔斯·柯里亚(Charles Correa)在贝拉布尔低收入住宅区的规划中体现了建筑师平等、可添加、多元性、空间离散的设计风格。场地规划由一系列社区空间序列组成。在较小的规模中,以7个单元为一个组团,围绕8米×8米的小院子布置。3个这样的组团形成一个更大的组团,即由21户围绕一个12米×12米的院子设置。每3个这样的组团再次组合,形成20米×20米的院落空间。空间序列依据这个规律不断扩大,直至公共社区的形成(图4.11)。公共社区沿着一条小溪布置,溪流经过场地的中央,线性的溪流形式决定了组团的形成方式,并与地区性的主导风向发生关联,在雨季时可作为场地排水的通道。在这个项目中,每个独立居住单元都有自己的露天场地,以便于日后的自行扩建。所有的建筑开口都朝向各自的内院方向,形成一定的向心性。

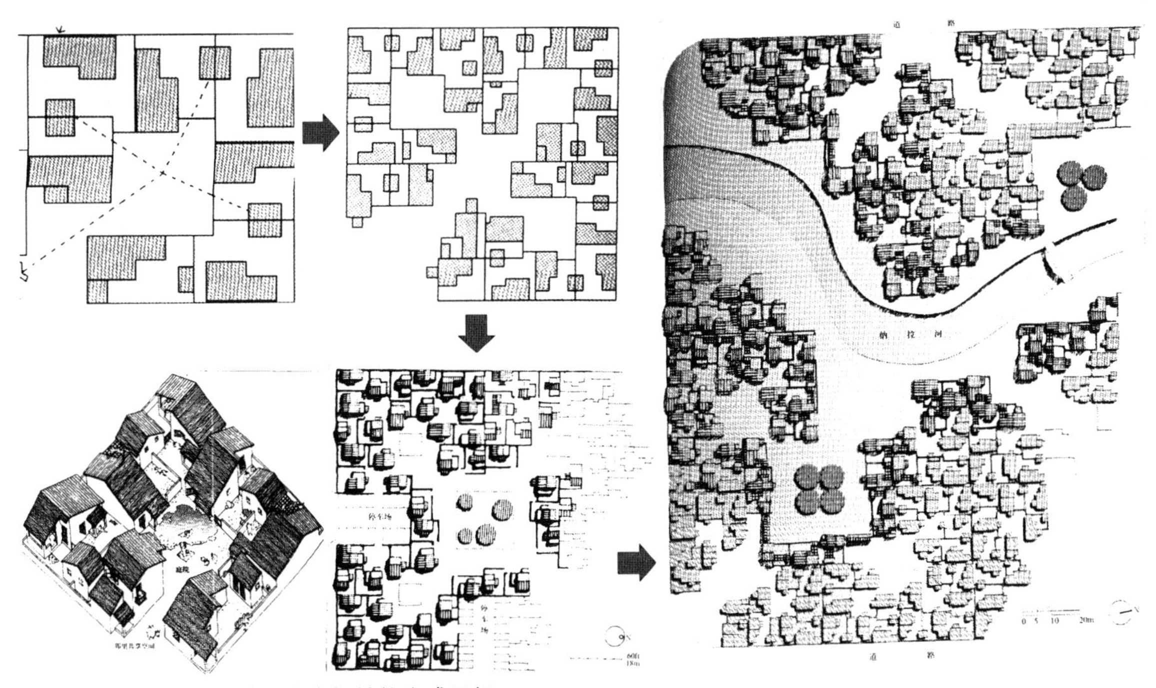

图 4.11 贝拉布尔居住区的空间结构生成图解
来源:查尔斯·柯里亚(国外著名建筑师丛书 第二辑),2003,p185-187

【启示】

群组形态的关联耦合是传统城市空间结构关联的一种形式,也是创造现代城市结构的一种有效方法。通过层级性的结构构成,局部的元素被组织到一个具有等级序列的空间框架之中。这个结构能依据项目的强弱控制层级的数量,并以外部的特征与基地产生调和。在这个空间系统中,局部元素是系统的构成单元,其空间特征和形态特征对于整体的群组特质具有重要的参照性。同时,元素之间的构成规则也是形成整体特质的必要方面。

4.2.4 动线关系分析

在《城市设计》一书中培根分析了运动是如何与结构相联系的:人在运动中感受城市,为了获得感受的连续应研究一系列的空间关系,通过在运动中感受的积累,产生对城市空间形态的感知;事物形态是事物内部运动的结果,在事物内部运动与外部条件达到平衡时,就形成了事物的固定形态。其中,"同时运动诸系统"是一个核心概念,在城市中各种运动方式和运动速度同时存在,要求将之加以统一考虑,并通过建筑形态的塑造呈现出这种交通的组织关系。在现代城市中,快速运动和巨大的尺度同样可以被设计结构组织在一起,新的设计结构提供了总体的构想,并作用于城市的发展、变化,得到不断扩充。在动线关系的分析中,一方面要探索同时运动诸系统的设计结构,使各种运动系统都有自己的表现方式,并使之相互协调;另一方面要探索上下部空间的设计结构,依靠不同层面的运动相互叠合,提高运动系统的运作效率。

【案例 9】

日本大阪的东方两极超连接城(Eastern Bipolar Hyper-Connected City)是一个由若干塔楼和中间连接通道所组成的巨型城市结构。在这个超级结构中,速度成为空间组织、产生建筑形态的基本出发点。首先,在场地的布置中,各个塔楼将整个结构高高抬起,使地面成为人群步行通道、活动和绿化布置的载体,人流的穿行不会因为庞大建筑的存在而产生不适,相反会由于空间层次的增加和场地活动的多样而使得穿行变得有趣。其次,在整体的结构中存在着不同速率的运动:高速、中速和慢速。居民可以通过电梯到达各个连接体的转换层,使其在建筑中的步行体验犹如在城市中的感受,形成一系列城市尺度的三维连续的动线组织。在主要的步行通道上,设置了具有公共属性的功能,如体育运动、商业和景观等(图 4.12)。

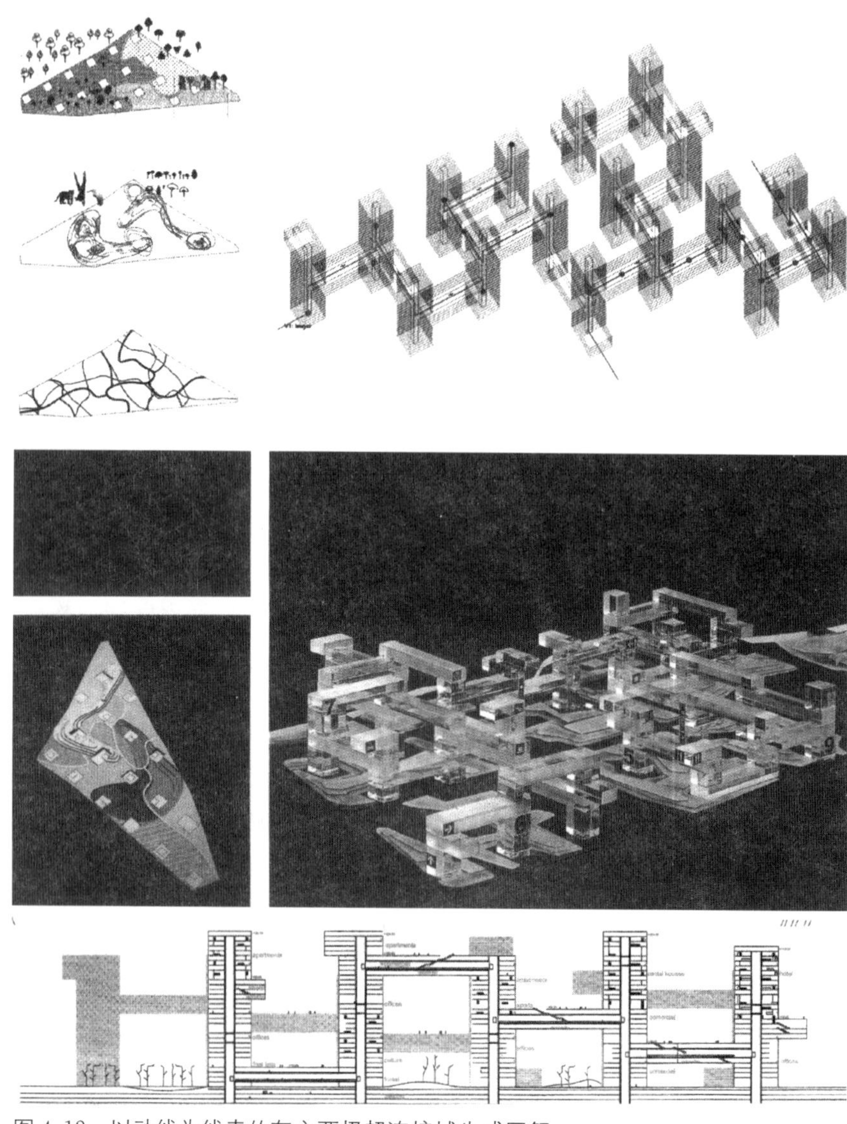

图 4.12　以动线为线索的东方两极超连接城生成图解

来源:EL croquis 119,Work System,2007,p61-63

【启示】

以动线为线索实际上是建立一种微观化的城市模拟,是以设计城市的方式进行的建筑设计。在看似简单的形体关系背后，是对通行效率的关注，并成为决定建筑形态最重要的方面。同时这种方法通过公共部分在空中的联系将各部分的职能运作加以整合，从而体现出功能结构的完整。

【案例 10】

费城市场东街位于城市交通枢纽中心，北侧是高速公路干线，下部为城市地铁干线。1960 年开始的市场东街规划在街面下一层建立了花园式步行区。地下步行街与城市地铁站点直通，并作为地铁系统的扩展部分。由此，城市地上、地下多种交通流线的组织成为后续一系列建设的起点，创造高效、人性的交通环境，成为该项目得以成功的关键。地下步行街通过东、西、北端的下沉式广场与地面相接，南北 5 条机动车道从这个全封闭的管状空间中立体穿行。由费城公共事业部制作的模型对多样化交通立体整合的关系进行了分析，表明了在这种立体状态下，对多项目标的分层、叠合才是最具描述性的方式。同样，由 SOM 建筑设计事务所为市场东街所做的模型，也以不同的色彩对地铁、步行、机动车和电梯等运动方式进行了表达。所有这些分析都与建筑最终的形态直接相关(图 4.13)。

【启示】

在当今城市交通与建筑空间整合越来越紧密的背景下，建筑与其内部、外部交通组织关系的梳理显得尤为重要。交通作为城市结构有机组成的一部分，已经渗透进城市功能系统、空间系统，因此以多种交通动线的组织为线索进行分析的同时，也是对建筑功能、空间的研究。其最终的形式秩序必然体现这种多重关系的合成。另外，多层面的交通组织自身也促成了建筑形态的演进，多层面、立体化的交通组织使建筑的形态更加丰富、多样。

在当代城市交通系统中，城市步行系统的建构具有重要的意义。在人群步行流线的分析研究中，多个体模拟是一种重要的分析手段。多个体模拟是指在研究复杂系统的结构与机制的过程中，通过模拟真实世界中的个体行为，并以适当的参数调节来揭示其中的互动过程和结果，从而达到对客观世界的透彻理解。其基本理念在于，在城市宏观现象的背后存在着大量微观个体的随机行为，而城市生活可以视为由多个个体分散决策和交互作用的综合。这种微观的行为带有一定的不可预知性和不确定性。通过对多重分散作用的模拟与分析，能够相对真实地揭示城市人群在城市环境中的行为方式，并且能对特定的建筑项目分析中人群的交通组织方式进行研究，根据其分析结果作用于设计方案的生成。多个体模拟分析方法对于城市建筑中的人流分析提供了一种区别于以往的工作方式。常规的分析往往带有一种先验的目标假设，分析的结果往往成为对这种假设的“伪证明”。不基于真实条件下多个体目标的判定，是无法对城市建筑与外部环境中的人群流向、流量做出正确的决策，设计结果也必然与真实世界中的人群活动相脱离。

【案例 11】

爱德华多・阿罗约(Eduardo Arroyo)在 2002 年扎拉格扎新足球场竞标中的设计理念源自对球场建筑的社会性思考，希望提供一种多样化的和非连续的球场空间体验，而不是一个以球场为中心的完形体系。该

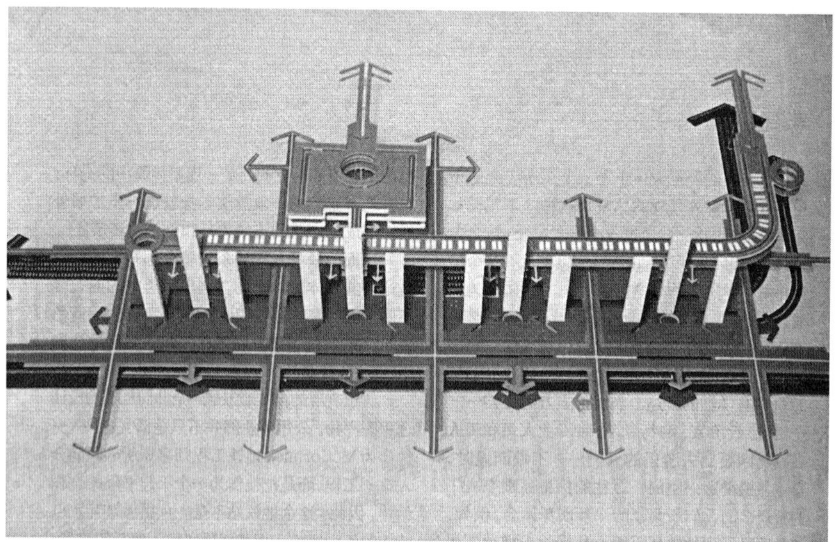

图 4.13 费城公共事业部的分析模型及 SOM 制作的市场东街交通分析模型
来源：城市设计，2003(8)，p275、276

场所中人流要素的提取和转化，这一操作过程的核心目的在于生成对应于人流“向量”的观众空间形态。通过提取场地上各股人流的数量、性质以及所需的空间、车位和服务设施，为设计的形态生成提供直接的参照标准。虽然设计者在分析操作中并没有遵循多个体行为方式的模拟方式，但其基本原则还是与多个体研究具有统一的指向。

首先，阿罗约将基地所在街区可能到达球场的人流按照交通方式的不同分为三类：公共汽车人流、私家车人流和步行人流。这是对人流基本特点的考虑和表达。然后，将每一类人流进入球场附近区域的位置和方向用非数量表达的向量表示，将人流的来源点和基地中点相连，为下一动作带来了多样的可能性。接下来将每一类人流根据进入球场的道路状况进行合并，同时将统计到的每一类人流的数量以向量宽度的方式进行表达，使人流的方向从示意性发展到了更客观的道路关系上。最后，在基地范围中将各类人流的各道路向量分别表达出来，同时将每个人流向量所需的观众空间大小用图形的方式表达在平面图中，以一种“虚拟场地”的表达方式完成对项目中的人群流动的分析(图 4.14)。

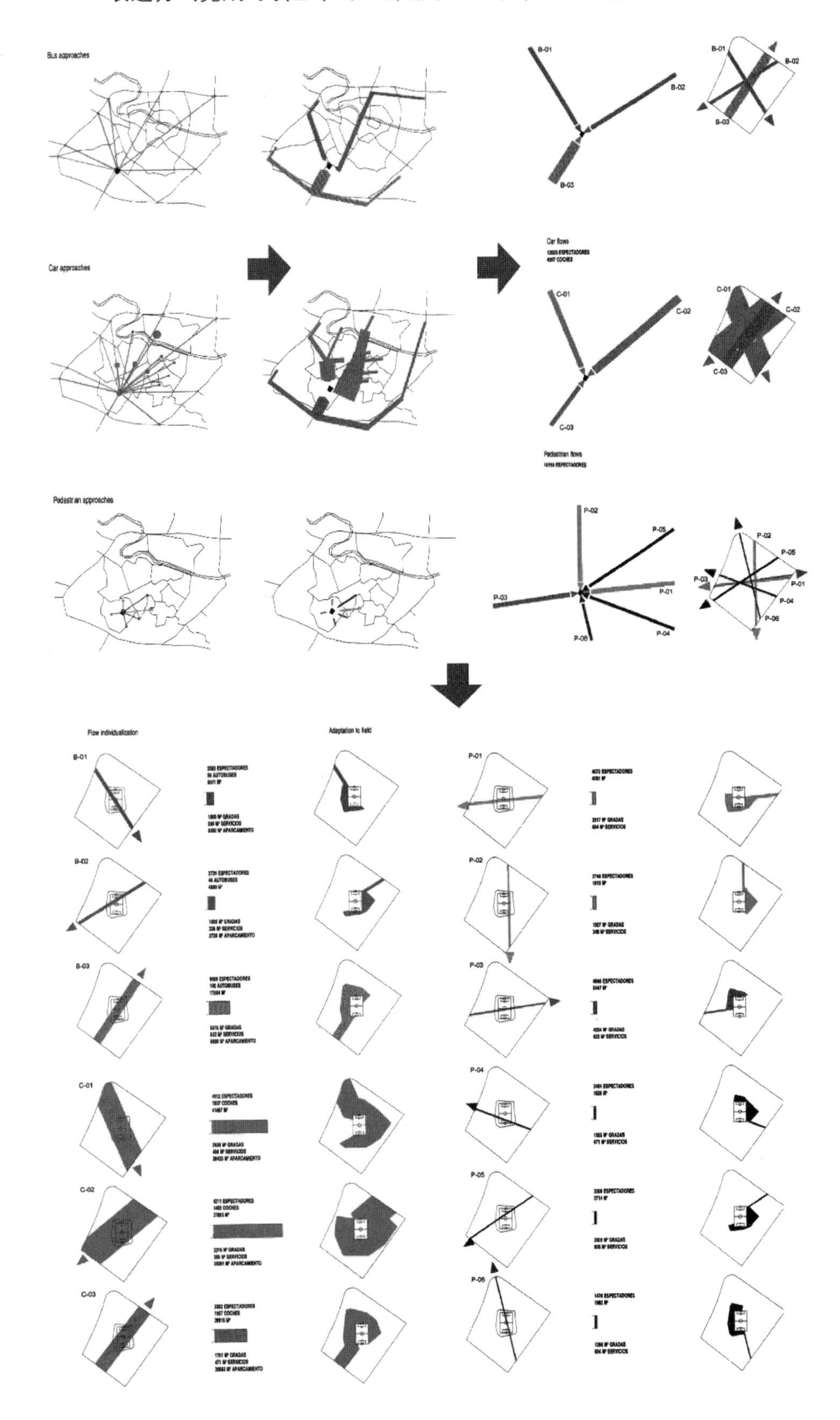

图 4.14 扎拉格扎足球场人流交通的图解操作

来源:EL croquis 118,Madrid,2003,p76-77

【启示】

人流作为联系城市建筑与城市环境的媒介之一，其组织方式具有一定的自组织性，不是人为规划所能控制的。从微观的视角进行分析，可以通过对个体行为的模拟，呈现城市人流的真实性一面。同时，对城市人流个体流动方式、流量以及内在联系的分析不仅可以通过概念进行抽象描述，而且能够用图形化的方式表达。图形化的操作方法能为下一步对建筑形态的策动产生直接的指导。

【案例 12】

城市人群的活动方式不仅存在于城市建筑的外部环境，还能够以一种“类城市化”的方式，将城市人流的组织和相互作用转嫁于建筑内外之间，并成为促进建筑形态生成的手段之一。艾伦的韩美艺术博物馆设计体现了“场域理论”的核心内涵，将建筑转化为一个复杂的空间容器，通过尺度和数量上的差异获得多重的复杂性，体现了其城市化的一面。内部多个体量之间的“孔隙”既是人群活动的场所，又是内部必要的交通线场，各体量的生成基于对内外流线的综合考虑。

在设计的初始阶段，各功能模块依据功能和空间的理性形成一种位置上的无差别排列，是一种相对静态的物质构成。通过对人群个体在各功能体块之间的分布和活动的研究，使其具有了一种“动势”。这种动势将原本静止的空间组成进行位置上的转移和调整，与人群活动的方向性和交互性相一致；同时也使建筑的各内部元素与外部环境发生紧密的接触，在大尺度的空间围合中体现了与城市场所环境的契合(图 4.15)。

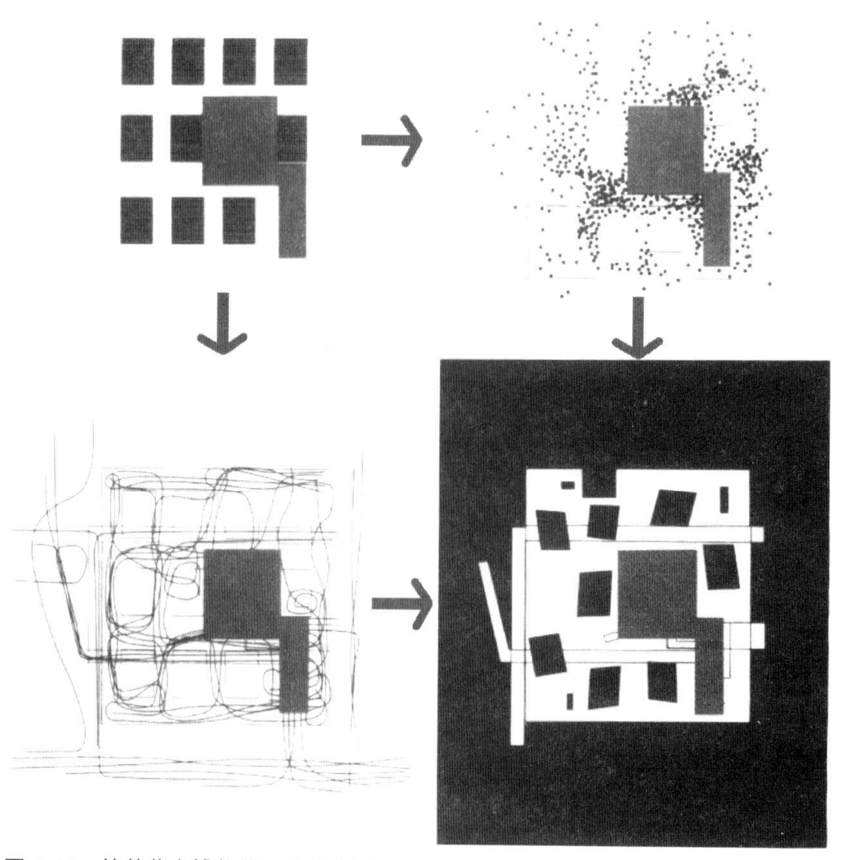

图 4.15　韩美艺术博物馆的生成图解

来源：点十线：关于城市的图解与设计，2007，p118

【启示】

当使用环境发生不同尺度和层级之间的转移,促使某种动因成为建筑形态生成的机制。正是由于这种动线的组织源于城市系统,因而使建筑从开始就带有城市特征的印记,使其能成为城市的有机组成。

4.2.5 空间构造分析

当代建筑与城市空间的相互渗透使得以设计城市空间的方法运用于建筑内部空间的构造成为可能。屈米的"事件"概念、库哈斯的"大建筑"以及将交通作为贯穿建筑内外空间线索的设计方法,都是对这种空间语言转译的探索。以这种模式作为建筑形态生成的手段,其空间分析的方法要引入新的空间描述、分析方法,或对既有的分析方法加以改进,使其适应对城市化元素的建构,并最终作用于建筑形式秩序的产生。

【案例 13】

屈米设计的法国国立当代艺术中心(Le Fresnoy)是综合考虑了保护传统建筑与注入新功能的产物。他首先建立了一个巨大的矩形屋面,对下部原有的建筑进行遮盖,通过高技术的通风管道对内部空间提供适宜的温度条件。然后基本保留了原有的工业厂房,只拆除了少许破坏严重的部分,并将入口部位的材质置换为现代的透明材料,以保证视觉上的通透。最后在新、老屋顶之间置入屈米称为"In-Between"的中介空间,在这个空间中布置了具有景观特征的步行道、阶梯,将各个层次的空间加以连通,使人群的活动与空间的使用相统一。在这个设计中,"事件"一如既往地成为屈米设计的基点,在其构筑的步行空间中,鼓励多样化的生活事件的产生,并将建筑与城市整合为一个密不可分的整体。在屈米所做的分析图中,我们可以通过各部位可能发生的事件对其空间使用做出判读(图 4.16)。

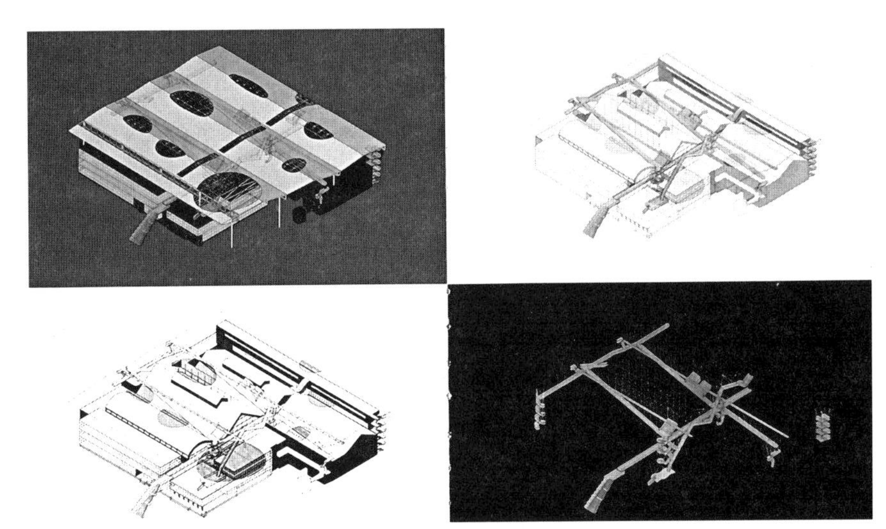

图 4.16 法国国立当代艺术中心的生成图解和相关"事件"
来源:Architecture In-Between,1999

【启示】

空间、运动和事件是相互关联的三个环节,空间的设计不仅创造了使用的可能,更促成建筑内部人群活动的产生,激发相关事件的产生。这就如同城市街道上的生活,空间本身只是对物质层面的客观描述,不带有任何主观色彩,只有融入人群的行为和运动,才能赋予空间意义,使此空间区别于彼空间，产生相应的场所意象。因此，将城市空间语言向建筑空间的转译并不是形式上的操作，更重要的是对城市空间内涵的重新阐释和再现。脱离了空间的使用和相关事件的发生，形式的空壳就失去了意义。

【案例 14】

库哈斯的西雅图公共图书馆在内部空间设计上同样采用了类城市化的策略。各个功能模块纵向拉伸、错位，形成了竖向空间上一系列的“间隙”，这种间隙是各模块的顶面，同时也是容纳内部活动的平台，通过竖向交通的串联，形成一种城市空间的竖向转化。功能模块是城市街区的转译，平台空间是城市广场的转译，竖向交通是城市街道的转译。对其空间结构的分析通过建筑剖面的研究呈现。最为直观的方法是将传统的图底分析进行置换，将平面的剖切变为纵向的剖切，这样才能显示各功能模块的空间关系以及它们的组成方式(图 4.17)。在这个纵向的图底中，可以看到一种沿垂直方向展开的“城市空间”，它们与传统的图底结构具有同构性，但操作方法完全不同，从而体现出库哈斯“大建筑”的理念内涵。

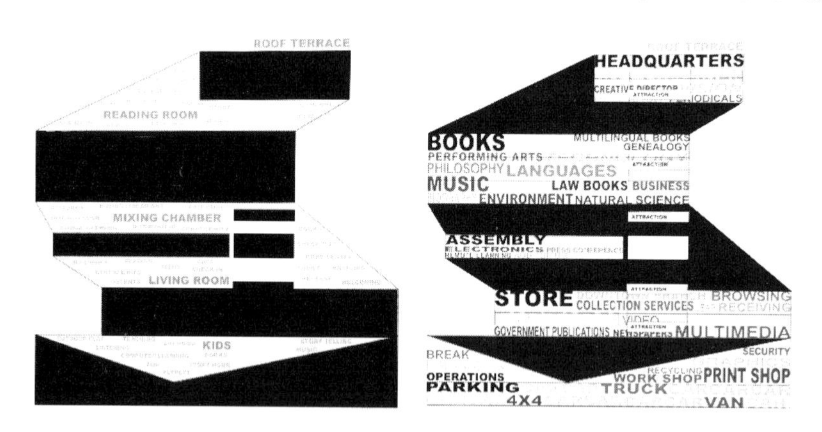

图 4.17 西雅图公共图书馆内部空间的剖切图底

【启示】

城市空间言语的转译是将城市空间的构造方法在建筑内部空间的投射，其构成方法往往与传统的城市空间的构成方法保持着某种关联，但通过不同的维度呈现，反映了对传统城市概念、建筑概念的某种“颠覆”。以往研究城市的分析手段需要进行一定的转化，才能适应于设计维度的改变，才能体现出设计者的设计策略和理念。

【案例 15】

库哈斯设计的荷兰当代艺术中心以一个公共斜坡为出发点，构造了一系列复杂的连续坡道，在建筑内部缠绕、交织，形成一种非线性的流线系统。在这个空间容器中，各功能单元不再是独立的个体，而是“城市”的一个部分。建筑的内部空间与城市的公共空间构成有着同构性，正如库哈斯自己的解释，“代替了一种简单的叠加，建筑的每一个楼层都彼此接触，所有的平面都被一个轨迹所串联。一条扭曲的内部大道连接了所有的程式化元素。这些被使用的平面的作用类似于街道，街道在建筑内部产生了超越程序化的城市化元素：广场、公园、纪念性的楼梯、商店。为了丰富这个循环以及为了更有效率地使用路径，自动扶梯和电梯创造了短的循环”。在这个方案中，一切空间的构造都源于对内部交通流线的研究，城市道路般的交通流线将各个功能“街区”串联在一起，实现了城市空间语言的转译(图 4.18)。

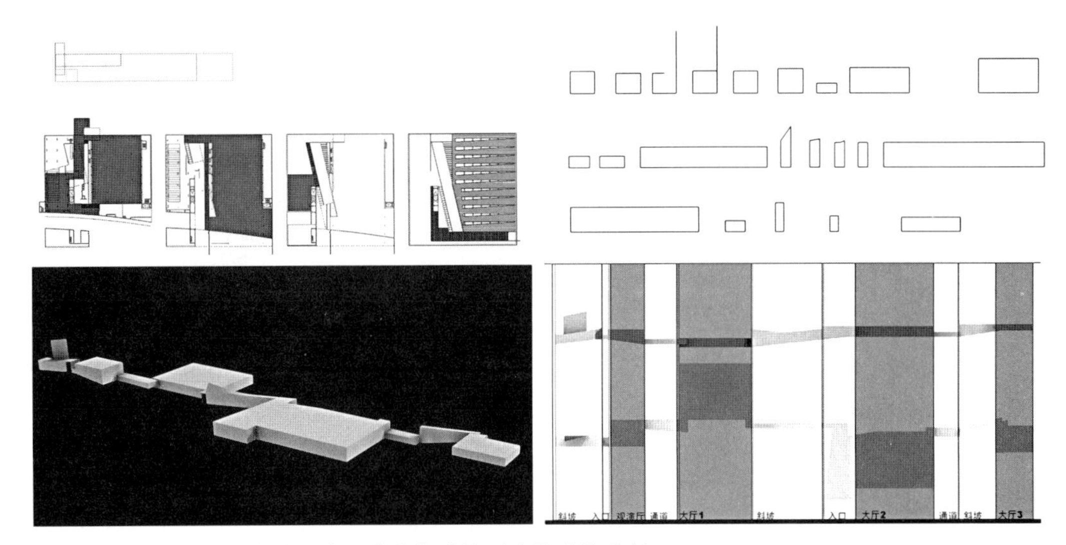

图 4.18 荷兰当代艺术中心步行流线与建筑形态的建构分析
上图为路径切片的产生,下图为路径空间的展开
来源:东南大学建筑学院设计分析课程研究,席晓涛,2004

【启示】

建筑内部步行通道的"转译原型"是城市街道,作为建筑内部空间组织的线索,平面化的分析很难在三维空间中呈现出其三维特征以及在建筑内部的连续化作用。局部的剖切和展开才是解析此类空间的有效方法,才能揭示运动与空间的组织规律,体现建筑空间的城市性一面。

4.2.6 形态的触媒作用

建筑形态的触媒作用表现在其形式秩序和空间结构成为后续建设的参照,在较长的时段内,周边的建筑以其为摹本的"复制"行为。这种作用方式往往具有鲜明的个性特征或明确的空间价值倾向,能引导城市形态的进一步发展,实现自身形态特征对外部环境的促动。

【案例 16】

威尼斯圣马可广场空间构成的完整性在多年的扩建过程中一直作为基本原则被各个建筑师所严守。其中圣马可大教堂对整个广场的发展起到至关重要的作用。在建造之初,十字形对称的形体布局暗示了建筑群组沿纵横方向拓展的可能。总督府的建造与教堂相互咬合,中心对称的图形与教堂的形制相互呼应,并形成了连续的引导界面,增强了河道方向的空间引导。雅各布·桑索维诺(Jacopo Sansovino)设计的图书馆进一步限定了这个方向的空间,形成了沿河的小广场,广场上的立柱形成潜在的空间景框。旧市政厅的建设受到后部运河的限制而采用了倾斜的角度,在空间上产生了朝向圣马可广场的北部限定,使西向的方向控制得以产生。文森佐·斯卡莫齐(Vincenzo Scamozzi)于 17 世纪建造的新市政厅完成了对广场的围合,整个广场的空间框架开始完整呈现。随后钟楼的位置从与新市政厅毗邻的位置分离,将广场与小广场分割开来,以标识出广场教堂框架的有机组成,明确空间的主导(图 4.19)。同时,各个时期建造的建筑在细部构造上相互承接,圆拱形的柱廊构图成为不同时期共同遵守的"母题",也使得广场界面的完整性和连续性不因建造时期的不同而丧失。

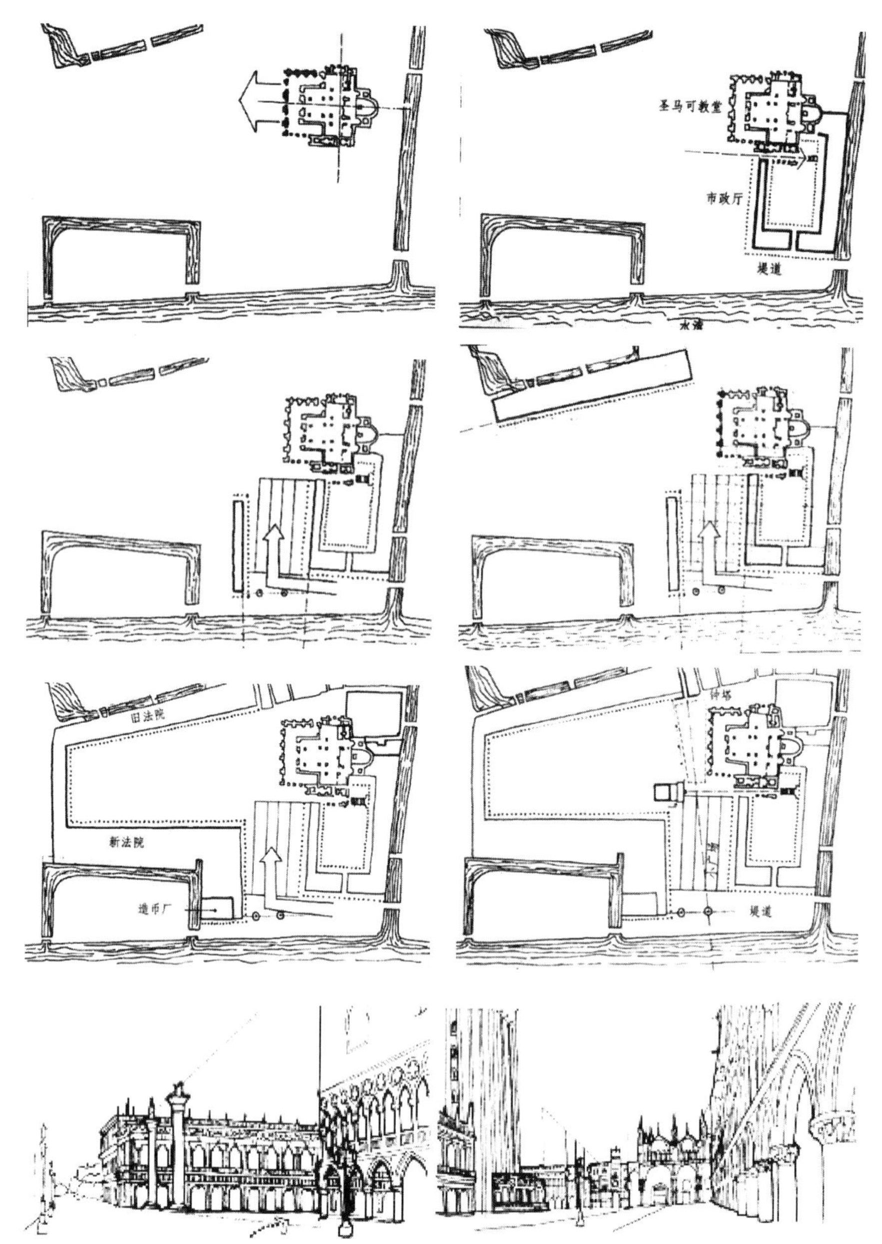

图 4.19　圣马可广场不同时期的建设过程及教堂的空间引导作用分析
来源:建筑设计方略,2005,p139-147

【启示】

建筑形态的触媒作用源于其形态特征强有力的控制,自身应具有强烈的个性化特征,并能形成潜在的空间拓展可能。后续的建设在其形态的统摄下,逐步完善其奠定的空间特征,并使得以其为核心的建筑群组具有更为优化的空间品质。后续建设对原有结构原则的遵守是这种触媒作用得以实现的根本保证。

【案例 17】

荷兰的马斯特里赫特市的斯芬克斯-陶瓷(Sphinx-Ceramique)工业区位于马斯(Maas)河湾,随着城市的发展,该地区的功能发生了改变,需要对规划重新进行调整。新的规划提出了如下的要求:该地区要成为内城区域而非郊区,是城市中心地带的扩张;通过新的建设使新建筑逐渐融入既有的城市环境;以一座新建的步行桥梁连接河的两岸,在新、老城市中心之间建立较高密度使用的连接区域。为此,在规划中拆除了原有基地中的大部分建筑物,只对两座具有纪念意义的建筑进行了保留。在新建区域中,南北两极成为项目启动部分,分别建造了公共图书馆和博物馆。两座建筑的空间形体分别垂直于河道,图书馆呈东西向布置,博物馆呈南北向布置,并在二者之间限定了一条隐含的发展轴线。随着围绕两极的建设项目逐渐展开,这两个区域分别以其为核心形成与之形态特征相适配的空间结构。随后在隐含力线沿河道一侧,建设了线性的公寓楼,进一步把这条空间关系线明确地标识,至此整个区域的空间结构得到一个完整的雏形。然后通过街道两侧组团式建筑的设置,实现了街区的构造(图 4.20)。

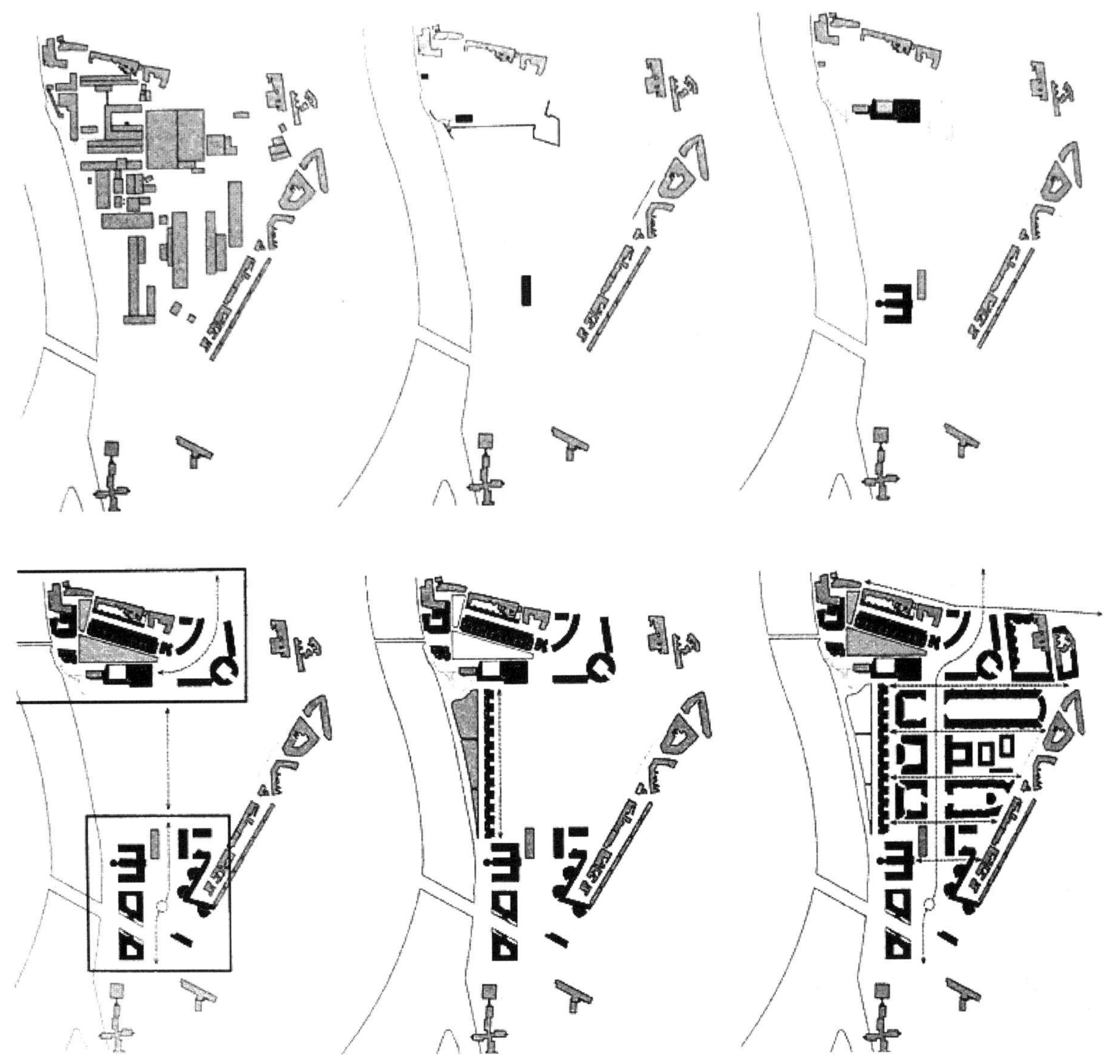

图 4.20 斯芬克斯-陶瓷地区空间结构的催化过程及最终的建设效果

来源:From Urban Design to Architectural Detail,2004

【启示】

在建筑形态的催化作用中,有时独立建筑自身的形态特征并不明显,但它们之间隐含的空间关系成为左右后续空间发展的基本框架,引导其他建筑按照这一具有主导性的空间力线逐步实施,最终实现街区结构的完整。因此,对空间结构的引导成为这种形态触媒的关键作用,而不完全取决于主导建筑的自身特征。

4.3 基于场地特征的分析方法

场地在当代建筑师的视野中与传统的理解发生了两种变化。首先,作为城市建筑赖以存在的物质基础,不再对建筑起总体控制的作用,而和其他的相关因素一起成为作用于建筑形态生成过程的一个环节。对于场地特征的分析不再局限于建筑被动地与之适应,更在于通过对场地特征的有意识挖掘,找出其中与城市系统显性或隐性的关联,并将之贯穿于建筑生成的过程,以更加主动的姿态实现场地在城市中的价值。其次,场地中对建筑生成产生作用的各种因素的提取和操作,是一种在理性基础上的主观性行为,既保持了对客观限定因素的尊重和理解,又通过有目的操作,使其成为促进建筑形态发展,并最终融合于城市、作用于城市的有效手段。因而,操作的过程中对分析因素设定的多元性成为场地分析中的关键词。这一分析过程带有较为强烈的建筑师个人特征,其中既有对场地的不同理解,也有操作方法的差异。

4.3.1 分层分析

对基地状态的分层分析在建筑学中的应用可以追溯到伊恩·伦诺克斯·麦克哈格(Ian Lennox McHarg)的城市生态学研究,他在《设计结合自然》中对土地的适宜性提出了由场地的历史、物理和生物三方面确定的基本原则。基于适宜性原理,每一个自然地域中的气候、地质、水文和土壤条件等都以不同状态共同作用。麦克哈格通过对不同的因子分别拍成负片,并将负片叠合,产生了景观分析的综合图。他的这种操作方法被称为"千层饼"模式。其中每一层只针对自然状态中的某一方面,多层的叠合才是一种总体描述。作为一种建筑分析方法,分层技术更可以将不确定的事物具体化。屈米在对拉维莱特公园设计方案的解释中以点、线、面分层描述的方法已经成为拆解整体、避免意象式图形组合的经典案例。当代场地特征的分层分析,其价值的体现越来越与 GIS 的分层概念产生共鸣。在 GIS 中不同的层存储了对一定地域某一性状的描述数据,不同的层之间保持着数据结构和指涉对象上的相对独立。而当需要对非既有的分析条目做出研究时,只要将与之相关的不同的"层"加以叠加,就能够进行描述,并导致新的发现。因此,分层分析应在两个方面体现出方法的独特:其一是对必要参照因素的提取和分解,将其置于不同的图层;其二是根据项目的指向和设计师主观的判断,通过不同图层的叠合,去发现隐含在其中的某种关联,并作为设计的引导。

【案例 18】

南京钟山风景区博爱园和天地科学园详细规划设计总规划用地约 230 公顷,整个项目分为了规划、建筑、历史、生态景观、交通、旅游策划和计算机技术等专业小组协同进行设计研究。前后经历了前期调研、总体规划、建筑概念设计等阶段。其中对基地可建用地的研究到总体规划的过程,应用了分层分析的方法。

首先,对用地范围的各项属性分别进行基本的分析与表达。不同的现存用地属性用不同的颜色表示出来并明确边界,包括原有林地的区域界定,新植林地、水体、水体保护带、道路规划绿带、保护建筑地块、保留建筑地块、改建建筑地块等用地属性的边界界定等。然后,通过图层叠加的方式将不可建设的用地排除。于是排除了诸如林地、保护建筑用地等属性的用地,可建用地表达区域的简单图形通过不可建用地反向得到。接着,对基地在城市中的区位关系进行抽象,得到总体的功能布局形态,并将其叠加到可建设用地上,得到了一个根据可建用地与功能渐变的总体控制性布局(图 4.21)。这一过程中交织了山地绿楔和山谷活动用地的概念,实际是对可建用地的一种概念性归纳和发展。

【启示】

对于一个具体的城市基地而言,其物质性构成要素是多方面的,各种因素的合成构成了基地特征的唯一性,因此对于基地特征的分层分析应全面地进行。虽然对于相同的基地,具体的操作方法可能多种多样,但最为适配的选择只能是真正揭示每一个项目和城市场所独特关系的那一个。正如莫里斯·梅洛-庞蒂(Maurice Merleau-Ponty)所说,环境中早已包含着某种模式、力线以及意义,建筑师所要做的就是将其呈现出来。

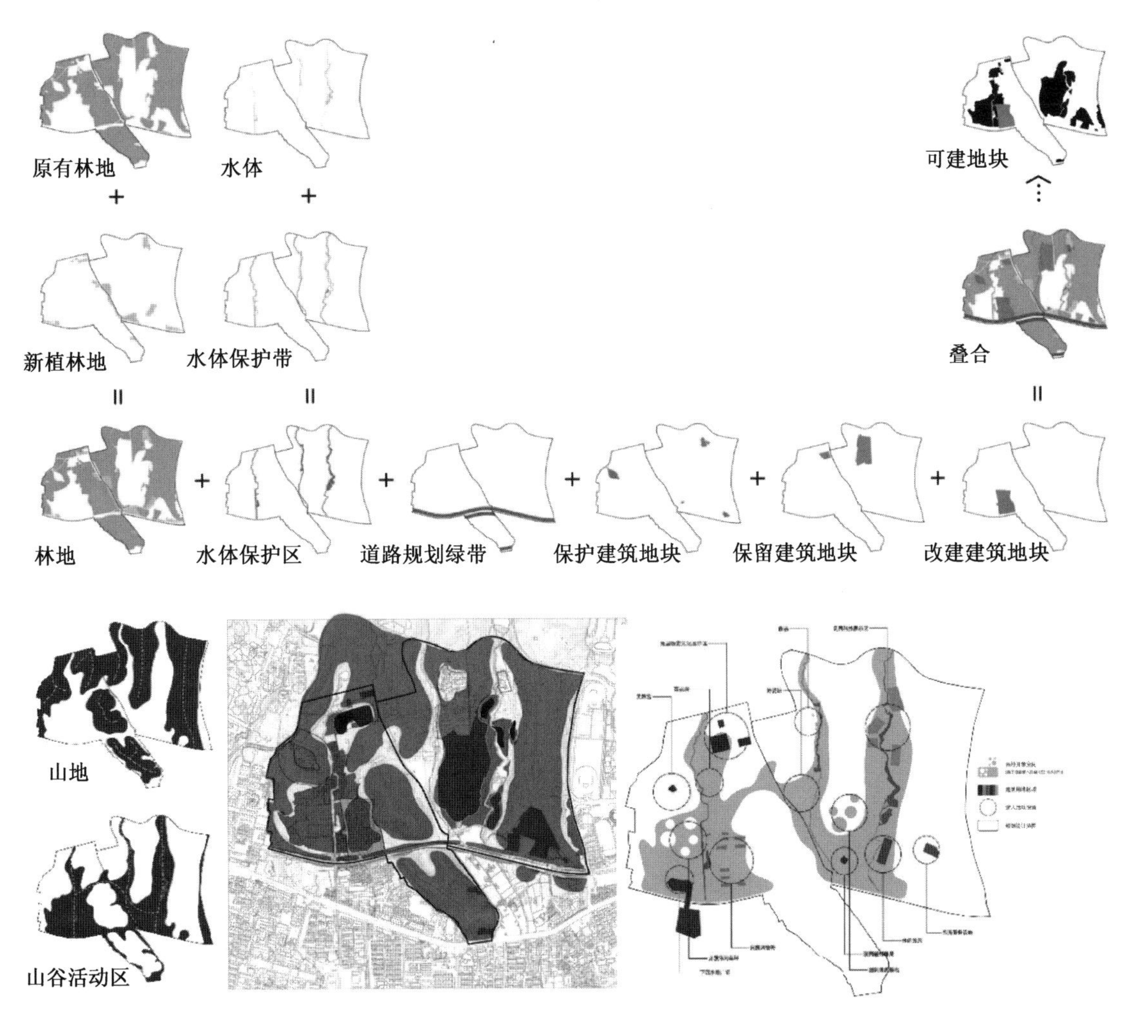

图 4.21 运用分层分析的方法在南京钟山风景区博爱园、天地科学园规划中对可建设范围的研究
来源:南京钟山风景区博爱园、天地科学园规划文本,东南大学建筑学院,2006

【案例 19】

新东风城(New East Wind City)是阿罗约在 2002 年的Ex-aequo设计竞赛中的一等奖作品。该设计是对西班牙科多巴一处城郊接合部的区域规划,设计者从经济适用的原则出发,考虑原有的地景体系、用地性质以及风的要素来应对这一区域的炎热气候,同时提出了一种现代式的生活思维及和谐的功能分布系统。该设计通过对实际条件的层次性分析,使设计概念逐步呈现图形化的过程,将功能体系转化为与城市用地和原有功能配置相协调的状态。具体的设计条件和地域性的气候特点都成为前期分析和导向形态生成的起点。这些外在性的要素(原始地景、现存功能分布、道路系统、设计功能)被逐一拆解,并图形化,通过叠加和选择生成了道路系统与具体的用地布局形态。同时在原有的层级系统中加入新的关联因素,用自然风向理念作用于次一级的道路系统的生成,并介入层次间的交叠,使设计呈现对基地环境的新理解。

首先,设计者建立不同的层级关系分别对应于需要考虑的不同影响因素。如通过建立一个"地景扩散体"(Landscape Diffuser)来定义区域内值得保护的地景体系,对区域内的重要地形变化、河流、季节性的溪流和现有的树群进行概括,确立明确的图形边界;根据该区域相邻城区的肌理,提出了一个 500 米×250 米的正交道路系统,作为这一区域道路系统的原型和小型街区的物质性分割;对现存复杂的建筑简化为工业、科研+学院、文化、居住四种功能,并用一种辐射式的图形来表达这些现存功能的影响范围和强度,使每个街区在图形上对应于不同功能的影响;设计要求的功能配置被转化成图表,不同的功能对应不同的颜色,而功能的量级用图形单元的数量来表达。然后,根据不同层之间的相互叠合,使基地的特征有针对性地呈现出其中的内在逻辑性。比如,原始地景和道路系统的合成,就是将道路原型置入场地,与地景要素发生挤压或拉伸等拓扑变形,生成新的路网。原始地景、原有功能和设计功能配置的叠合使设计者能更容易地控制小街区的操作,根据现存功能的影响范围和强度来设置新的功能布局,同时不占用需要保护的"地景扩散体"。最后,引入自然风向的因素(包括地区性的温湿季风和街区范围的微气候对流风),叠加进原有的图层结构,用得到的结果来指导各街区的次级道路和较高建筑的布置(图 4.22)。

【启示】

城市的基地环境是一个开放的系统,影响设计的参照对象除了原有的物质构成要素以外,还可根据设计师对项目的理解以及项目特殊性的不同引入新的因素,丰富这种分层结构。同时,各层之间的叠合具有目的性的选择,其目的是为了在各层之间建立稳定而清晰的逻辑关系,并将这种联系转化为建筑语言所能描述和操作的对象。

4.3.2 外部文本叠加

基地的物质性构成是分析的基础,但不是全部。在分析过程中建筑师往往会将视野投射于更为广阔的城市范围,寻找可能的契机,赋予项目更为深远的意义。埃森曼将其称为外部性的文本,是一种叙事性的表述,整合了城市局部与整体的历史延续,将建筑学与非建筑学的不同语境在

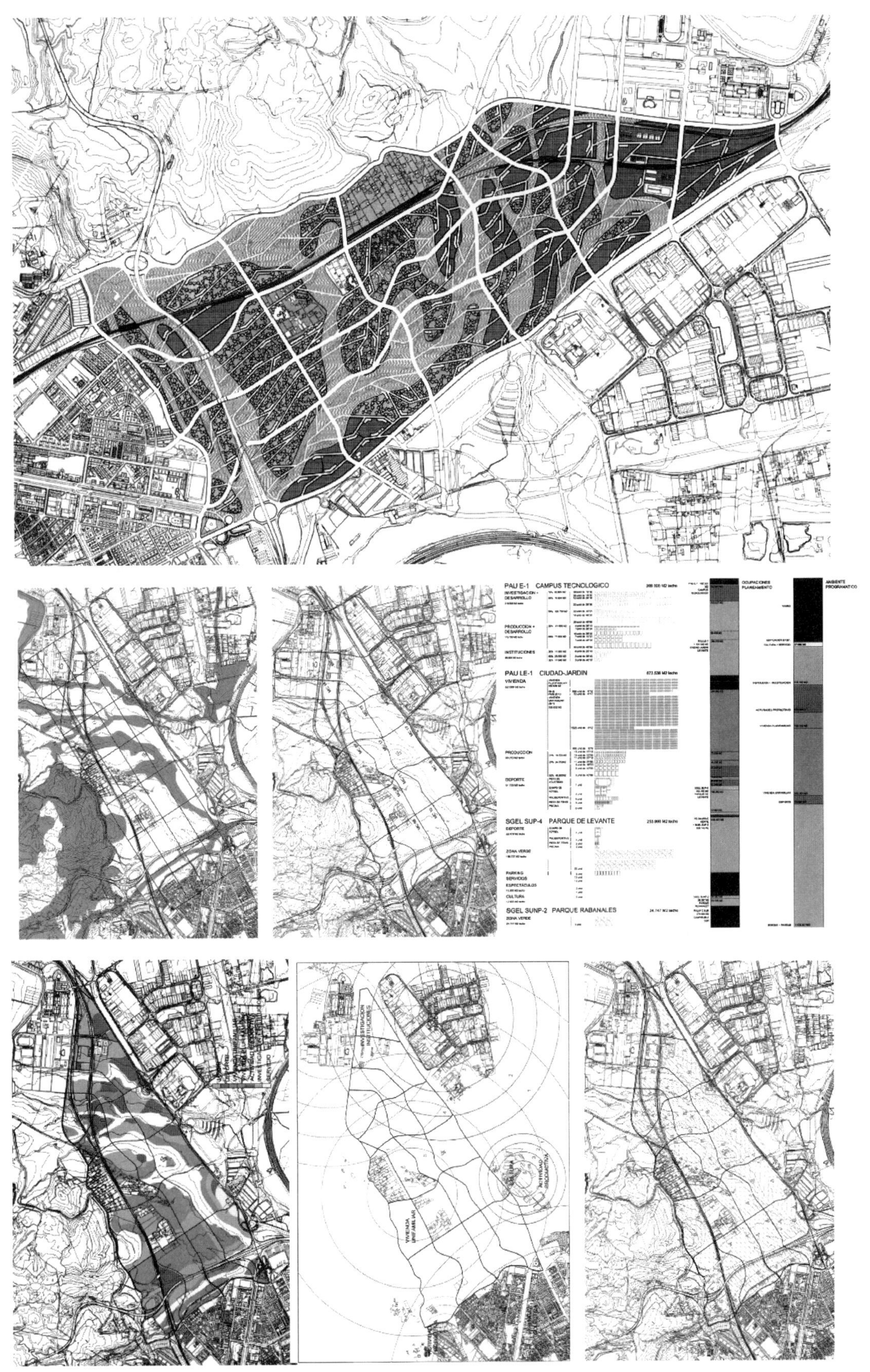

图 4.22 新东风城规划设计的生成基于功能、道路、风向等因素的综合分析

来源：EL croquis 118, Madrid, 2003, p69-73

不同时空背景下共时呈现。这种理念超脱了建筑基地的内在限定，而对城市的社会、文化、历史进行投射和反映，使基地及其建筑成为城市中具有某种意义的人工构造物。被叠加进来的文本必须经过一系列的抽象化过程，使其成为能够为建筑师所操作的图形。图形和意义之间是一种意指关系，建立在个人对城市历史、文化传统、基地特征与项目特殊性等方面解读和理解的基础上，埃森曼将其称为“假定专断的文本”(Supposedly Arbitrary Texts)。文本的解读、再现的过程实际上是对文本的编码过程，不同于日常语言中符号/所指的透明化，这种编码更倾向于不透明化，给惯常的阅读和理解带来挑战。文本被转化之后，将不同比例的叠合定位在关键点上，以决定将制造出何种性质的交叠、不相称分离、专断的图形，最终生产新的意义[4]。最后，这种图形化的叠加被再次转译成建筑语言，赋予空间与实体、开启与围合，但这时的建筑所表现出的特征带有一种超越使用功能的内在性的修辞。

【案例 20】

西班牙圣地亚哥·德·孔波斯特拉的加利西亚城综合体是埃森曼1999年的作品，原有的市中心是由虚实交错的城市空间构成的，实体的建筑和虚的街道空间反映了中世纪城市的肌理关系。因此老城的这种空间关系成为进入新基地的外部文本，并通过对原有虚实关系的重置达成与城市历史延续与变迁的关联。

项目基地存在着两种网格系统，一种是规则的网格系统，与贝壳状地形特征发生关联；另一种是具有中世纪风格的网格，作为一种基地现状的外部文本。两种网格系统相互叠加。起伏的地表使这两种系统发生了扭曲，从而产生了同时包含新、旧特征的地貌。在该项目中，他尝试了对第三维设计的变化，不再是对平面矩阵的竖向重复，而是通过设计控制线体系，使水平线从平面向屋顶运动，创造了一系列的竖向错位(图 4.23)。这种控制线体系源于基地，是基地特征的高度抽象和变体，使基地与建筑之间、建筑的内外之间同时呈现出流动性。在处理空间的虚实关系时，将虚、实转化为两个对等的体量，同时强硬地加入原有的老城虚实相间格局中，既不是对城市怀旧式的回忆，也不是对城市历史的漠视，而是在新形式中融合了历史的记忆和现代生活的活力。

【启示】

该案例中的外部性文本来源于现实存在的历史轨迹，对文本的参照也就是对城市空间格局的尊重。但引入文本并不是对历史的再现，而是给基地赋予某种历史的“符号”。这种符号能够指向城市脉络中一些具有稳定性的结构特征，从而在建筑形态中含蓄地表达出一种非文脉倾向的契合。

【案例 21】

1986 年埃森曼为罗西的威尼斯双年展所做的罗密欧城堡与朱丽叶城堡方案是对外部文本的一次尝试，所选取的文本类型并非出自基地的历史条件或者对地形特征的数学处理，而是选取了文学作品。当这种非物质性的文本被引入时，通过抽象被推导成一系列具有图解作用的“形”，抽象化的形被现实的环境所定位和叠合，消解了先前的隐喻关系，而展现了对基地操作的多种可能性。

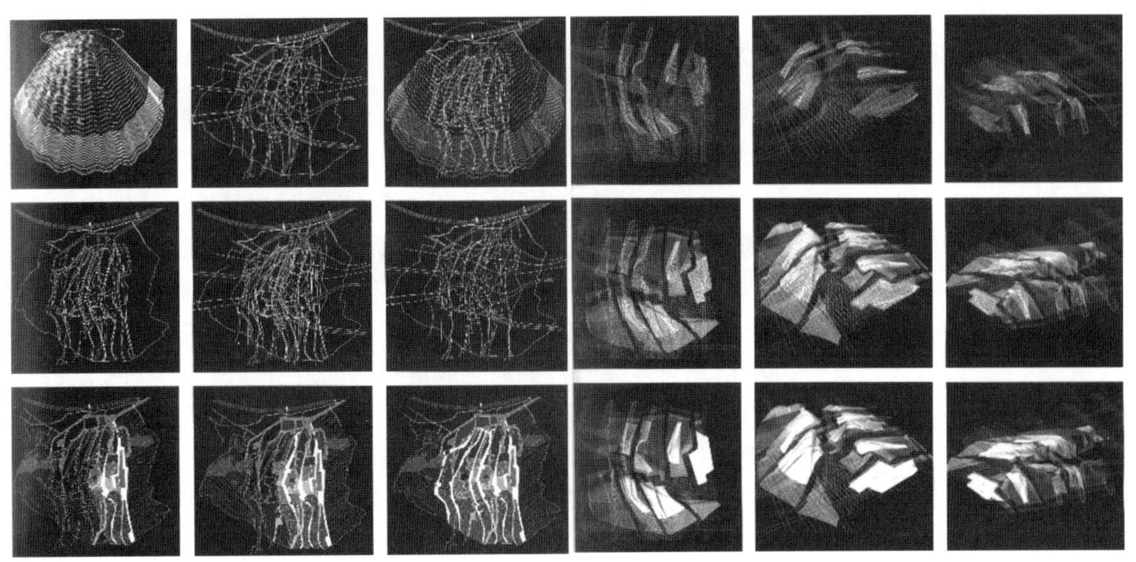

图4.23　加利西亚城综合体设计中两种文本在基地上的叠合
来源:世界建筑,2004(1),p27、29

埃森曼在对其方案的分析中运用了罗密欧与朱丽叶故事的三个版本,其中之一是莎士比亚的文本,而埃森曼的版本是建立在虚构的基础之上,但地址却具有“真实性”——罗密欧城堡和朱丽叶城堡。他的分析操作是从这两处“遗迹”的叠合开始的,将三个版本的叙事性文本分别对应于三个透明胶片(每一个的比例都做出一定的调整,以完成对位)。通过胶片之间的叠合,创造出新的叙事方式,并对每一个版本的故事施加了新的含义和内容(图4.24)。从基地的意义上说,不同的叙事方式给基地带来了不同的发展可能,它对应和隐含着对城市外部环境的不同价值判断和操作原则。一切都是处于变化之中,不确定而又有内在关联,在历史、现实与虚构的场景中达成某种内在的一致性。

【启示】

外部性文本为城市基地开启了一个可创造性的窗口,无论是物质性的,还是非物质性的外部关联,都是对基地特征的多意导向。从这个意义上说,基地的特征并不仅仅受到空间环境的决定,还在于对其隐藏秩序的发现和表达,而这种发现与表达不是唯一的,它们存在的根本在于与基地特征的内在逻辑的成立与否。

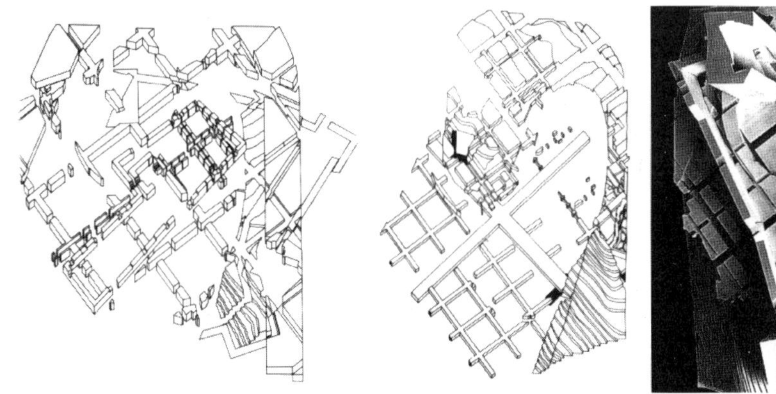

图4.24　罗密欧城堡和朱丽叶城堡的外部文本引入
来源:EL croquis 中文版08,2001,p55

4.3.3 地形操作

从外部性文本的引入可以看出，对基地的理解是在理性分析与主观判断之间的某一点上，根据外界情况和建筑师的个人价值取向而做出的判断。对基地条件创造性的认知和分析，必将导致对基地创造性的再造。同时，城市建筑作为一种建成物，也在不断地对城市环境进行着修整。在这种意义上，城市是地球不同层状构造中的一个表层结构，而城市建筑作为其中的一个微观组成，其存在的过程就是改变既已存在的城市地貌的过程。因此，对基地某一特征强化或重组能成为引导设计多元发展的有效方法。当代的建筑实践中，城市基地的作用已经远远超出对建筑的限定，埃森曼、FOA、MVRDV 等建筑师和建筑师事务所已经将其视为一种可供创作的资源和操作的对象，通过对基地表面的操作，实现对城市文脉的超越。

折叠被吉尔·路易·勒内·德勒兹(Gilles Louis Rene Deleuze)从哲学领域引入建筑学之后，被赋予了更新的含义。德勒兹的折叠概念打破了传统观念中垂直与水平、图形与场地、建筑内外结构之间的关系，并且改变了传统的空间观。传统的平面投影不再是折叠考虑的对象，时空中到处充斥着的可变因素成为其关注的焦点，其中包含了某种不可见的品质。如果说传统意义上的基地平面是一种基于笛卡尔坐标体系的层级叠加，那么在折叠视域中的城市基地则消解了不同层级之间的差别，取而代之的是德勒兹所谓的“平滑空间”。不同的矛盾和冲突在基地中共存，同时又被统一在多义的操作之中。对基地的折叠操作既可视为一种对物质环境的非纯客观性的创造，又可视为一种促成形态生成的分析过程。

埃森曼的不少设计作品都体现了对城市基地的折叠操作，在他看来，折叠不同于叠合，叠合只是保持了图与底的共时性，是线性和拼贴式的；而折叠却提供了一个无背景的平滑深度，是非线性和共时性的。在基地的折叠操作中，表面介于新、旧之间，基地成为全部被压制的固有状态的表述。它既不破坏现存的事物，又为它们设定新的方向。

【案例 22】

埃森曼在设计千禧年教堂时，敏锐地捕捉到该基地与城市文脉之间的关系：周边的建筑群组向中心汇聚的放射状布局特征。作为一个不按常规出牌的建筑师，他对基地的分析和操作有着不同寻常的一面。首先，埃森曼建立了一个规整的矩形网格系统覆盖在基地表面，但是这一系统对基地不是一种平面投射，而是一种类似于麦卡托地图的投影方式，这就造成了网格上的某一点在落至基地的表面时，产生了一定的叠动。然后，将其中的各个网格交点用三维的面进行构造，得到一个经过一系列折叠操作的复杂基面。再将其置于城市总图上，通过顶点的调整，寻求与城市文脉关系的一致，最终得到一种空间上的指向(图 4.25)。基地的分析与生成和建筑同步，并遵循同样的内在逻辑，因此，建筑形态与基地形成了和谐的对照。

【启示】

对该项目的基地实行改造，一方面是出于埃森曼长期以来对设计图解过程的热衷，将基地的数学化和科学性再现置于影响建筑形态的图形操作范畴;另一方面是对折叠概念在城市基地改造中多义性的认知。在他看来人们对于外部非线性、开放空间内多层面城市活动的诉求与折叠这一操作的哲学意义上有着某种契合,反映了相同的运动逻辑。因此,这种基地的分析和操作并不是一种刻意的主观行为,而体现了对城市某种深层次隐形文脉的解读。

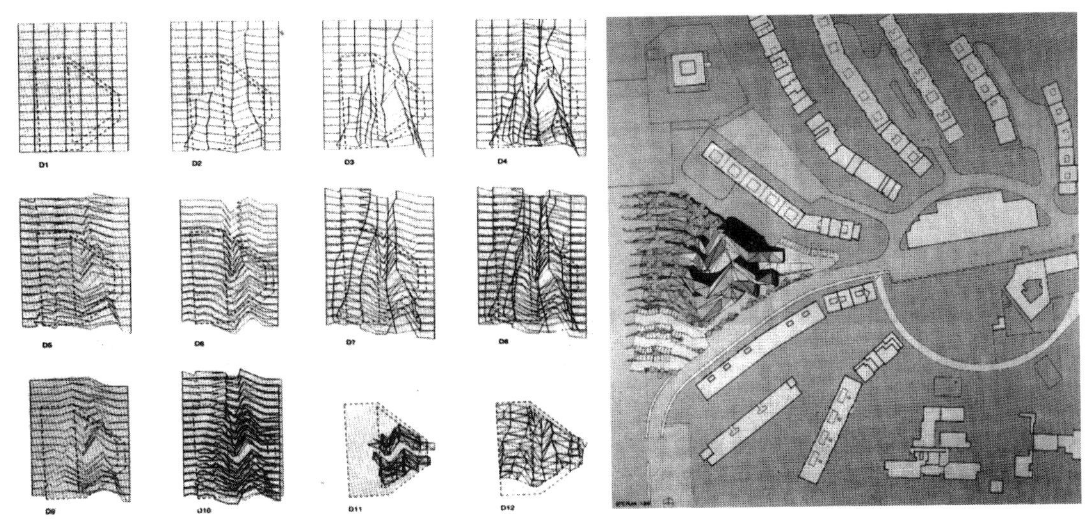

图 4.25 千禧年教堂的基地折叠过程及与城市文脉的关系
来源:EL croquis 中文版 08,2001,p152、158

相对于埃森曼视建筑与地面特征相抗衡的思想,FOA 则认为地面可以成为建筑的形象,基地的表面能够通过系统变形而成为一个积极的领域,地面也因此演化成具有地景意义的场所。这就是建筑领域中地形学思想的核心。该方法是通过对地表特征非再现式的表现,达成建筑与景观、建筑与城市之间的融合。在这种建筑中,淡化了垂直与水平、包裹和空间、结构与表皮等一系列传统意义上的建筑概念,而呈现出连续、整体的一面。

在 FOA 的设计理念中,多义性一直是其中的关键。在功能方面,起伏的地表下,具有覆盖面和地面两个层次,这两种功能类型相互交织,而非并行;在空间的属性方面,由于地表的隆起和陷入,使得每个表皮都具有两面性,一个向外,体现了地面的特征,另一个向内,是建筑功能的载体;在表皮与空间的关系上,凹凸度成为取代种种空间特征的代名词,无论是平整的、微凸的、隆起的或是贯穿的空间关系,都是在地形学构造上的反映,并隐含了对地形操作的不同方式——折叠、围合或彻底中断。

【案例 23】

由 FOA 设计的横滨国际客运码头是其将地形学理念运用于建筑实践的成功案例。区别于交通类建筑的常规形体特征,FOA 将建筑的屋顶、楼板和墙体混合在一起,组成了一个连续和循环的表皮结构。建筑表皮呈现出空间张力并且像褶子那样使时间和空间内在化,改变了表皮作为内外空间分界的传统角色。同时,折叠的表皮结构作为地形上的延伸成为周围地表的一部分,消除了重力的问题,空间关系因而被重新思考,内外空间的对立和建筑与环境之间的分隔被彻底打破。城市基地被无缝地连接到登陆层,并由此形成分支,使得城市空间与下面的内部空间实现互动。

横滨国际客运码头的地形生成与埃森曼的方法有所区别,虽然都是对城市基地特征的改造，但其分析的策略更多的是基于建筑功能和流线关系的构造，并用地形学的方法实现对建筑基本原则的重新界定与阐释（图4.26）。在这个项目中，设计目标是建立一种横滨公共空间与客流流线组织的调配机制，而地形只是用来对连续变化的片段形式进行操作的装置，通过平滑的折叠与起伏，实现包裹码头的连续性的公共空间，并消除了建筑与地面的形体差别。

【启示】

采用地形学的方法进行基地地标特征的改变，相对于折叠的方法，带来更多的“有用性”。首先，起伏的地面能够满足一定的使用条件，成为对自然地形的模拟，结合绿化的设置，能创造出实用功能以外的功能增殖，形成良好的局部生境。其次，相对于折叠，各个表面的过渡、结合更加平滑，能够促进城市生活的展开，创造与城市公共空间的无缝对接。

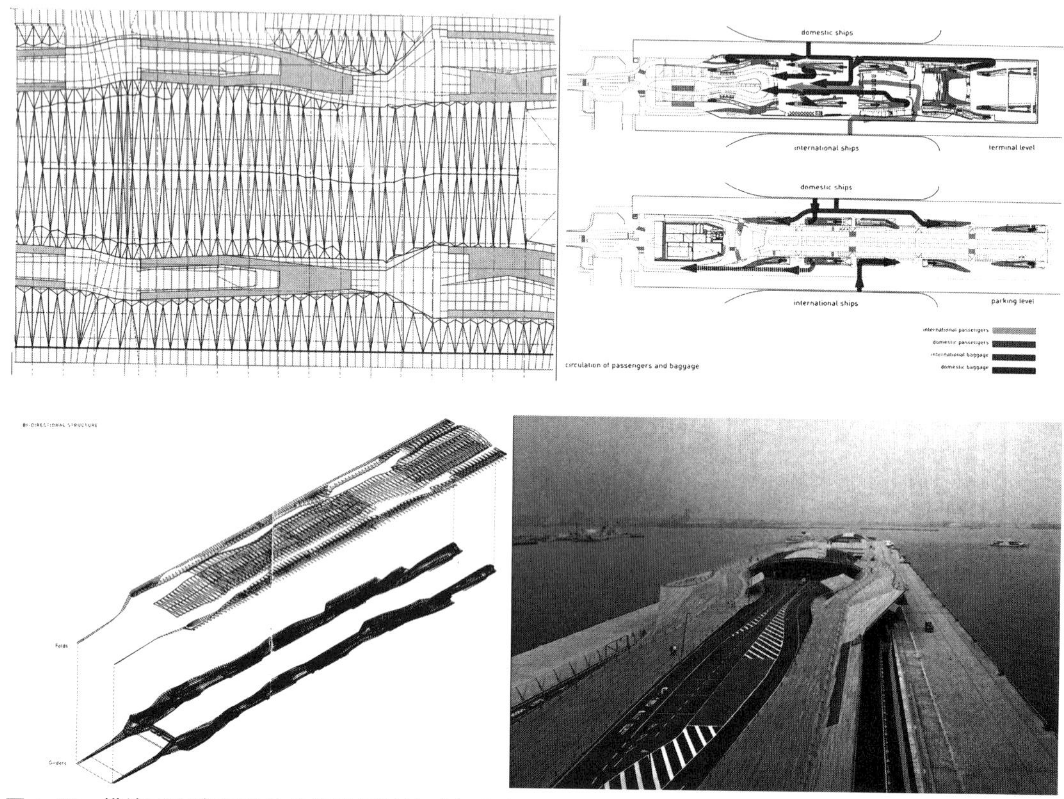

图4.26　横滨国际客运码头的设计是以地形学的处理方式对城市人流的重组
来源：Phylogenesis：FOA's Ark，2004，p231-250

4.3.4　数据景观

荷兰的MVRDV一方面具有强烈的乌托邦情节，另一方面又基于切合实际的分析和严密的逻辑性来定位自己的建筑作品。他们提出的“数据景观”（Datascape）通过对建筑和城市的许多问题（如规范、资金、业主的要求等）的数据分析，摆脱传统的思维方式，获得对问题新的理解。调查数据成为设计的基础。他们首先利用计算机对大量的数据进行分析、综合、推演，并据此作为建筑构思的前提和基础。在具体的实施过程中，他们将各种制约因素作为建筑组成的一部分信息，通过计算机转换处理为数据并绘制成图表。这样既有直观的效果，也使建筑设计者更容易理解影响建筑设计最终生成的各种因素。MVRDV 认为这个概念的提出不仅为建筑设计者呈现了更全面理解建筑的方向，挖掘了设计中更广泛的潜在可能性，还可以提供新颖和有效的设计方法[5]。

简单而言，数据景观基于现实信息的计算和数字化的电脑操作，最终得到无肌理、无材质、无构造的景观图解。同时，这种信息的构造能够被转译为超现实的建筑与城市图景，因此能够作为一种分析工具对与建筑相关问题展开讨论。MVRDV 正是以这样的方式，将抽象的统计信息转化为具体的建筑形态。虽然游离于具体的城市环境之外，却包含了多层次的城市内容。功能、交通、动线、噪声、密度等都可成为数据景观的捕捉对象而被纳入数据结构，并通过一系列的操作、运算，得出与之相对应的建筑形态。从某种角度上说，这种分析方式隐射了这样一种建筑形态，它模糊了现实与虚拟、具体与抽象之间的界限，是对普遍意义上城市文脉的超越。

MVRDV 早期的数据景观研究都围绕着城市密度的问题展开。比如在 *Far Max* 中，他们针对荷兰建筑密度过低、土地规划不足的问题，尝试了在有限土地供应条件下最大化地配置功能和空间的可能。容积率作为反映建筑密度大小的重要概念被一再引述，并提出了在日照间距和日照时间的限定下，不同建筑类型对应容积率的方式，从而得出在最大容积率(Far Max)状态下，建筑形态的可能。而功能混合器(Function Mixer)基于环境分类，定义了住宅、服务、商业、工业等不同的社会单元。通过计算机的运算，将每一个功能单元的性质和它们在城市中的位置进行评估，并扫描出其组合的方式(图 4.27)。一旦改变数据结构中空间、社会、环境和经济的参数配置，则相应的运算结果也随之改变。因此，组合的结果可以置于现实的操作层面进行一定的调整，作为实施的依据[6]。

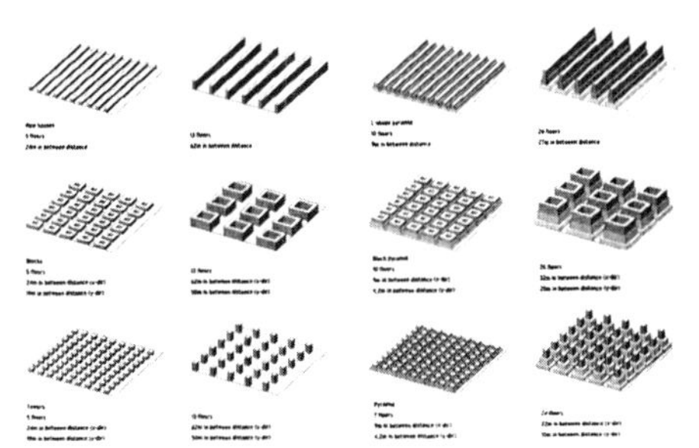

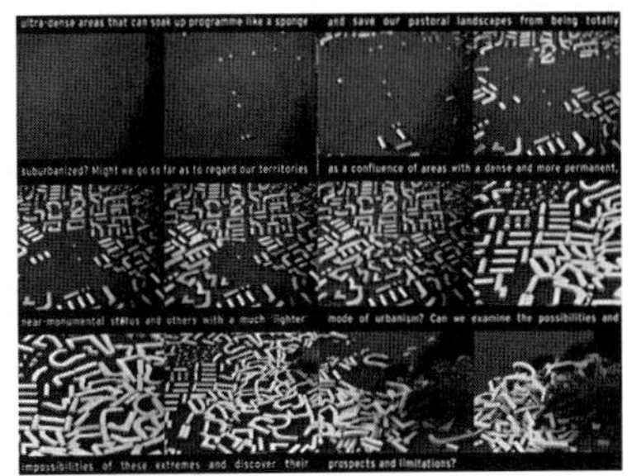

图 4.27　MVRDV 对城市空间密度的分析
来源：Far Max，2006，p24、25、210、211

通过对以上分析方法的简述，可以发现这些分析方法的背后遵循着两条基本的脉络。其一是基于建筑城市性的形态模式，强调与局部及整体形态相关的多层面关联。其中有的方面是显性的，具有较为明确的形态控制作用；有的方面又是隐含的，这些关系的存在实现了对文脉表层状态的超越，使其具有更加深刻的内涵和更为复杂的内在关联。其二是对城市基地特征的具体描述。作为一种相对客观的形态限定因素，可以从不同的视角对其进行剖析；同时基地又通过建筑师主观意志的叠加而呈现创造性的改变，使其引导建筑产生与之相适配的形式秩序。不论从哪一个角度，都是在某种特定状态下对特定的建筑问题做出的基于城市视角的解答，所需要的是建筑师善于发现的眼睛和善于表现这种发现的技巧。不论以哪一种分析方法，图解技术在其中都起到了关键的作用，在此基础上的建筑形态创造充分利用了图形化操作的优势，通过对城市基地和建筑形态生成的同步图解，体现了建筑与基地以及与城市环境之间的潜在逻辑，实现了建筑的形态楔入。不论采用哪一种操作策略，分析的方法和过程都决定了建筑形态的生成结果，而非由先验的价值判断。这些分析方法直指建筑形态生成的有效，分析过程与设计结果前后承接，紧密联系。

4.4 城市建筑形态设计策略与方法

通过建筑形态的分析可以看出城市建筑在实现自身形式秩序的同时与城市外部环境的形式秩序和空间结构发生各种关联，一方面这种形态是由城市空间形态所决定，另一方面也对城市空间形态产生作用，推动城市空间形态的演进。建筑的形态设计从而脱离了仅遵循功能决定论的基本原则，而在更大的城市层面产生了意义。

4.4.1 建筑与城市的形态互动

1）局部形态对城市形式秩序的作用

局部不同形态的选择策略对城市产生了多样性的形式秩序，在楔入城市的过程中具有同质、异质和缝合的作用。同质性楔入是建筑形态构成要素与既存建筑之间保持一种有机的连续，共同形成一种对话、协调的关系，涉及建筑形体、形态特征和界面的连续等方面。异质性楔入是城市连续形态特征的转变，其生成过程却与城市内在机制产生更多的关联，异质化的形态特征可成为一种潜在的形态控制要素，作用于城市空间的进一步发展，引发城市形态的多样演化。形态的异化包括结构、表皮、形体等方面的变异。缝合性楔入是通过建筑形态的有序过渡，缝合同质、异质之间的缝隙，使形态的组织恢复内在的联系，或产生新的连续方式弥合同、异质之间的差别。

2）局部形态对城市空间结构的作用

城市建筑对城市空间结构的楔入是自下而上的形成过程和组织行为，在形成自身形态特征的同时，也促成了城市空间结构的生成。空间的组织方式决定了城市建筑对城市空间结构构成的不同作用。这种作用表现为对城市空间结构的同构性、异构性和缝合性等不同方式。同构性楔入表现为建筑空间所形成的局部结构与城市区域结构之间保持了结构的内在连续，遵循同样的组织肌理和结构框架进行城市空间的填充、扩展。异构性楔入是由于建筑的自身秩序异于城市外部环境的结构特征，使连续的空间结构发生局部的转变，并引导均质的结构向多元方向发展。缝合性楔入是当建筑处于城市不同结构片段的边缘，通过建筑的楔入对异质性的结构进行整合，将割裂的片段逻辑加以联系的作用方式。

4.4.2 建筑的形态设计策略

建筑对城市环境的楔入有两种：一种是对既存城市环境的楔入，如同在城市空间中的织补，其采用的材质（建筑形态）与原有材质（城市的形式秩序)的异同、织补方式(空间构成)与原有的肌理(城市空间结构)的关系,都是决定楔入结果的重要因素。另一种是在城市的新区或未开发地区实施的建设项目,以恰当的方式引导后续建设项目的跟进。后一种方式虽然在空间地域特征方面与前一种有所差别,但建筑形态的楔入状态基本与前者相似,只是更加强调在楔入的过程中对城市空间结构的创造性增长。

1) 建筑形态的同质性楔入

建筑的形态主要涉及建筑的形体和细部特征,包括体量、高度、组合方式、色彩、材质等方面的因素。建筑形态对城市环境的同质性楔入就是建筑形态构成要素与周边既存建筑之间保持一种有机的连续,使其中的某些特征延伸、复制、转译至拟建的建筑,形成一种对话、协调的关系。同时,既存建筑为拟建建筑提供参照的背景,它们之间的界面关系成为影响建筑形态连续的重要方面。

(1) 形体类型的连续

建筑的形体特征是建筑内部空间组织方式的外显,空间轮廓的限定是对建筑具体形态特征的抽象,也是形成城市空间形态的基本构成。几何形体在建筑中的运用主要有以下几种方式:以一种简单明确的几何形体作为建筑基本的形体元素,其他较小的形体附着其上;以相同的几何形体重复使用,或以几种不同的几何形体组成;通过建筑空间的几何秩序强化空间、体量的组织;以几何形体的组织调动人们的精神需要,在形成秩序、整体和韵律的同时产生几何空间的象征性[7]。在城市中,建筑形体的相似能保持其形态基本特征的一致性,产生最为直观的连续性。

建筑形体的连续应由这种组合中居于主导地位的形象元素所决定。曼哈顿规整的城市格网统摄下的高层建筑群,虽然各自的形态独具特色,但其形体均基本采用立方体的组合,并随高度的增加逐渐内收,形成相对统一的城市景观(图 4.28)。在另一种情况下,形体的类型本身就是由多个形体元素构成的复合形体,如中国传统的院落形态,这时,形体的组合成为更高层级的形体要素,并作为建构城市传统街区空间特征的基本词汇(图 4.29)。

图 4.28 曼哈顿同质性的高层建筑形体聚合
来源:Google Earth

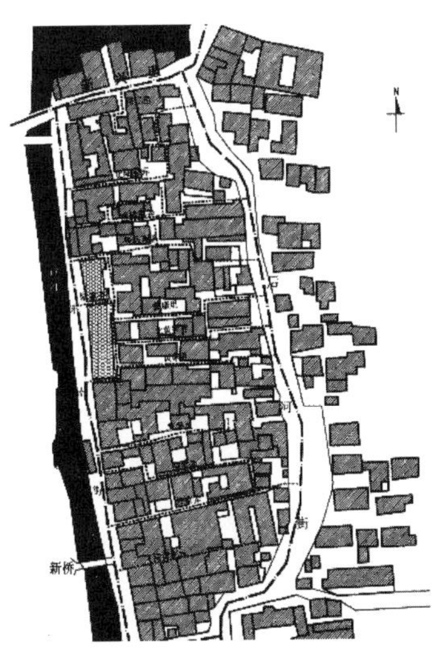

图 4.29 江南传统城市空间形态
来源:城镇空间解析,2002,p147

通过对城市周边建筑形体的抽象，提取其中的形体要素和组织原则，并将这种原型在新建筑的设计中进行投射，可以实现建筑形体类型的连续。形体类型的延续并非对原型的简单复制。杰夫·基普尼认为没有一种文化像建筑那样受制于几何和技术条件。随着时代的变迁，以欧几里得几何形体和笛卡尔坐标为主导的建筑形态设计受到技术发展的冲击，以崭新的方式突破形体框架的约束。一方面可以通过外层形体框架与内部形体内核的分离表达两种不同的形体秩序；另一方面可以在可识别的范围内将形体原型加以拓扑转化，形成更为复杂、多样的形体特征。

(2) 形态特征的连续

城市建筑形态的同质性体现在两个方面。其一是建筑形态的类型学特征。一般的类型学形态研究可依据如下的等级：城市的尺度及其建筑的外形轮廓；建筑的尺度及其构造元素；细部尺度及其装饰构件。不同等级下的形态特征反映了纵向尺度上的规定性，并转化为一种可供参照的形态标准，向建筑的形态塑造过程转移、渗透，实现对既定形态价值的同化。其二是在不同层级之间建筑平面、立面关系的建构。建筑平面形态的同质秩序是建筑在平面维度上对空间组织关系的继承和发展，与其参照对象共同形成城市建筑环境的“背景”。其中只有局部的错位和渐变，而不引起平面形态的根本性转化。建筑立面形态的同质秩序是建筑尺度、细部、符号的重复使用与渐变。通过某一建筑形态特征的反复呈现形成较为统一、完整的视觉印象。根据知觉的恒常性原理，人们对既存的建筑尺度、比例较为熟悉，并能潜意识地形成对未来构筑物的参照，其大小、色彩、形状以及建筑构建形制都是判断的基准。

(3) 界面特征的连续

建筑在形成自身形态特征的同时，其界面实现了对城市空间的限定。界面具有双重的含义，它一方面属于建筑的物质性构成，是容纳内部空间和运动的介质；另一方面是限定城市公共空间的要素，构成城市公共生活的背景和舞台。正如海德格尔所言，“边界不是事物的终止，而是事物的开始”。建筑的界面特征沟通了建筑内外之间的联系，将独立的空间个体置于城市空间形态的串联之中，成为秩序化的整体。城市公共空间界面的完整和连续不是建筑形态同质化的目的，却是由形态同质化导致的结果。相似的形态构成，必然使建筑界面具有相似的特征，并呈现界面连续。

界面的连续在一定程度上消解因建筑功能类型、风格样式、分时段建设等因素带来的形态差别，使其在城市外部空间上实现空间特征的统一。这一设计策略由来已久，其中最为经典的案例是威尼斯圣马可广场建筑群的界面建构。

界面连续的另一个特征在于因建筑限定而形成的街廓连续和完整。这种建筑形态的控制性设计在乔治-欧仁·豪斯曼(Georges-Eugene Haussmann)的巴黎改造中就得到充分体现，易于形成对城市街道的空间限定，并利于空间等级秩序的形成。同时，不排除为了界面的连续而做出一定的功能性牺牲：在既有建筑之间无缝地插入新建筑，或对邻居界面的非连续状态进行缝合，以使界面严格对位，但无法兼顾建筑接触面的通风采光需求(图 4.30)。我国的城市规划中对于建筑退让的一系列规定，往往以城市消防需求为出发点，并延续多年，最常见的做法是根据建筑高度的不同制定不同的退让尺度。这种管控方法易使城市街区的界面连续性丧失，街道空间参差不齐。较为合理的做法是将硬性的规定转化为可操作的弹性调整，根据城市设计的要求，对城市道路的退让距离进行修正，对街道的开口进行统一配置，保障城市界面的连续。

图 4.30 通过建筑的缝合使城市界面连续
来源：世界建筑，2003(4)，p60；The Phaidog Atlas，2004，p331

总体而言，建筑形态的同质性楔入是外在规定性大于建筑自身的形态能动的结果。该类型的城市建筑在建筑的城市性等级中一般居于相对较低的层次，受到较多外部形态因素的支配。其形态构成的价值就在于为城市提供一个相对完整的建筑景观背景，并呈现团块化的区域建筑特征。

2) 建筑形态的异质性楔入

建筑形态的异质楔入意味着城市形态连续特征的中断和转变，建筑形态不再受限于周边既存建筑环境的调控，不再强调与文脉的协调。建筑形态的异质表面上与城市建筑状态不相协调，但其生成过程却与城市内在机制产生更多的关联，异质性的形态特征同时也可成为一种潜在的形态控制要素，作用于城市空间的进一步发展，引发城市形态的多样演化。查尔斯·詹克斯(Charles Jencks)在《建筑中的新范式》中指出，当今新建筑的特点是多元论，是我们城市及全球文化的异质性。新范式在形态上是不规则的，这比高度重复性的建筑更加接近于自然和感知的自然，它运用非欧几里得的几何形——曲线、不定形、折叠、起皱、扭曲或者离散等形式。新范式可以传达复杂的信息，这些信息常常带有讥讽、怀疑或者批判的意味[8]。

(1) 建筑形态异化的条件

罗伯特·文丘里(Robert Venturi)在《建筑的复杂性与矛盾性》中早就指出，"在简单而正常的状况下所产生的理性主义，到了激变的年代已感到不足"，他主张一座建筑允许在设计和形式上表现得不够完善，要对异端采取包容的态度，要用不一般的方式和观点看待一般的东西。为此，他的设计策略是：不协调的韵律；不同比例和尺度的毗邻；对立和不相容的建筑构建的重叠；片段、断裂、折射的组织；室内、外的脱开；不分主次的二元并列。文丘里虽然没有大张旗鼓地提倡城市中异质性建筑形态的出现,却为以后建筑形态的多元埋下了伏笔。在后现代主义之后的建筑理论与实践中,各种新形态的倾向性层出不穷,从强调建筑技术、文化,到对生态、计算机技术的运用,都为建筑形态的创新进行了探索。归结起来,对建筑形态异化起作用的因素有以下几个方面。

首先,建筑材料技术和营建技术的进步为建筑新形态的创造提供了物质基础。现代材料、技术与传统相比具有两个明显的特征:规模宏大,形成体系和建制;现代科学高度渗透,成为现代科学的应用。新材料、新技术的产生为建筑形态的多样化提供了实现的手段。CAD与CAM技术的结合使原有的建筑材料模数化工业生产走向经济条件允许下的“非定型特制”;多维焊接技术使得非笛卡尔坐标系统下的曲面造型能够完美地呈现;钛金属等新型板材为建筑形态带来崭新的面貌。

其次,全球化发展的趋势使地域文化和特色很难形成有力的抗争,地区性建筑的同质性受到外来建筑思潮的冲击,异质性的建筑文化以从未有过的新鲜感撼动人们既有的建筑审美。同时,建筑从实用层面向消费层面过渡,不论是后现代的,晚期现代的,还是解构主义的建筑风格,都是提供不同消费人群的“产品”,只要有“消费市场”存在,就能在城市中寻找到它们的影踪。建筑形态的同、异并存状态是这种城市现象的必然。

再次,建筑形态的异质化是建筑学自身发展的必然结果。设计方法的革新、设计技术手段的提升为建筑新形态的产生创造了条件,其中数字技术和图解技术起着核心的作用。数字技术不仅作为一种绘图的工具,更以其形态生成的直观性和便捷性使传统的物质建构向“数字式建构”转移。数字图形的存在导致了对传统审美的颠覆,非线性、动态、流体、柔性的形态特征融入建筑形态的建构过程,冲破了海德格尔的技术框架,为技术做了全新的诠释。图解作为一种存在已久,又被埃森曼重新发现具有使用价值的技术手段在当今建筑设计中扮演着越来越重要的角色。它通过对建筑形态生成有关因素的抽象、分析,作为引导形态生成的线索。罗伯特·索默尔(Robert Somol)在《彼得·埃森曼:图解日志》的序言中提到,“图解在反对再现的同时,第一次成为建筑自身需要考虑的问题……而在世纪末……图解似乎已经成为建筑创作和建筑理论孤注一掷的最后手段”[9]。图解是对影响建筑的各种元素之间潜在关系的描述,不仅反映了事物运作的抽象,而且描绘了多样性的可能。

最后,建筑形态的创新离不开现代哲学理论的影响。一方面,现代哲学理论为建筑形态的复杂性提供了宏观上的支持;另一方面,在每一种新的形态方法背后都能找到一定哲学理论的支撑。以“折叠”这一形态操作为例,其概念来源于德国哲学家戈特弗里德·威廉·莱布尼茨(Gottfried Willhelm Leibniz),经过德勒兹的解读被赋予了新的意义。德勒兹认为事物的状态从未处于统一的状态,而是多样化的,在多样之中包含了各种差异或差异之间的东西。而这些差异的构成方式就是折叠、分叉或者相互覆盖[10]。在建筑中,折叠产生的效果是非参照性的,提供了创造区域组织的可能。埃森曼在对折叠的运用中,解决了无限均质网格和有限层级异质几何模式之间的问题,具有一种平滑的设计策略[10]。需要注意的是,哲学理论不能导致直接的形态参照,而需要以建筑化的语言进行“破译”,在破译的过程中,保持的多半是其思想的内核,而不是对理论的完全照搬。同时，某些对哲学理论的运用并不与其内在逻辑严格对位，或者说仅仅是对其中片段的"断章取义"，我们不能透过建筑作品来窥视其哲学层面的全部。

(2) 建筑形态异化作为一种过程

建筑形态的异化区别于一般意义上形态的变形。所谓变形，就是形态特征从一种状态到另一种状态的过渡，变化的一极是既存的形态，另一极是通过规则拓扑演化的结果。变形的操作规则和过程决定了最终的形态特征，因此变化的结果在一定程度上可以预设。建筑形态异化的操作过程具有更强的非确定性，在形态生成过程中包含了诸多偶然性的因素，变化的结果是对形态相关元素作用的抽象。偶然性的存在不能强化建筑环境中已有的支配性因素，而是将场地中隐含的非主导因素翻转，作为建筑形态生成的动因。其中操作的过程成为具有决定性的环节，不同的因素选择及图形操作决定了最终的形态结果。可以认为，建筑形态的异化包含了变形的成分，但内涵和外延远远大于变形，是 Transform 和 Deformation 的综合。在 Transform 中，拓扑变化起着关键作用，而在 Deformation 中，图解具有核心的功能。

建筑形态异化的一般原则可做如下的归纳。

首先，异化的形态较少地对现有的建筑环境做出形态上的回应，它可以是对既有形态的参照，但原有的形态要素在形式的转化中逐渐模糊，以至消失；也可以是在形态原型缺失状态下的对位，在场地中移植一个外来的对立，与既有的建筑特征形成显著的差异，呈现非再现式的形态再造。

其次，无论是通过形态的拓扑变化，还是对非主导因素的转化，操作的过程对于形态的结果是起决定性的。其中有一定的规则存在，也有非规则性的偶然。因此，针对不同的项目和不同的城市环境，操作过程具有不可复制性，不会演化出相似的结果。

最后，无论是哪一种形态异化的具体手段，都不是为异化而异化。其中的操作过程是建立在对城市现有基地条件和外部形体分析的基础上，操作的过程能成为一种追踪形态生成的线索，并在最终的形态特征中反映这些因素的关联。形态的变化规则和图解方法是产生这种线索的技术手段，数字技术的发展为建筑形态的异化提供了有力的技术平台，能为建筑形态的演变提供更易实现的可能。

建筑形态的异化在某种程度上可以说是一种形态的创新，但这种创新与过去、现在保持着一定的关联。按照亚历山大·布罗德斯基(Alexander Brodsky)的话说，创新的本质是一种整合过程，创新不只是打断过去，而是要揭示一个新秩序，这个秩序至少部分地根植于原来的传统[11]。同时，在既存的城市环境中，显性或隐性的因素可以转化为一种对建筑形态转化的策动，融入建筑本体(结构、表皮、形体等)的物质性构造方面。

(3) 建筑结构的异化

建筑结构是建筑存在的物质基础和条件，结构内在逻辑决定了其外在形态。马库斯·维特鲁威·波利奥(Marcus Vitruvius Pollio)提出了"坚固、实用、美观"的建筑三要素，并将结构对重力的对抗性置于首位。通过不同的结构处理，建筑产生不同的对抗效果。新型结构模式的产生能对原有的传力模式进行调整,使建筑能脱离固有的形态概念。威尔·艾尔索普(Will Alsop)在多伦多安大略湖艺术与设计大学的新教学楼的设计中根据建筑基地可利用土地缺乏的状况,将新建的建筑由钢柱架空于现有建筑之上,形成“飞行的桌面”,以桀骜不驯的姿态表现着建筑与重力的关系,与其“邻居”形成强烈的视觉反差(图 4.31)。

随着建造技术的发展,对建筑情感的需求唤起了对建筑结构形态表达的诉求。建筑结构同样也可以成为建筑形态表现的对象。卡拉特拉瓦提出的建筑设计模式就否定了技术探索与文化理念表达无法协调的论调,他的建筑作品以结构的诗意为特征,通过对自然物质现象的观察,从中抽象出基本的结构功能,并移植到建筑结构的象征性方面(图 4.32)。建筑结构在一般意义上是相对稳定的,然而在静态的受力状态下,隐含着运动的趋势。运动的存在,使结构的力学特征与形式成为有意义的关联。卡拉特拉瓦的设计就是一种建筑结构的自我表述,区别于由建筑空间、表皮的呈现,更具形态上的真实和视觉上的冲击。

图 4.31 “飞行的桌面”
来源:时代建筑,2004(3),p122

图 4.32 葡萄牙东方(Oriente)火车站
来源:The Phaidon Atlas,2004,p443

(4) *建筑表皮的异化*

在传统意义上,建筑的表皮是建筑区别于内、外空间的界面,一般由建筑的屋顶、墙体组成,其组织方式和建构原则对于建筑形态具有重要作用。它既是一种空间围合的物质构成,同时也是沟通建筑与城市的介质,透过表皮的不同表达,将建筑表里相互投射。

在伊东丰雄(Toyo Ito)眼里,对墙体的着迷被对建筑开敞和透明的需求所取代,玻璃、铝等透明或半透明的材料具有瞬间变化的魅力,使建筑呈现未完成、无中心的特质,并与自然环境、城市空间同步。仙台文化中心透过玻璃表皮,将内部束柱投射于城市空间(图 4.33)。同样是对透明性的表达,让·努维尔(Jean Nouvel)的设计则通过材质的运用,突出其所谓“在场建筑”的特征。非物质性的透明不是作为建筑的结束,相反是一个起点,是一种用含混来反映含混,用复杂来反映复杂的综合[12]。在雅克·赫尔佐格(Jaques Herzog)和德·梅隆(de Meuron)的手里,表皮成为一种艺术表现的手段,通过图案性的拓印,将建筑变成能自我表述的场景。同样的做法还有澳大利亚建筑师事务所里昂(Lyons)为墨尔本一个艺术教学设施所做的设计,整个建筑外部饰以乙烯基面材覆盖,画有装饰性的计算机图形。他在《一个稀薄世界中的另一种城市》一文中对于这种做法进行了解释:当代城市的考古研究无法通过深挖的方式获得,而是要以扫描表皮的方式进行。建筑表皮的信息传达作用最为极端的做法是将其当作一种信息投射的幕布,在影像的投影中传达信息,并造成表皮属性的可变。格拉茨美术馆的外表皮采用了一种大像素的媒体墙技术,将光电板和感应器整合到建筑的外表皮中。在计算机的控制下,925 盏圆形的荧光灯能在 0—100% 的光强下变动,从而可在墙面上投射各种标志、图形和简单动画(图 4.34)。

图 4.33　仙台文化中心外观
来源:He Phaidon Atlas,2004,p139

图 4.34　格拉茨美术馆外表皮的大像素的媒体墙
来源:当代建筑与数字化设计,2007,p104

(5) 建筑形体的异化

建筑形体异化是建筑的形态特征突破了欧几里德的几何学和笛卡尔的几何坐标限定,显现出非同一般的复杂性。埃森曼早在 1990 年代早期就提出,第二次世界大战以后的 50 年,世界发生了范式的转变:从机械范式向电子范式的转变,深刻地影响到建筑领域。詹克斯在《建筑中的新范式》中将复杂性建筑的发展分为三个方向:动态的物质;新的复杂性和不定形手法;自然的新寓意。

动态的物质性以盖里和埃森曼的作品为代表，他们新奇的建筑语法是在设计师和数字程序相互作用下产生的。以埃森曼的阿罗诺夫(Aronoff)设计艺术中心为例，通过计算机生成一系列倾斜的形式，各个片段之间相互错动、滑移，存在于建筑的立面与剖面，使各个建筑部件由于它们的运动而产生了动态的错觉。重叠的走廊和楼梯将新、旧建筑联系起来，在功能和形态上相互协调(图 4.35)。

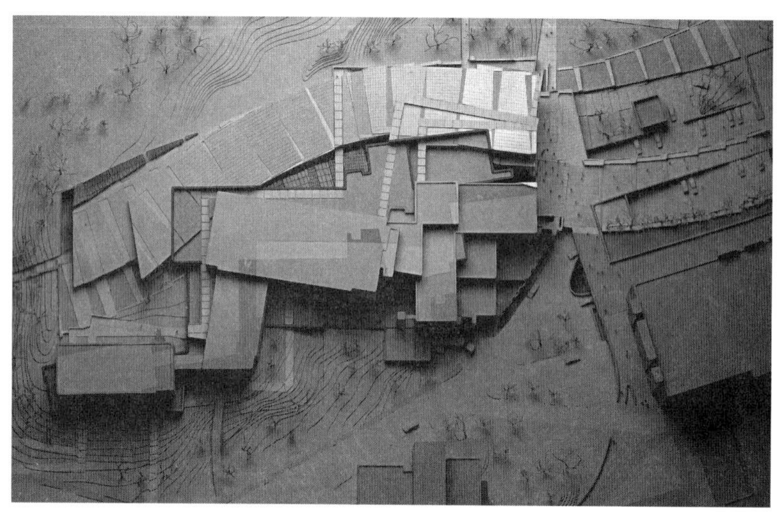

图 4.35　阿罗诺夫设计艺术中心平面
来源：EL croquis 中文版 08，2001，p66

建筑的复杂性和不定形特征由于实现了建筑形体的不完整、扭曲和改变，因而与古典设计和后现代拼贴形成鲜明对照。它比机器时代的建筑更接近于有机形态，既不是多元的，也不是单一的；既不是内部矛盾，也不统一。它们的复杂性在于将多元的元素融合进一个集合，作为一种特异的存在，而集合中仍保留着简单有机体的独立性。格雷·林恩(Greg Lynn)的建筑实践不同于将简化、过滤后的形态设计置于复杂、多样化的现实世界，而是利用计算机在形体生成方面的优势，寻求多元化的新方法。他将地形学、形态学、语义学、变动理论或者好莱坞电影工厂似的计算机工艺转化为平滑的建筑形态：在一个连续而异质的系统内进行多样性的整合，平滑的混合体由不同元素构成，它们与其他自由元素混合时，保持自身的完整(图 4.36)。奥地利的蓝天组(Coop Himmelblau)代表了形态复杂性的另一种趋势，他们主张以多样化的复杂建筑形态作为表现、反映世界和社会多样、复杂的工具。他们不借助埃森曼、麦克杜格尔等人的复杂概念，而侧重于库哈斯似的复杂性描述，用极简主义解析学将建筑体量分解为块、线、面等不同元素，并将其对峙，以达到将建筑拆解、还原成复杂形体的目的(图 4.37)。相对于林恩的有机一体，复杂成为他们的建筑叙事技巧和目的，其根本以建筑形体的组织折射一种复杂的城市状态。

自然的新寓意就是揭示人与自然的连续性，强调绿色建筑对城市生态的技术性应对。在这方面，杨经文的生态气候建筑成为这类设计理念的代表。他提出了新建筑的五个基本立足点：控制阀、滤光器、电梯等服务核心、空中庭院和植物、太阳遮栅。在海泰克加尼亚(Hitechniaga)大厦的设计中，这些基本原则抛弃了任何几何规则性的伪装，呈现了一个由不规则楼层、平台、楼梯、坡道和各种悬挂于暴露框架下的突出物构成一种怪异的组合。所有这些建筑的形态特征并非出自经典形态设计方法和审美,而与城市气候理性重合(图 4.38)。

图 4.36 格里格·林恩的数字设计的图形
来源:http://www.digischool.nl

图 4.37 蓝天组的 UFA 中心
来源:The Phaidon Atlas, 2004,P486

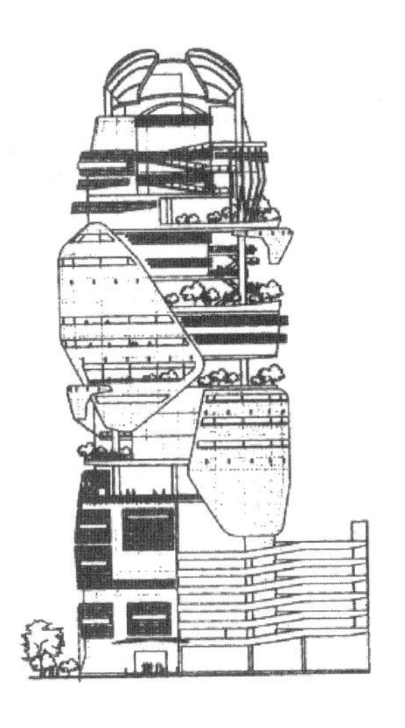

图 4.38 海泰克加尼亚大厦的立面设计
来源:建筑与个性:对文化和技术变化的回应,2003,p210

3) 建筑形态的缝合作用

建筑形态特征的同质性与异质性共存,使城市整体形式秩序中存在局部的斑块和孔洞。斑块内的建筑各自遵循不同的形态构成方式,斑块边缘的建筑由于其形态的参照受到双方的作用,从而可以通过建筑形态的有序过渡,缝合同质性、异质性之间的缝隙,使形态的组织恢复内在的联系。

建筑形态的缝合作用在自身形态塑造过程中融入多元的参照标准,使建筑成为一种不同建筑形态间平滑转换的环节。多重价值在建筑形态塑造过程中共时存在,能够更好地沟通城市"新""旧"之间的关系,既能对城市的文脉、建造习惯做出回应,又能体现出时代特征。

形态的缝合可以通过建筑基本形体的有序过渡实现。在城市形态的拼贴状态中，形体的组织代表了内在的空间秩序，它们通过群组的方式构成一个相对有机的整体，并按照各自的规定性相互协调。在不同形体秩序的拼贴边缘，各种秩序相互冲突，内在的形体组织不再受制于任何一方的约束。这时的设计操作是将建筑的形体组织拆解为不同的部分，分别对应各自相邻的组群秩序，实现一种秩序的“共生”。斯图加特美术馆新馆的设计中，基地毗邻的老馆平面呈“U”形，具有典型的新古典主义风格，而另一侧的城市建筑多由矩形和“L”形的形体为主。詹姆斯·斯特林(James Stirling)在充分考虑了基地环境的形体秩序以后，保留了现有的房屋，新馆的主体采用对老馆形制的复制，同时对老馆前面半圆形的环道也进行了建筑语言的转译，将其移植到新馆的设计中。主体与老馆一样呈“U”形围合，环抱中间的圆形庭院。而在欧根街的剧场部分重复了老馆的一个侧翼，并采用了相同的尺度和材料，围合成半个带有入口的前院。乌尔街的博物馆管理用房在尺度和排列组织上与其相邻的老建筑呼应(图4.39)。斯特林的方案强调了城市设计中的建筑品质，他抛开了当时盛行的城市规划方法，通过形体秩序、平面形状和开敞空间的组织，实现了与现有建筑环境的融合。

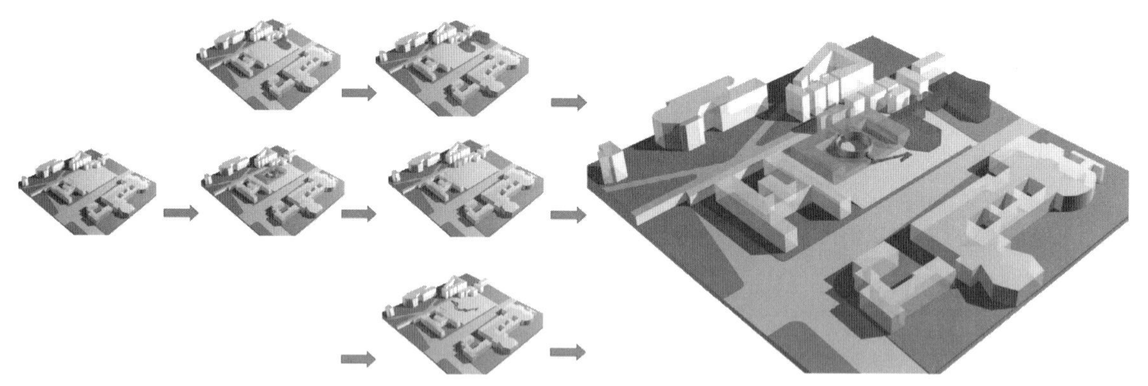

图4.39 斯图加特美术馆新馆的建筑形体实现了对现存建筑环境的缝合
来源:东南大学建筑学院设计分析课程研究,2003

形态缝合的另一个途径是通过对建筑形态语言的并置达成。不同斑块中的形态因素在新建筑的设计中相互渗透，能够在一定程度上消除斑块之间形态对峙。这类建筑成为各种形态特征之间的过渡，从而使它们之间的衔接不至于突兀。上海青浦百联桥梓湾商城项目位于上海青浦区老城中心，东面的曲水园和城隍庙是老城中的历史遗留建筑，而西面和南面的毗邻街区在城市开发中形成了混杂的形态特征。马清运的设计策略是将庞大的建筑规模拆解成不同的体块，各体块之间按照步行街区的概念进行设置。东面的体块贴合传统民居和城隍庙的建筑体量，西南角面向隔街的城市公园设置较大体量的商场。在建筑形态层面上，他将传统建筑的坡屋面、花格窗、清水砖墙等建筑语言进行了符号化的抽象，用现代设计语言再造。连续折叠的屋面是对传统建筑屋顶形象的转译，而折叠到西南角的东方商城时，转变为一种玻璃晶体般的立体结构，实现从形态平滑过渡到突变的转换，也实现了从传统到现代的更迭。在设计中起到整体连接作用的是由运河引入的城市水系，将商场、城隍庙、曲水园连为一体，共同串联起一道历史到现代的脉络，并在建筑形态的转接中完成局部与整体的缝合(图4.40)。

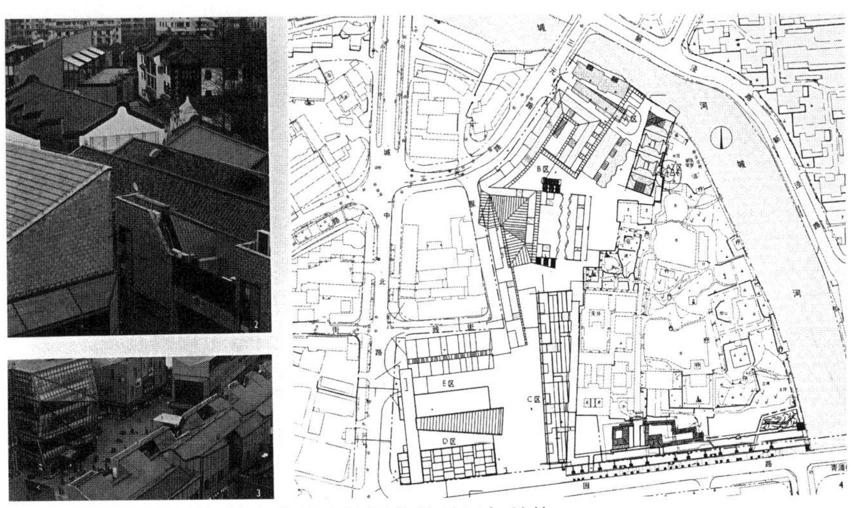

图 4.40 青浦百联桥梓湾商城建筑语言的并置与转换
来源:时代建筑,2007(1),p48-55

4) 建筑形态的消隐

让建筑消失是通过建筑形态的消解,弱化由于形态之间的对峙而产生的冲突,从而使不同形态和谐共存。建筑形态消隐的设计策略是城市形态斑块间关系处理的一个极端,是以消解解决冲突的一种“透明”。透明性的达成不是单纯视觉上的连续性,而是以现代的高科技和地域性的自然素材相结合使主体与环境相互联系,融为一体的状态[13]。建筑形态的消隐有三种不同的方法:对透明材质的运用、对地面条件的运用以及对空间的过滤。

玻璃的材质特性在于对光线投射方式的改变。透明玻璃有助于视线对建筑界面的穿透,将内部构造真实地反映出来。竖向结构的最小化设计能消解垂直空间的物质性,只剩下地面和屋面的水平限定,这与传统建筑中对柱子和墙体强化的做法相异,更贴合于布鲁诺·尤里乌斯·弗洛里安·陶特(Bruno Julius Florian Taut)对水平因素的强调,隈研吾的水/玻璃设计将建筑变为置于天水之间的虚无,铺了水的地面成为建筑的主角,围合的墙壁采用了透明的玻璃自支撑结构,与真正的屋面结构脱开。通过建筑界面感的缺失,呈现了视觉上的消隐状态,凸显了天人一体的空间体验(图 4.41)。反射玻璃的特性在于对外部的形象进行真实的投射,从而使自身形态特征让位于反射的幻象,建筑的真实性得到最大限度的掩盖。法国里尔美术馆新馆的扩建工程将主要的使用面积置于地下,在地面上只设置了一个纤细的板楼,建筑的形体特征与老馆和周边建筑都不协调。设计师信奉有时代特色的建筑设计原则,反对一味地复古,也反对简单地模仿城市肌理和环境。在与老馆对峙的新馆立面材质上,设计选用了印有规则方形镜面的玻璃幕墙。碎片式的镜面将对面老馆的形态反射过来,再以碎片的方式呈现,形成颇有韵味的印象派构图。它在消隐自身形态的同时,表现了对历史的尊重(图 4.42)。

利用场地的高差将建筑全部或部分置入地面之下的设计方法是使建筑向下生长而非向上;或者类似于埃米利奥·阿姆巴兹(Emilio Ambasz)的覆盖理论,或是 FOA 的地形学操作,将建筑体积置于覆盖面以下,从而

图 4.41 水/玻璃对垂直构件的消隐
来源:Kengo Kuma,2005,p53

图 4.42 里尔美术馆新馆对反射材质的运用
来源:世界建筑,1998(2),p40

实现对建筑体积的隐藏。这是以建筑的现象性对抗建筑物质性的一种方法。建筑的形态既不是内部功能的表征,也不是空间构成的反映,而是关注于城市景观和空间的连续。东南大学建筑学院与美国 3S 工作组在 2010 年上海世博会规划设计中,以山、水、城、林为设计主题,在浦江两岸通过人工造景的手法,再现了当代建筑技术与艺术背景下的中国传统儒家文化和造园理念。该方案中的中国馆、主题馆、联合展馆及出租独立展馆等主要展区被设计成以城市绿化覆盖的"山体",包容了大小不同的展陈空间。"山体"表面配备完善的输水灌溉系统和轨道缆车设备。在"山体"绿化之间,零星点缀采光天窗,可通过机械方式开启,确保室内空气的流通(图 4.43)。

将建筑消解的另一种设计策略是通过重建建筑表层结构而实现。通过对建筑表面材质的选择和空隙的调节,设计出合适的"粒子",建筑与环境就能相互融合,建筑也就此消失[14]。这些粒子具有重复性和可拆解性,如铝合金百叶、不锈钢隔栅、木制的檩条、轻薄的石片等。当被切割后的外界景象进入视野,建筑与外部环境建立起一种虚、实之间的幻象,物质的真实性得以化解。安藤广重美术馆的立面设计就是一种由无限重复的格构组成,建筑的屋顶、墙壁、隔断、家具等要素都由杉木百叶建造。透过斑驳的光影,建筑的实体性变得毫无意义,而光线、风、雨、雾等自然因素随人的运动而转变,从而实现了建筑的透明(图 4.44)。在上海的中泰集团总部 Z58 的设计中,空间的过滤是通过安装了镜面不锈钢花槽的玻璃外墙和正面流水的玻璃内墙达成。这两层玻璃界面重新定义了建筑的表层功能。花槽映射着街道上的景观,透过条纹状的间隙,向内部庭院投射着片段化的影像,并将建筑融合到街道之中(图 4.45)。

图 4.43　2010 年上海世博会规划设计中的“山体”设计
来源:东南大学和美国 3S 工作组合作设计文本,2003

图 4.44　百叶的设计是消隐建筑的基本手段
来源:Kengo Kuma,2005,p90

图 4.45　空间的过滤消解了建筑内外的差别
来源:时代建筑,2007(1),p78、79

4.4.3　建筑的空间结构策略

空间结构是描述建筑空间单元组织特征的术语,当置于城市语境,空间的结构性不仅指向建筑内部的组织方式,更指向建筑在城市空间结构中的关系生成以及两重“结构”之间的建构方式。相较于城市建筑的形态特征,这种更深层的结构性楔入方式具有更强的作用效果,在形成自身形态特征的同时,也促成了城市空间结构的生成。空间的组织方式决定了建筑对城市空间结构的不同作用。

1）对城市空间结构的同构性楔入

建筑的同构性楔入是建筑被既有的城市空间结构所同化，表现为对城市既有肌理结构和文脉特征的尊重。正如沙里宁所说，中世纪城市中的每一幢新房屋，都像镶嵌于画中的石子一样，正好配合它所在的位置。这种状态下的城市结构不是由预先规定的目标所决定，而是在建筑对城市的楔入过程中不断修正、适应、累计的结果，在漫长的历史演进中最终呈现。另外，结构的同构也可通过一种有意识的外在控制达成，建筑自身的自组织特征被外在规则限定，自组织性仅表现为局部的适应性调整和适配。

（1）城市空间的同构

城市肌理包含的形态要素，从共时性层面按照特定的构成原则有序组织，从而体现出一种相对整体化的群组架构。同时在历时性层面，该架构随时间发展。其中内在关系的稳定决定了架构的“原型”特征稳定。在空间结构的局部变动中，空间元素的连通、邻近、包含等抽象关系与拓扑学中的连续变换密切相关。它们是点与点、线与线、面与面的关系转换，是在原型基础上的部分变异，但不颠覆原型的控制性。随着城市结构分化的深入，结构的复杂性逐渐显现。要素之间呈现一定相似性的层级关系，同级之间以及与上层结构之间存在分形特征。原型—拓扑—分形的演化过程，是在结构同质基础上对城市结构的演化逻辑，维系着城市空间结构的稳定。组织关系主要注重于城市肌理要素之间的构成关系和层次序列，结构原型的拓扑变化则侧重于通过邻近、连通等手段揭示空间要素与整体之间的关系，而分形则是城市空间结构在自相似性的同构状态下的表现。

（2）城市结构自相似性扩充

城市空间结构的同构化，是指城市结构的变动与原有的特征保持着一定的相似性，从分形的角度，即新的结构与原有的结构在分维度上保持一致。建筑在空间结构层面与既有的城市空间同构，罗西的类型学研究方法给予一个重要启示：用拓扑学中的同构要素取得系统之间的关联，是实现城市结构同构的途径。即从原有的肌理中提取设计元素和设计依据，把等级、并列、链接的群组组成一个具有同构性的新系统。这个系统带有鲜明的参照性，与历史相关，同时又是对当前城市状态的有效回应，是对城市空间结构历时性与共时性特征的综合。

卡洛斯·菲拉芮特(Carlos Ferrater)在巴塞罗那三街区住宅项目的设计就是对城市空间结构的同构化楔入。巴塞罗那的城市结构呈现规则的格网特征，这一整体特征得益于19世纪伊尔德方索·塞尔达(Ildefonso Cerda)的贡献，主要体现为正交的街道格局以及道路的交叉口附近呈45度的切角。城市沿街界面相对完整，而街区内部的组织较为自由，且空间密度较大。菲拉芮特的设计基于对城市空间结构的深刻理解，从众多投标方案中脱颖而出。他的设计策略是保留城市既有的结构框架，将560个居住单元分设在相邻的三个街区。各个街区按照基本相同的构造原理，外部的城市界面严整地与城市传统格局对应，不同户型的居住单元统一在进深12.6米的折尺性建筑形体之中。在街区的角部设置步行入口，形成富有韵律的角楼，给连续性的城市界面增加了趣味和变化。街区内部的格局采用了庭院式的设计，结合穿越三个街区的步行道路,形成相对开放的半公共空间(图4.46)。

柏林的批判性重建在更大尺度上阐释了城市空间结构的同构性。在1980年代西柏林国际建筑展览会期间,一处靠近柏林墙的地区被以一种称为批判式重建的方式发展。传统的狭窄道路被保留下来,建筑高度明确地限定在22米,力求创造一个能反映欧洲传统混合街区的城市形态特征,恢复城市原有的肌理结构。随后,这一概念被大量地运用于柏林的城市改造,一度成为填充历史性城市中心空置地块的稳妥方法。无论是罗伯·克里尔(Rob Krier)的里特(Ritter)街区住宅,还是罗西的柏林商业区设计,都是对传统城市结构逻辑的应用。近期的波茨坦广场设计中也体现出对这一指导思想的回应。戴姆勒—奔驰地块由众多街区组成,每个街区的建筑都严守空间结构的规定,沿街道向内部围合,形成连续化的城市景观。

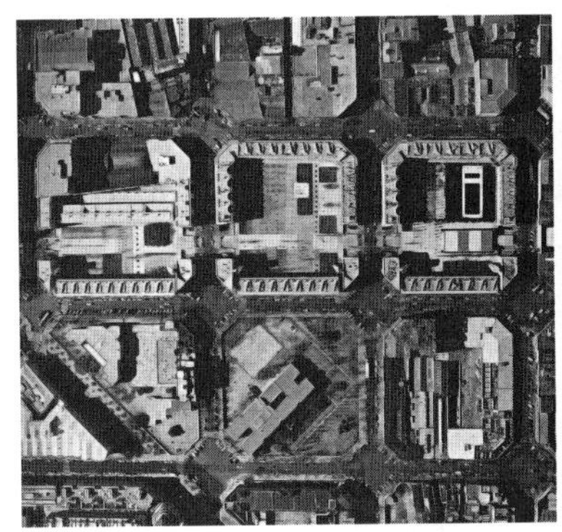

图4.46　巴塞罗那三街区住宅项目的街区结构与传统特征一致

来源:Carlos Ferrater,2002,p45、47

(3) *城市结构的局部调整和适配*

城市结构始终在动态过程中演化,局部的非平衡状态恒久存在,当这一非平衡状态被限定于整体结构框架之下,能够通过城市元素的自组织调节,保证整体结构的平衡。局部的调整来自城市结构的局部异化,既可以是对原有结构特征的修补,以满足当前城市状态的需要,也可以是对城市空间结构框架的局部异化,在保证结构整体特征的同时,增强结构的层次和多样性。

波茨坦广场的索尼地块并没有完全遵循批判性重建的基本设计条例,在建设初期就与规划部门进行了态度强硬的谈判,最终被允许在建设过程中使用美国化模式,并由赫尔穆特·扬(Helmut Jahn)进行设计成为一个大型的综合体。虽然索尼地块也呈现了对城市街道的围合,但与奔驰地块的街区化特征不同,它更趋向于一个内聚的空间结构。设计师力图在柏林传统街坊式的城市结构与现代的科技图景中取得平衡。地块中央圆形的内部广场相对于传统街区结构是个新的语汇,同时又与波茨坦广场群体中的剧院广场产生一定的呼应(图4.47)。与后者的开放性不同,这个广场仅属于地块内部,按照设计者的构思,这个广场的存在是为了避开城市的喧嚣,为人们提供一片安静的绿洲[15]。

胡同和四合院在北京的巷坊结构中曾居于主导地位,然而随着时代的变迁,社会家庭结构的改变,面临着结构性、功能性和物质性的老化:作为巷坊结构的城市结构迅速解体;原有的居住功能基本丧失;居住质量恶化;建筑质量总体下降;生活品质基本丧失。仅仅依靠建筑的形式上的变化已经不能从根本上解决这些问题，需要将单一的居住功能置换为适应当今生活秩序的综合性使用。北京菊儿胡同的改造通过院落、里弄、轴线等传统语言与现代住宅中的合理因素有效的“嫁接”，通过平面结构模式向立体模式拓展，使该项目重构了传统四合院的类型(图 4.48)。新的合院尊重旧城的肌理和尺度，有种自然生成的特征，独门独户的布局既是对四合院原型的重构，也是对胡同伦理空间的合理挪用[16]。这种有机更新方法以及小规模、分片、分阶段、滚动开发的理念有助于城市传统空间结构在现代社会背景下得以再现。

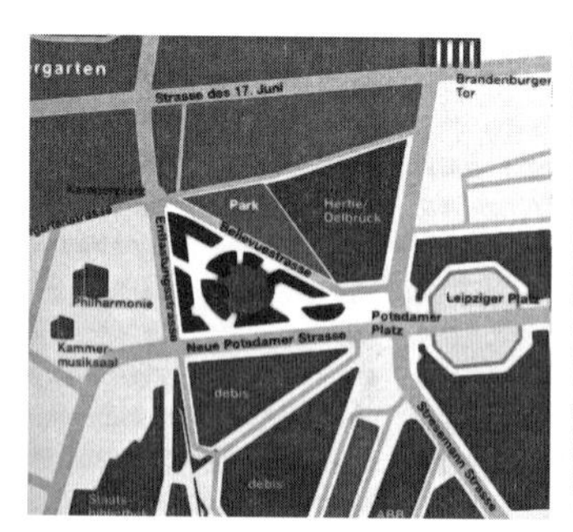

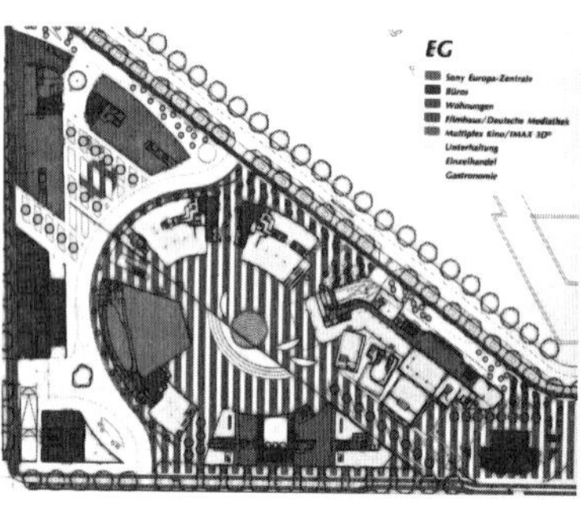

图 4.47　波茨坦广场的索尼地块是对街区结构的局部异化
来源：时代建筑，2004(3)，p120

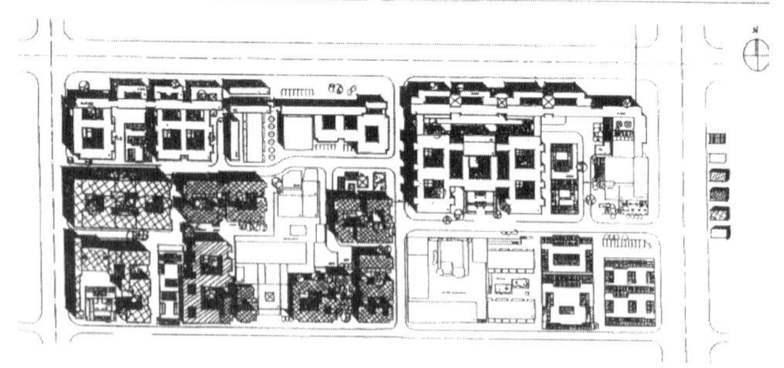

图 4.48　北京菊儿胡同改造
来源：批判性地域主义：全球化世界中的建筑及其特性，2007

2）对城市空间结构的异构性楔入

建筑对城市空间结构的异构性楔入意味着城市结构中的既有逻辑和组织秩序被打断，新的空间秩序置入既有的城市结构，并与之并置。这是在城市空间发展到一定阶段，结构的稳定失衡而出现的局部结构改变。城市空间系统通过对新的随机产生的发展模式的选择和学习，向功能优化、空间优化、结构优化方向发展，并通过渐变积累、关联放大乃至突变的自创生过程对旧的城市空间结构进行重新分配和组合，形成新的城市空间组织形式，实现城市空间发展层次性的进化和跃升，同时简化系统结构和功能的复杂性[17]。建筑对城市结构的异构性楔入的意义在于两个方面：其一是通过局部结构的转换、变异对城市中的偶然因素，如地形的变化、社会组群的分布差异等，做出回应；其二是通过局部结构的变化，形成一种区域性的结构引导，使其能适应新的城市功能、形态需要。

(1) 城市局部结构的整体异化

拉斐尔·莫内欧(Rafael Moneo)在《关于类型学》中写道，建筑师可以自由地处理类型，是因为设计过程存在两个可以彼此区分的阶段：一个是类型学阶段，在这个阶段中，设计者从亲身体验中寻找那些与人们行为方式、心理结构相契合的类型，分析其内在的形式结构；另一个是形式生成阶段，是类型的场所化过程，设计者通过对实际情况的分析，对原型进行变形和转换，也包括了对表层结构的场所化。斯皮罗·科斯托夫(Spiro Kostof)在《城市的形成》中，将有机城市的模式演变原因归结为地形的作用、土地划分策略的改变、村镇聚合的影响以及法律与社会秩序的改变。城市建筑在自然状态下对城市结构的异构也有着类似的原因。这种异化并非是单一建筑的个体行为，而是由建筑群在一定作用机制下的集体效应。这种结构的异变过程可由某个建筑引发，之后被后续的建筑采纳，成为一种可以参照的模式，通过建筑之间的复制，最终形成不同结构的相互拼贴、镶嵌。同时，该过程也可由规划途径获得，即结构的异质化过程先于建筑实体的楔入，建筑对改变后的结构框架逐步填充。填充的建筑具有相同的结构肌理，形成相对均质的特征，并与原有的结构相异。波士顿城市结构的拼贴状态清晰地展示了城市不同时期的发展状态："首部"的肌理具有环形放射的结构特征，是由17、18世纪以来的老城逐步改造的结果，虽然原有的肌理区域被现代建筑所取代，但基本的结构框架尚存；"颈部"的规则网格是人为干预的结果，异化的叠加形成了一连串不连续的格网并置(图4.49)。

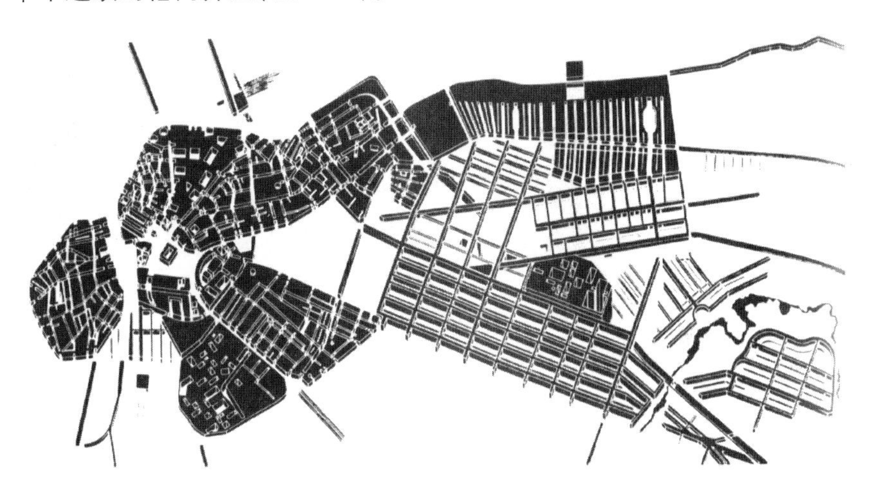

图4.49 波士顿城市结构的图底反映了不同时期城市发展的脉络
来源：X—城市主义：建筑与美国城市，2006，p114

(2) 城市结构的局部异化

在另一种情况下，建筑对于结构异化的作用是由某一建筑或一组建筑的存在而产生，个体的作用特征明显。这种设计理念早在勒·柯布西埃(Le Corbusier)的巴黎中心区改建方案中就有所体现，库哈斯则更将城市既有结构的存在视为建筑创作的负累，认为在城市发展日益国际化的时代，一般意义上的地域结构应让位于普通城市下对时代特色的反映，文脉关系只能将建筑的自我表现禁锢，表面上的结构逻辑并不能体现城市内在机制的复杂与动态。在其早期的研究中，通过在城市结构中置入巨大的人工构筑物的方式表现了对城市结构解放的诉求。在他看来，建筑对城市结构创造性的改变符合城市发展的一般规律，不同结构之间的混杂也许正是对城市真实性的描述。

这样的建筑有两种类型：第一类是建筑空间结构上的特殊性决定了其在楔入城市空间结构体系时，必然与严格的结构控制产生矛盾，成为一个从结构背景中脱颖而出的空间核心。它往往和建筑形态的异化相互关联，是与既存环境差异叠加后的综合呈现。丹尼尔·里伯斯金(Daniel Libeskind)的柏林犹太人纪念馆象征性的折尺性结构，盖里的毕尔巴鄂古根海姆博物馆天外来客般的空间形构，都是对既有城市结构特征的突破，其目的就在于通过异质性的对比，产生超越历史的意义，并以此表明建筑在空间使用和文化寓意上的特殊性。第二类是通过自身的空间组织，产生强烈的结构秩序，使城市局部地段的结构模式由建筑的内在结构秩序主导，并借此与外部结构秩序的抗争。在法国国家图书馆的设计中，多米尼克·佩罗(Dominque Perrault)为城市提供了一个巨大的纪念性标记。严格中心对称的四个具有象征意义的塔楼坐落在矩形的底座之上，并没有完全遵循街道的走向，相反自身强烈的几何特征产生了与传统街区结构的对立(图 4.50)。因此，与其说该建筑是以功能的使用为核心，不如说是将建筑作为重点的示范，为城市提供了一个空间，为沿塞纳河左岸的城市开发、更新奠定了空间坐标。

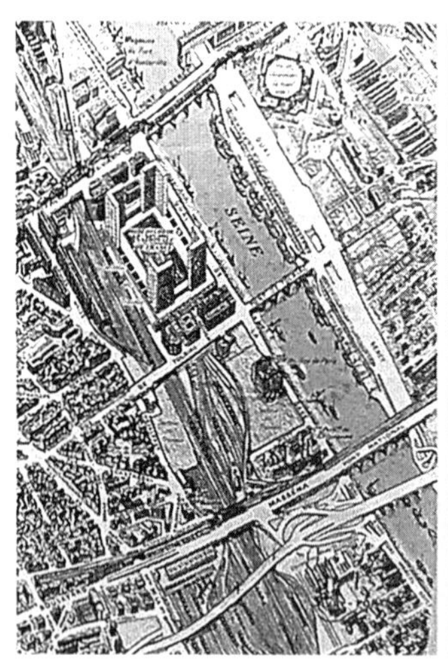

图 4.50 法国国家图书馆的建筑内在秩序成为区域空间发展的引导
来源：世界建筑，2004(3)，p45；在城市上建设城市，2003，p213

库哈斯对城市传统结构的漠视在欧洲里尔的规划设计上得到了"合乎道理"的运用。伴随着高速铁路(TGV)的发展，为整个欧洲的格局带来了巨大的转变。位于伦敦、巴黎、布鲁塞尔所形成的三角地区中心的里尔，未来将成为整个欧洲的中心，使这个拥有 300 万人口的城市成为接纳现代活动的基地。根据库哈斯的观点，建筑的功能设计变得抽象，不再需要与特定的环境或城市结构发生一定的关联。在中心区的规划设计中，出现的是与传统肌理毫不相干的庞大建筑群，进而产生一种非比寻常、高度混合的城市状态。这里充满了外来物，迫切并且激进，很难做出齐次多项的跃进(Quantic Leap)[18](图 4.51)。其中的里尔会议展示中心是一个巨大的椭圆形建筑，它恣意的姿态显示出对环境特征的不在意。其中唯一展现整体感的是整座建筑的屋顶，在它的统合下众多的内部功能被妥善地置于各自的所属区域，外部界面创造出对城市空间新的发展机会(图 4.52)。很显然，库哈斯的目的不在于清晰地定义出它的身份，而是创造、引发潜能。透过里尔会议展示中心，人们惯常对建筑伴随城市结构发展的经验得到修正，通过建筑可以实现一般城市规划、城市设计才有的作用:扩展城市结构的界限,创造城市结构的可能。这时,建筑的楔入成为开启城市结构新变化的起点,也因此成为新结构中的空间核心。其作用与亚历山大在旧金山的实验有着类似的机制,旨在通过局部的触媒作用,引导未来城市结构的持续演变和扩展,在这一点上,与自上而下的方法相异。在此,巴黎的德方斯巨门也是一个启迪新城市空间拓展的建筑案例,将城市的空间结构进一步向未来延伸。

(3) *局部结构异化的结果*

通过城市局部结构的异化,城市完整、连续的结构框架被局部、破碎、非线性的片段所代替,最终所呈现的是多种结构模式的拼贴和镶嵌。这意味着城市结构的自相似关联失效,它们在某些层次上不能合成新的自相似系统。这种结构关系表现为局部网络的完善及整体网络的松散、城市结构中多中心体系的存在及中心层级的不明确。总的说来,形成这种拼贴有两方面的原因。首先,真实的城市形态非单一模式,是各个历史时期积淀的交叠,会随着历史的变化产生渐进式、碎片式的变化;其次,对城市结构产生直接作用的集体不再唯一,加之不同的设计理念的作用,使城市最终成为多重意志的客体,不可能在整体上体现其中任何一方的绝对控制,最多只能在片段的层面局部地体现。在这种状态下,城市布局结构的拼贴成为城市最为真实的反映。建筑,能成为改善或扭转城市局部结构的因素,这已经不是一种乌托邦似的狂想,而是真实存在的潜在动力。

图 4.51 欧洲里尔的总体规划
来源:EL croquis 中文版 09,p253

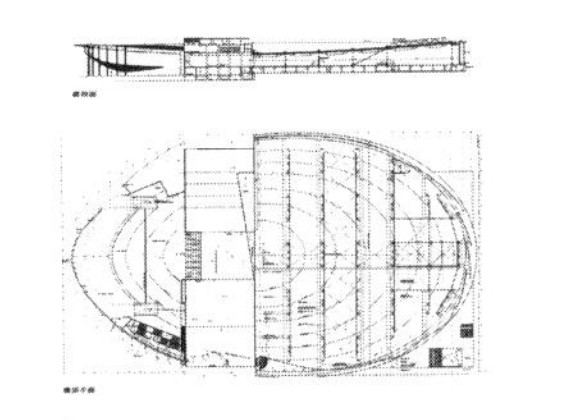
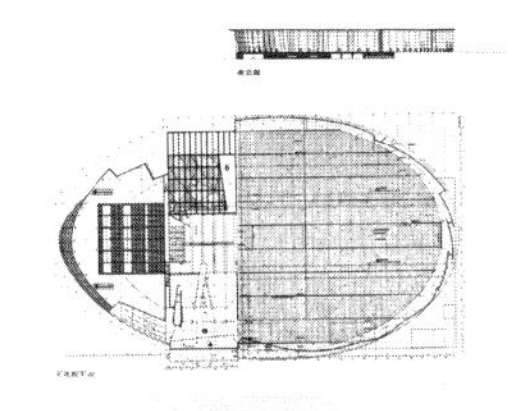

图 4.52 里尔会议展示中心成为开启城市结构变化的起点
来源:EL croquis 中文版 09,p251、256

3) 对城市空间结构的缝合

缝合可理解为一种多维度的结构同构关系。在城市局部结构斑块的结合部位，由于不同结构特征的交叠呈现更为复杂的状态，它不属于其中的任何一方，带有多元的特质。这种混合在表面结构冲突的背后，有着更为隐含的秩序逻辑，也可由建筑手段将其分解、综合、呈现。这时，建筑自身成为结构阐释的主体，并在多重结构关联中具有了多意性。结构的缝合力图在不同结构斑块的时空分裂中建立一种联系。

(1) 小尺度的结构缝合

建筑作为城市空间结构的组成元素，当其在小尺度范围内处于城市不同结构的交合部位，需要对不同结构特征多向连续，整合成新的建筑空间机构，并反映于城市的空间结构系统，消解由于不同结构片段的并置而导致的结构错位。

将多重城市网格并置，并导向建筑空间生成的方法是埃森曼处理建筑与城市结构关系的主要手段之一。在维克斯纳视觉艺术中心的设计中，设计的初衷在于将校园的结构与城市的结构相结合，形成校园建筑对城市空间结构的有效"入侵"。通过该建筑的结构生成，可以透视不同尺度的结构关系在校园地段上的冲突、冲突的消解以及二者合成。埃森曼建立了一套抽象并后于语言的研究方法，要建立物与域之间、图与底之间，超越技术生态意义之外，进入纯人为过程的亲密关系[19]。该建筑的基本要素是"脚手架"和景观美化。"脚手架"由两组三维网格构成，一部分与哥伦布市的街道相平行；另一部分与校园网格相平行。无论在具体形式还是象征意义上都将校园与城市合为一个整体(图 4.53)。

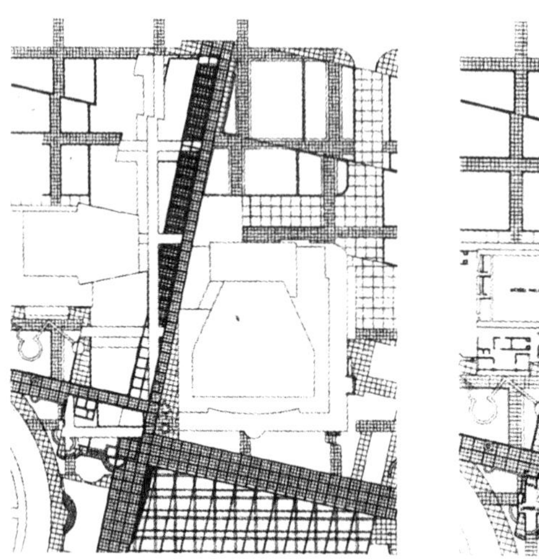
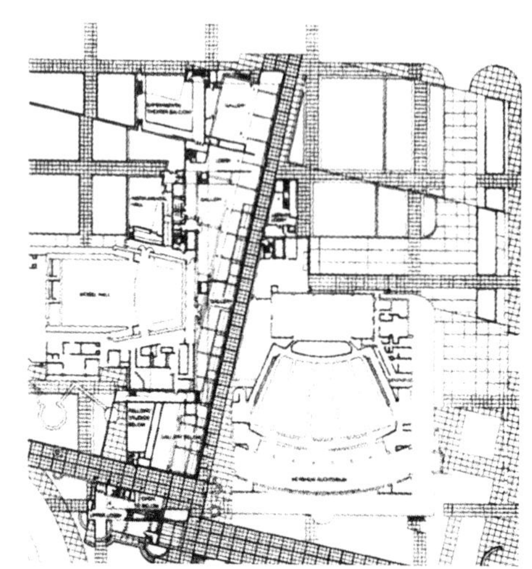

图 4.53 维克斯纳视觉艺术中心两套网格的错动指向两种尺度的结构关系
来源：彼得·埃森曼的作品与思想，2006，p68、69

刘家琨的成都锦都院街设计中对城市快速发展所形成的时空断裂进行了缝合操作。他没有从单体建筑入手，而将城市中的空间结构研究作为设计的原点。从分析老城街区的街道特征出发，将五条老街巷的脉络延伸至新开发地块之中，与已开发的高层建筑之间形成一个可渗透的内街，编织出一个基于传统城市结构的结构框架。在平面尺度上以"U"形院落为载体，用凸与凹的镜像反转应对两侧的结构肌理；在竖向维度上，面临老街的立面凸凹变化节奏与平面相呼应，在面向高层建筑的一面切入大量的连续性界面，到了二层才恢复了不规则的变化(图 4.54)。在这一缝合过程中，并非是对两种结构方式的无缝链接，而是通过自身结构特征的塑造形成城市中的“有缝”结合，在保持对新旧结构肌理尊重的同时，以建筑群组的组合体现出颇具个性特征的“处理现实”策略。

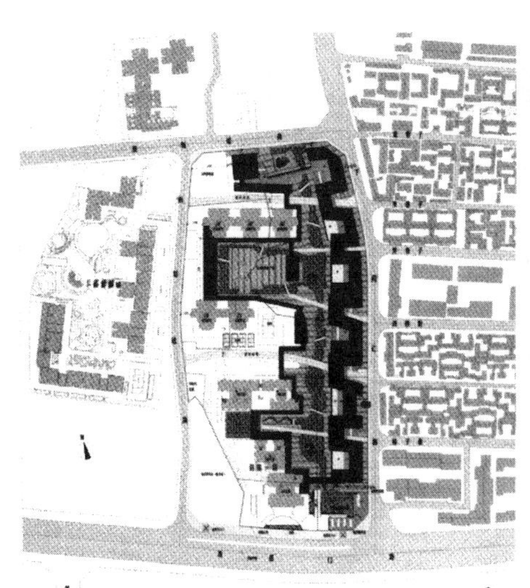

图 4.54 成都锦都院街的街区缝合
来源：时代建筑，2007(4)，p98、99

(2) 大尺度的结构缝合

在更为宏大的尺度上讨论建筑的结构缝合策略，将涉及由自然或人为因素所造成的城市结构分化。这些因素的存在使城市的整体结构不能以一种连续性的方式实现对城市空间的填充和扩展，而造成某种形式的异质拼贴。在城市发展过程中，不同的异化区域需要重新整合，实现共同发展。宏观层面的结构缝合一般来说是城市设计或城市规划的研究范畴，然而建筑的楔入是实现城市空间结构生成的基础，从这个意义上说，建筑也是推动城市结构大尺度缝合的有效工具和手段之一。

1989 年柏林墙的倒塌预示了德国长期分割状态的结束，重新统一后的德国面临着如何使城市结构恢复到分裂前有序状态的难题。通过不同时期的地图对比可以看出，东西柏林的城市结构代表了不同思想和意识形态下城市物质构成上的差异。1998 年的城市总体土地利用规划图上，西柏林部分的规划结构没有太大的变化，而东柏林的改变却是结构性的，这一现象在二者结合部位更为强烈(图 4.55)。因此，“缝合柏林”成为这一时期城市建设的目标。起到这样作用的建筑项目有波茨坦广场、来哈特(Lehrter)枢纽站、施普雷河湾的政府议会建筑群、巴黎广场重建等。阿克塞尔·舒尔特斯(Axel Schultes)设计的德国国家议会和政府建筑群采用了一个细长建筑带的方式，横跨于施普雷河湾。东西两端分别延伸进入原有的东西柏林城区。这一带有结构主义特征的设计很好地将缝合的概念象征性地实施，将建筑肌理建立在城市大尺度结构框架的构想之下(图 4.56)。

长期以来黄浦江将浦西、浦东分割开来，它们作为连接着上海过去与未来的两个端点，在世博会的构想中合二为一。浦东的建设使城市整体空间结构性发生变化，使上海从一个沿黄浦江单边发展的城市快速成为一个跨越黄浦江两岸，向杭州湾和东海渗透的城市。在由 7 家设计事务

图 4.55　不同时期东西柏林的城市结构对比
来源:时代建筑,2004(3),p50

图 4.56　德国国家议会和政府建筑群对城市空间结构的缝合
来源:世界建筑,1999(10),p41

所参加的上海世博会场馆规划中,体现出两种不同的缝合理念:一种是加强缝合与分割线,采用浦江两岸同构的空间布局;另一种是通过线形缝合,采用单体单轴的局部缝合方法[20]。相对于第一种的同构化表达,后一种方式通过建筑的结构性对位、缝合,强调了建筑作为城市的活跃因素在重整城市结构中的重要作用(图 4.57)。

以上两个案例表明,在宏观层次的结构性缝合中,可借由三个层面的设计策略实现:第一层面,原有城市分割边界的破线,可通过建立通道(用地铁梳理和道路联系),或者跨越原有的分割线建立大型的项目开发实现;第二层面,城市中心的空间集合;第三层面,整个城市的空间平衡[20]。

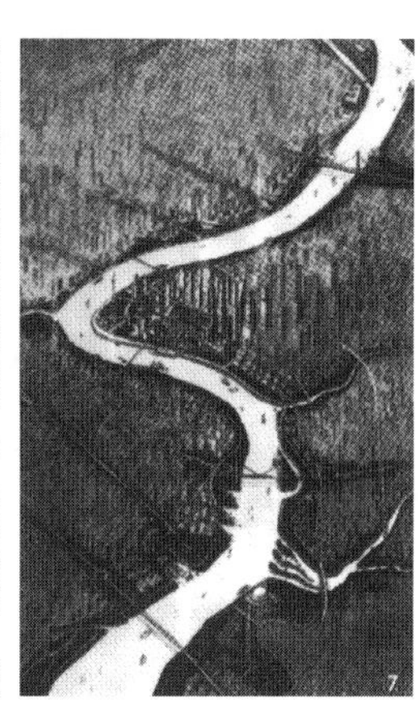

图 4.57　上海世博会方案中的“城市缝合”理念
来源:时代建筑,2004(3),p51

(3) 城市交通系统的结构缝合

之所以将此种方式单列,原因在于这种缝合方式不是通过建筑或建筑群的形态控制生成,而是由于当代城市交通的普遍性渗透于建成空间,使其成为一种城市破碎空间结构的修补手段。相对于更为复杂的系统建构,由城市交通系统尤其是步行交通的缝合作用更为关注于人的行为连续和空间使用效率,在当下的中国城市中具有积极的意义。城市交通与城市建筑有机结合,有助于在系统框架的引导下弥合城市空间结构的分化、疏离,将空间、形态上相互区别,在地域上相互分割的部分重新缝合成为整体。整合后的城市局部具有更紧凑的空间关联、更密切的相互协作。

随着城市道路交通流量的日益增加,城市街区被城市道路切割、分裂成一个个“孤岛”,街区与街区之间、建筑与建筑之间的空间联系被大大地削弱。虽然宏观上的系统结构仍旧存在,但结构组成元素之间的相互关联让位于结构形式上的逻辑,内在的联系被制约在城市道路限定街区之中。因此,对于这类城市结构的缝合就在于通过重建街区内部以及街区间的空间联系,使破碎的结构片段重新整合,恢复以人为主体的空间结构的完整性。将城市建筑与步行交通网络相结合是实现这种缝合的主要手段,通过多层次人行步道的建立,在系统的层面将空间上相互分离的建筑和街区置入结构框架,通过强化空间的聚合、结构层次的有序,实现空间形态的完整。

卢济威教授主持的静安寺地区城市设计中,通过建立立体化的人车分流机制,将地面、地上、地下不同层次的步行系统与各街区以及街区内主要建筑相互连接,将被交通割裂的城市空间结构整合起来。其中的核心是静安公园的地下空间,整合了商业、地铁通行、娱乐、静态交通等功能,并跨越南京西路、常德路和愚园路,在主要道路交叉口设置地面出入口。二层步行系统联系了各个街区的主要商业建筑,以过街天桥的形式跨越主要城市干道,作为地面过街交通的有益补充,形成层次有序、张弛有度的城市空间格局(图 4.58)。

东南大学建筑学院所做的研究生设计研究“漫步陆家嘴”中也根据陆家嘴核心区车流分割地块、人性空间缺乏、尺度失控的状态提出将过江隧道出入口外移至核心区外围,建立地下车行交通环路,实现小区域共享停车,缩减地面车行道路路幅,推进核心区立体步行网络的措施(图 4.59)。

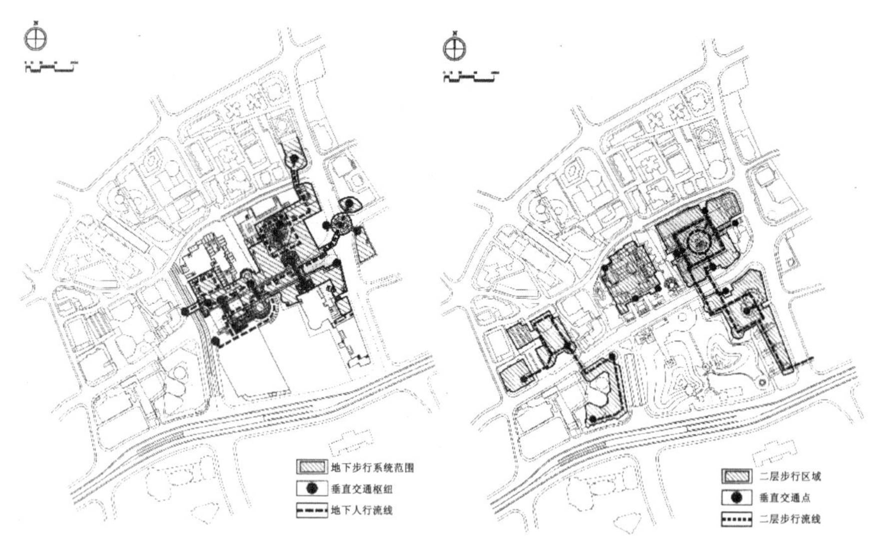

图 4.58　静安寺城市设计中各街区步行交通的建立
左图为地下步行网络系统，右图为二层步行系统
来源：城市·建筑一体化设计，1999，p166、167

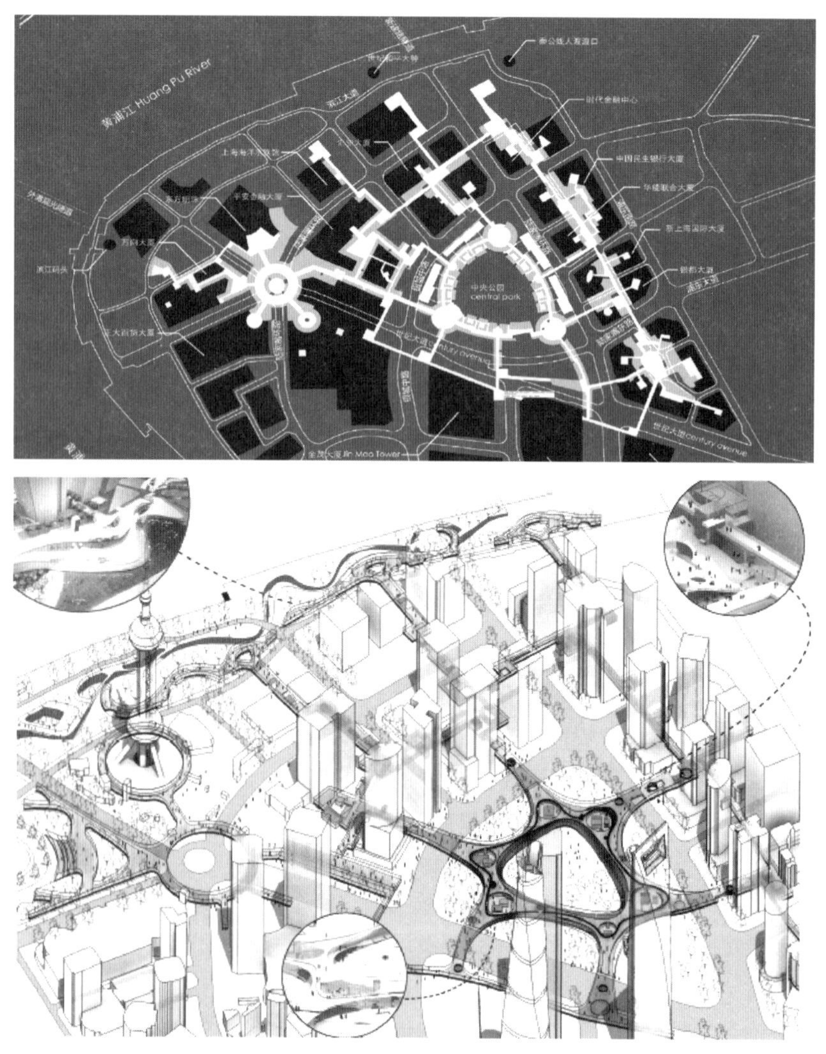

图 4.59　陆家嘴核心区（北区）地下及二层步行系统建议

从根本而言,通过步行交通的织补,是实现城市空间割裂的最为有效的途径。在经历了城市快速的增量发展之后,回归对城市空间品质的设计目标是对以效率和发展为先的城市增长阶段的有力补充。

本章注释

1. 魏宏森,曾国屏. 系统论:系统科学哲学[M]. 北京:清华大学出版社,1995:288.
2. 间结构指街道、广场、绿地、建筑群组等以一定的关系构成;景观结构指景观、视廊、视觉中心等相互联系;功能结构指聚会空间、交往空间、流通空间、游憩空间等不同功能的相互关联;意象结构指空间环境作用于人所形成的空间知觉及心理表象的相互作用;意义结构指由事件以及事件的发生而使空间作为场所的意义。
3. 董君. 城市肌理研究[D]. 哈尔滨:哈尔滨工业大学,2004:37-41.
4. 埃森曼. 彼得·埃森曼:图解日志[M]. 陈欣欣,何捷,译. 北京:中国建筑工业出版社,2005:182.
5. 虞刚. 跨越风格的建筑:MVRDV 作品解读[J]. 新建筑,2002(1):65.
6. 施蘅. 信息转译的图解:MVRDV 和数据景观[J]. 城市环境设计,2005(2):69-72.
7. 贾倍思. 型和现代主义[M]. 北京:中国建筑工业出版社,2003:141.
8. 李姝,张玉坤. 复杂性建筑与不规则碎片建筑[J]. 建筑师,2003(6):59-65.
9. 埃森曼. 彼得·埃森曼:图解日志[M]. 陈欣欣,何捷,译. 北京:中国建筑工业出版社,2005:6-25.
10. 虞刚. 数字建构的建筑形态研究[D]. 南京:东南大学,2004:99.
11. 亚伯. 建筑与个性:对文化和技术变化的回应[M]. 张磊,司玲,侯正华,等译. 北京:中国建筑工业出版社,2003:156.
12. 邓凌云. 变异:建筑形态创新研究[D]. 重庆:重庆大学,2004:54-55.
13. 现代主义透明性的最终目的没有脱离对与环境的对立,无论是柯布西埃的混凝土建筑,还是密斯的玻璃盒子,都是与自然的对比。
14. 隈研吾. 让建筑消失[J]. 绿瀛,译. 建筑师,2003(6):33.
15. Helmut Jahn 专辑. A+U,1992(增刊):6.
16. 郑曙光. 当代中国建筑思潮研究[M]. 北京:中国建筑工业出版社,2006:55.
17. 张勇强. 城市空间发展自组织与城市规划[M]. 南京:东南大学出版社,2006:49.
18. EL croquis 中文版 09:瑞姆·库哈斯作品集 1987—1998. 台北:惠彰企业:349. 齐次多项式是一种多项式,各项次数相同,如 $3X+5Y-4Z$ 和 $2X^2+8Y^2+YZ-XZ$ 都是 x、y、z 的齐次多项式,库哈斯在这里借用这个数学用语意在表达城市中的平衡状态。
19. EL croquis 中文版 08:彼得·埃森曼作品集 1990—1997. 台北:惠彰企业,2010:54.
20. 吴志强. 都市缝合:20 年柏林与上海规划设计分析的都市发展空间意义透视[J]. 时代建筑,2004(3):4-53.

5 城市建筑的设计运作

城市建筑的操作远不仅限于设计环节，之所以能够在城市中不断地填充、累计，并最终产生城市，是基本的功能需求在各种利益的均衡下的结果。因此，在设计运作环节中重新审视城市建筑产生的内在机制和设计运作的组织手段，在明确建筑师作用的前提下正确并有效地实施设计是当下建筑师职业的基本素养。相对于传统视野中的建筑师职责和其被不断约束的状态，未来的建筑设计应走向对设计规则的自觉，以及更为主动的回应。这一切基于一个基本的价值观：由城市导向建筑的生成。

5.1 不同视野中的城市建筑

5.1.1 城市规划视野中的城市建筑

按照1991年9月颁布的《城市规划编制办法》，城市规划的编制一般分为总体规划和详细规划两个阶段，详细规划可细化为控制性详细规划（以下简称控制性详规）和修建性详细规划（以下简称修建性详规）两部分。在城市设计对城市建设的作用与地位明确之前，我国的城市建设基本基于这样的纵向体系。而城市建筑作为该体系的最终层面，与控制性详规和修建性详规的有关规定直接相关。

控制性详规是1980年代中期为适应城市土地有偿使用而逐步发展起来的一种详细规划方法，其目的在于控制建设用地性质、使用强度和空间环境。其中与城市建筑有关的部分在于：规定各种不同性质用地的界线，各类用地内是否适建，或允许建设的建筑类型；规定各地块中建筑的高度、建筑密度、容积率、绿地率等控制指标；规定交通出入口的位置、停车数量，沿道路后退距离，建筑间距等要求；规定各地块的建筑体量、体型、色彩要求等，对城市建筑的具体形态特征不做指导，规划图则上也不对建筑的总图设置进行干预，而是通过转化为规划设计要点中量化的指标，以控制建筑的规模。

修建性详规是以上一级规划为依据，将城市建设的各项物质要素在当前拟建设地区中进行空间布置。其与控制性详规的一个明显不同之处在于具有一定程度上的空间、形体研究成分，因此与城市设计的工作范围和工作性质具有一定的重合。就其内容而言，与城市建筑相关的部分包括：在说明文本中包括空间组织和景观特色要求；道路和绿地系统规划以及具体的用地指标和建筑指标，在图纸中包括规划现状中的对自然地形、地貌、道路、绿化和各类用地的范围和建筑范围、性质、层数、质量的描述，以及规划平面中对地形、地貌、道路、绿化和建筑物的轮廓、层数、用途的表述。相对而言，详细规划对于空间、形体的限定较为模糊，虽然空间关系是其中考虑的一个重要方面，“但这并不是单纯的物质形体空间，而是由社会经济关系中生长出来的空间，或者说，是社会经济关系在城市空间上的投影”[1]。

详细规划的成果可以直接指导城市建筑项目，但在这种运作方式下的建筑设计存在一定的问题。首先,规划体制的层级划分带有强烈的自上而下规定性,下一层级在内容和形式上都是对上一级结构的回应,不得破坏。各种指标体系的建立是这种运作机制下对建筑设计最为有效的控制手段,然而由于指标体系建立的不完善,往往使建筑项目的设计徘徊在限制和放任之间。其次,虽然修建性详规在一定程度上具有三维形态管控的内容,但对城市空间形态的控制和引导缺乏有效的措施。基于详细规划的建筑设计带有明显的平面化特征,不能适应城市形态多样化的发展需求。最后,由于机制上的层层控制与约束,使得从规划体系到建筑设计呈现单向化的静态特征,难以通过局部的变化对城市功能、形态和空间结构产生相应的反馈。

无论是《中华人民共和国城市规划法》(以下简称《城市规划法》)还是《中华人民共和国城乡规划法》(以下简称《城乡规划法》)中都对没有直接条文应对于城市建筑的设计与运作。但《城乡规划法》与原《城市规划法》相比,明确了控制性详规的地位和作用——引导和控制城镇建设发展及建筑项目规划许可最直接的法定依据;细化了控制性详规编制工作的组织、审批程序要求及备案制度;严格规定了修改控制性详规须进行必要性论证、征求利害关系人意见、专题报告等基本制度以及涉及城市(镇)总体规划强制性内容的有关要求。相对于《城市规划法》的"管理法"及"赋权"取向,《城乡规划法》更多地体现了"控权"的立法精神及实质性安排;相应的《城乡规划法》条件下的"控制性详规"已从政府内部的"技术参考文件"变成了规划行政管理的"法定羁束依据"[2]。条文虽然没有明确指出规划法规对城市建筑设计的具体管控措施,但通过对控制性详规的强化,间接地作用于建筑设计工作。

5.1.2 传统城市设计视野中的城市建筑

城市设计在操作对象、方法等方面有别于城市规划与建筑设计,在城市建设中的作用不可替代。传统城市设计的研究内容集中于城市的外部空间、建筑之间的关系以及与空间形态相关的城市各系统之间关系。在城市设计的视野中,城市的整体形态更多地取决于城市设计的效果而不是单体建筑的外在形态。

在城市设计概念和方法引入我国城市建设领域之后,城市建筑的运作由原来在城市规划体系下的单线模式向城市规划与城市设计相互协作的双重限定模式过渡。城市设计强调城市整体空间形态的完整,在城市建设中的作用趋向于"线索"的方式(图 5.1)。

城市设计与建筑设计在对象、内容、工作方式以及实施效果等方面存在差异,然而二者作为城市建设体系中相互连续的过程,在内容和操作过程上具有一定的重叠,不可截然分开。首先在内容上,微观层次的城市设计包含建筑设计和特定建设项目的开发,如街景、广场、交通枢纽、大型建筑物及其周边外部环境的设计[3]。这一层次的城市设计最终落实到具体的城市建筑和较小范围形体环境的建设,需要以城市设计导则、图则等方式对城市建筑的设计进行引导和管控,使其在形式、风格、色彩、尺度、空间组织与城市文脉结构、空间肌理协调共生。其次在运作程序上,城市设计与建筑设计是在城市建设体系中的连续过程,前者为后者提供设计的

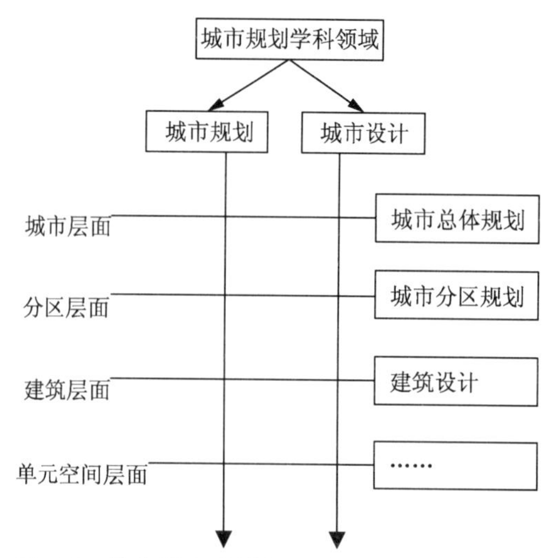

图 5.1 作为线索的城市设计:城市(设计)领域的关系结构
来源:适应性城市设计:一种实效的城市设计理论及应用,2004,p61

基本框架和管控的基础,后者通过对具体项目的实施使城市形态得以最终成型。最后,建筑设计在城市建设中,作为城市规划与城市设计的最终成果,对城市设计实施效果进行检验,并反馈于城市设计的过程,促使其修正、调整其中的不足,对未来的城市空间形态进行指导。

如果说我国以往的城市建设遵循总体规划—分区规划—详细规划—项目设计的纵向过程,那么随着城市设计体系在理论与实践的发展和完善,这种纵向结构正趋向扁平,体现为城市设计与建筑设计的双向互动。

首先,城市规划、城市设计和建筑设计在城市建设体系中不是简单的层级区分,其职能范围存在着一定的交叠、重合和渗透。一方面,城市设计与城市规划的研究对象都是城市,都以创造良好、有序的生产、生活环境为目的,都要综合协调各项城市功能,安排城市各项用地,组织、安排城市交通和基础设施,研究城市的社会发展,考虑城市的历史文脉等。它们之间的交叉领域涵盖了城市建设的各个层面,并统一于完整的规划过程[3]。另一方面,城市设计在相对全面、整体的层面对建筑的功能和形态做出引导和限定,使其从自为的状态走向有限的约束,在完善自身功能与形态的同时对城市功能和空间形态做出有益的回应,并保证城市整体性的完整。其次,从城市设计的人员配置由规划师和建筑师构成可以看出,城市设计的编制一方面吸取了城市规划中关于城市功能与用地性质的内容,将详细规划中的相关指标体系引入,对城市建设行为加以制约;同时对城市空间形态的管控手段源于建筑师的空间组织原则,在更大的范围和更高的层面上对城市空间的整体布局进行调控并指导城市建筑的形态走向。最后,三个环节之间不是简单的层级之间的单向作用,其职能范围的交叠使得它们相互之间的关系呈现双向的互动(图 5.2)。城市设计一方面受到城市规划制约、控制,并对建筑设计产生限定和引导,另一方面也接受建筑设计的修正并反馈于城市规划,彼此之间的作用贯穿于城市建设的全部过程。

模式的转化表明了我国的城市建设在目前城市快速化发展的背景下,建筑设计与城市设计相结合的可能。这将有利于消解由层级化带来的问题,使矛盾在相互的沟通之中得到有效解决;同时这种转化也使得城市建设中的民主化得到增强。2017 年颁布的《城市设计管理办法》可视为在《城乡规划法》的基础上，为落实城市规划、指导建筑设计、塑造城市特色风貌而提出的有效手段。作为《城乡规划法》的有力补充，该管理办法明确了城市设计是弥补城市规划体系中缺乏"设计城市"的环节，要用设计的手段，对城市格局、空间环境、建筑尺度和风貌进行精细化设计，对改变千城一面、塑造特色、延续文化提出要求，并贯穿于城市规划建设管理全过程。通过城市设计，从整体平面和立体空间上统筹城市建筑布局、协调城市景观风貌，体现地域特征、民族特色和时代风貌。随着城市设计对建筑设计引导与管控的介入，建筑设计具备了跳出功能主义羁绊的可能，而具有了在更宏观视野下进行创作的可能，也使建筑设计的操作超越建筑红线限定的有限范围具备了与城市系统产生互动的可能。

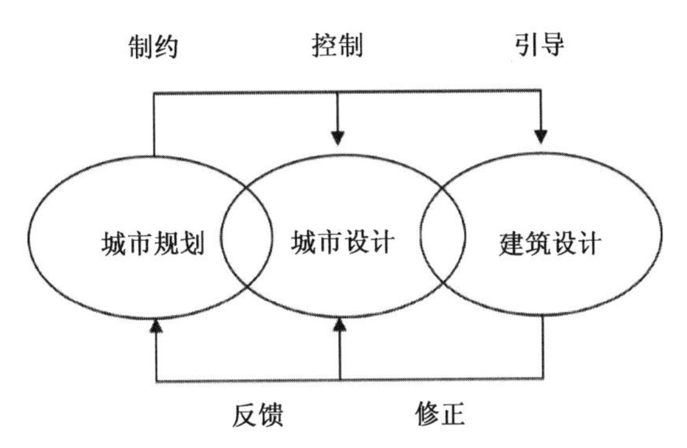

图 5.2　城市规划、城市设计、建筑设计的作用关系
来源：适应性城市设计：一种有效的城市设计理论及应用，2004，p66

5.1.3　城市建筑的新视野

随着城市设计在城市建设中作用的强化，以及建筑师城市意识的增强，城市日益成为建筑师创作中的基本命题，其中主要问题集中体现在城市建筑如何与规划相结合，体现城市规划的指导思想；如何在严格的城市设计要求下，发挥设计的能动性，为城市规划增加亮点[4]。2006 年《建筑学报》杂志主办了以"建筑师的城市视角"为题的小型讨论会，邀请了崔凯、傅刚、吕斌、邓东等专家以北京德胜尚城项目为切入点，针对建筑设计与城市设计、城市规划、城市文化等问题进行了讨论。从探讨的内容和与会专家提出的观点来看，在当前国内大规模、快速化的城市建设中，建筑师需要在建筑设计与城市设计之间建立一条有效沟通的桥梁，需要将城市建筑的实施过程与城市的发展过程加以统一，在新的维度下重新认知建筑与城市之间的局部、整体关系。

虽然教育部在 2019 年首次认定同济大学的城市设计专业，似乎城市设计具备了独立学科的倾向，但城市设计脱胎于建筑学，其对于空间形态方面的操作与建筑设计异曲同工，城市设计天生带有建筑学的话语特征。早在吴良镛先生提出"广义建筑学"之时，城市及城市的建成环境就成为建筑学架构中不可或缺的环节。当代的维基百科对 Architecture 所做的定义[5] 更是表明，建筑已经不再是个体的"建筑"，而成为城市系统中的一个环节。只不过建筑师论及的"城市设计"具有其自身的认知特质。

1）微观层面城市设计

在城市发展网络化的前提下，城市建筑已不能用常规的建筑学自身的规律进行研究。而城市设计的基本观点和操作方法有助于城市相关因素之间关系的分析、研究。正如王建国教授将城市设计分为不同的层级，设计城市建筑即可视为一种微观层面的城市设计，一种小尺度、渐进式的建筑干预成为城市空间形态与城市职能建构的一部分。

首先，城市、建筑一体化的设计理念将城市建筑定位于城市功能、形态网络框架之下，超越原本相对狭隘的建筑本体范畴，有助于城市局部与整体的契合，有助于局部秩序向整体秩序的转化，有助于城市建筑与城市规划在价值取向上的统一。其次，从微观层面城市设计的角度考察城市建筑，可以在原本相对独立的城市微观元素之间建立有效的沟通，这种沟通既可以是有形的关联，也可以是无形的力线，使城市松散的构成元素系统化。再次，可以将城市设计的中所涉及的分析、研究方法引入建筑设计领域，弥补建筑设计在应对与城市相关方面的研究方法的不足，拓展建筑与建筑之间、建筑与城市之间的设计操作。最后，以微观层面城市设计的视角看待城市建筑的设计，使城市设计的“线索”作用真正落到实处，使城市建筑的功能、形态契合到城市的功能网络和空间网络。

我国近年来的城市设计活动，基本上都是规划师和建筑师共同参与的结果，而这种参与是通过两种途径得以实现的。第一种途径通过制定“城市设计指导大纲”的方式来实现，这种方式旨在“设计城市而非设计建筑”，是规划师参与城市设计工作的主要途径。第二种途径通过设计具体的城市建筑物与城市空间来达成，主要是建筑师们进行城市设计工作的方式。未来的城市设计需要将此两种参与方式进一步整合，将局部的设计纳入城市整体之下，同时局部的设计也能影响整体的调整、完善，使二者处于一种动态的交互反馈状态。因此，建筑师必须强化城市意识，在建筑创作过程中做到城市意识的自觉。同时其具备的学识和能力也要从建筑专业扩展到规划、城市设计的各个方面。

2）由外而内的建筑设计

将城市建筑的设计纳入微观层面的城市设计范畴的前提是城市建筑具有城市功能、形态相关性。城市建筑具有内外双重属性：对内，它要满足功能要求、空间要求、心理需求，传统的建筑学对其已有各种描述，不在本书的讨论范畴；对外，它要反映与各相关城市元素之间的关系，体现城市整体功能秩序与空间秩序，并由城市建筑作用能力的不同，在不同层级上对城市产生反馈，前文的建筑城市性已对其详述。内外两方面的作用构成了城市建筑完整的定义。

对建筑城市性的研究并非在建筑领域开创一个新的方向，而是还原城市建筑的本源。在西方传统体系中，建筑师的工作领域涵盖了城市规划、城市设计、建筑设计、城市雕塑等方面。虽然没有整体上的规划控制，但建筑师在处理城市局部问题时，城市的整体性始终作为隐语存在，他们在设计建筑的同时，也在设计城市。城市中的局部存在于整体之中，体现整体的价值。现代学科的建构，使原来的建筑学走向分化，城市规划、建筑设计相对独立、自治，在一定程度上造成建筑内外双重属性的割裂，造成城市与建筑在功能、形态等方面联系的中断。在当今的城市发展中，重提建筑的城市性对于建立一种由外而内的设计方法有别于传统意义。正如戴维·莱瑟巴罗(David Leatherbarrow)教授用地形学视角将地形视为建筑与景观结合的前提，并以此建构建筑与自然的关系，建筑的城市性即是通过微观的城市建筑建构城市秩序的手段之一。

为此，值得讨论的问题在于外在的城市空间结构、形态秩序与功能配置与城市建筑内在的相关特征如何产生逻辑上的对应、转换或改变，且这种城市的逻辑以一种根源式的方式植入建筑生成的过程中。这一方面在于用城市的(系统的)逻辑思考建筑问题，另一方面在于将建筑设计过程置于一个连续发展的城市(系统)之中，摒弃静态、单向的设计思维尤为重要。同时，不可否认的是，任何城市建筑的设计过程都是由外而内、由内而外双向过程相互博弈的结果。在此互动中，建筑师的雄心、主观往往屈从于城市的客观，方案的转向可视作对外部世界的另一种诠释方式。

3）局部整体的运作过程

建筑对城市的楔入是一个局部过程，在实现自身功能使用、形态塑造的同时也使局部的功能秩序和形态秩序与城市整体产生联动。这种反馈作用以元素之间以及元素与系统之间的自组织和他组织作用实现，反映出城市系统复杂性的特质。从局部到整体的设计过程体现了建筑对城市系统楔入的能动，既是一种从微观到宏观的城市生成过程，又是一种对城市系统进行功能、形态调节的手段。在这种局部与整体的相互关系中，局部之和大于整体，局部的变化决定着整体，局部设计的状态影响着整体设计的特质。

强调局部到整体的设计过程就是否定城市规划或城市设计中对终极式的编制、管控方法的追求，转而强调城市发展的过程化、动态性和非完全预测。从局部出发并不排斥城市规划、城市设计从宏观方面对城市功能、形态的外在作用。建筑在城市中的作用是自组织和他组织的叠合。二者在城市系统中不是一方决定另一方，而是既相互制衡又相互促进，二者不可分割。因此，设计局部就是设计整体。

基于建筑城市性的设计方法与其他建筑设计方法最大的不同之处在于设计者基于城市的视点，通过局部与整体的互动引导设计的进行。小尺度与渐进性的特征决定了其微观的视角和策略，非惯常的自上而下，而是自下而上进行。虽然最终的成果是具体建筑的生成，但城市始终作为一个思考和操作的背景存在，左右着设计发展的每一步。强调自下而上的设计过程并不是对自上而下的否定。在城市中这两种设计方法共时存在，具有不同的侧重方面和操作原则。自上而下的方法以城市整体的宏观性建构为目的，以终极式的城市理想为原型，以人为的外部力量实现。而自下而上的方法是按照城市元素与系统的运作规则，通过渐进的方式实现城市系统的有机、有序。因而结果由过程所控制。在我国快速城市化的发展背景下，这两种方法同样具有现实意义。一方面，快速的城市发展需要强有力的控制手段对城市的发展状态做出方向性的引导，强化效率和秩序的原则；另一方面，对于严重滞后的规划、管理而言，以自下而上的方式实现城市局部地区功能、形态的有序是对目前我国现行城市规划、城市设计方法的有益补充。

4）分析、设计与运作的统一

城市建筑的设计与城市规划、城市设计在目标价值等多个层面相关，既需要承接上一层次的设计成果，又需要在自身的实施中体现这种过程的一致。由城市问题出发,经由城市研究得出设计策略,并由设计操作解决设计问题是基本过程。同时,针对不同的城市建筑和城市环境类型,采用相应的设计团队组建方式,以最具效率的方式引导设计的进行是确保设计得以实施的重要手段。因此城市建筑的运作非传统意义上的单兵作战,也不是设计问题的简单求解,而是分析研究、设计操作与实施运作的连续统一。统一的根本在于设计导向的城市倾向,以及在这种城市宏观思维下局部利益的协同统一。

长期以来我国的城市建筑设计实践偏重于在建筑本体方面的发展,强调建筑功能与形态的自洽,强调在城市规划要点、控制指标限定下与城市规划被动性的适应,建筑师的创作实践行为可视为一系列“试错”的过程,缺乏对相关城市问题的自觉。同时建筑设计也是在限定与自由之间的能动,既是对外部规则和状态的回应,也能够成为对规则形成的促动,在自下而上的层面上实现城市的生成、发展。

城市建筑的运作过程与城市规划、城市设计密不可分。在我国目前的建设模式下,城市建筑的运作受到城市规划和城市设计的双重控制,建筑师变被动性的适应为主动的契合需要从几方面进行探讨。首要的问题在于各方职责的认定和限定条件的合理,并能保证其实施的有效;其次在于在这些限定因素的影响下,建筑师能够体现创作中的主观能动,在满足建筑的基本功能与形态要求的基础上,实现对城市整体效益的激发和提升,并对既定的目标进行有益的修正与完善;最后,要谋求城市设计与建筑设计运作机制上的整合,在保证城市整体效益的前提下,建立多方合作性的博弈。

5.2 城市建筑运作的管控与引导

一般来说,城市规划对城市属性进行“性”和“量”方面的限定,城市设计主要对城市的空间品质进行“质”方面的限定,城市建筑是在这种多重限定下对城市空间的填充和牵引。在当代的城市建设中,城市规划与城市设计对城市建筑的管控作用由其职责的规定性决定。

5.2.1 城市规划对城市建筑的管控措施

1) 规划管控的约束性

在计划经济时代,计划性是城市规划的正统理论。在它的指导下,城市建筑的实施是不断实现这一整体目标的渐进过程。然而在更为现实的城市状态,众多开发者独立的个体行为,在很大程度上决定了城市空间的布局,政府的作用重在提供城市基础设施和规划管理原则上的指导。因此,在现有城市状态下,城市规划对于城市建筑的限定性主要体现在政府的控制性传统。城市管控的目的是针对城市发展中出现的一些无序现象,在一定目标原则的指引下进行控制和引导,并通过法律规则的形式来进行。城市中建筑项目的设立,必然表现为土地的开发行为,必须获得政府部门的许可。控制管理体系是以一种制止系统(Preventative System)对土地使用提出很多的控制措施,不仅针对“实施性”的开发,也针对土地使用性质的变化[6]。这是一种极具灵活性的权力,它可以根据各种因素来同意或者否决一个建筑项目的申请，这些因素包括建筑的使用性质、地形处理、布局以及周围需要保护的历史因素等，同时也可以在同意申请的条件下附加许多开发条件。

城市规划对建筑设计管控的基本点是对城市土地开发的控制，其本质是在市场起主导作用的环境中，通过公共管理、控制行为，对市场中的自由作用力进行规范控制，使其顺应城市的公共利益。在现代城市发展的早期，土地开发控制是以契约的方式相对自为地进行，其目的是为了保护某个房屋业主免受相邻物业，尤其防止对相邻土地的使用产生不和谐的影响。这种非正规的方式不能适应日益复杂的城市发展，需要一个公共部门对私人产业实行土地使用的限制，控制随意的开发行为。这样，不仅产生了独立于公共法条例以外的市政部门，而且也产生了整个规划管理体系[6]。我国的规划管理具有服务和制约的双重属性，这是由国家行政机关职能所确定，也是由城市合理发展与建设要求所决定。就其管控的内容大致分为宏观、中观、微观三级层次，其中对建筑项目的控制仅属于微观层次。其对建筑项目的控制性要求主要集中在建筑项目对土地使用的要求、功能配置与城市整体功能运作的关系、空间布局与城市整体空间结构框架的关系等方面，并通过一系列规划控制指标的形式对建筑的个体行为做出限制。一般建筑项目的管理内容包括建筑物的使用性质、建筑的容积率、建筑密度、建筑高度、建筑间距、建筑退让、绿地率、基地出入口和交通组织、基地标高控制、环境的管理等。而建筑的外部形态、立面处理这些通常在规划审批中作为参考内容，在严格意义上并不属于城市规划的管控范畴，而多与城市设计相关。在我国目前城市发展状态下，城市设计的成果只有纳入地块的控规条件才能获得相应的执行效力，其运作方式往往与城市规划的管控作用相互交叉。这也使得规划本身超越了自身的职责限定，将对城市空间形态品质方面的要求纳入自身的管理权限，从而导致对建筑方案审定的不全面和公正的缺失。

2）指标管控作为一种方法

城市规划对建筑项目管控的各项指标往往成为对建筑设计行为进行规范的一种定量约束。一般来说，这种指标的制定是经过严格的科学研究，具有严肃性的法律和最大的社会公允。然而不可否认，随着城市复杂程度的加强以及城市的快速发展，这些指标的制定过程以及指标实施的有效性正面临着考验。首先，这些指标的设立需要根据城市发展的现状进行调整。我国城市化进程的发展中，原有的控规条件被不断突破、土地开发和建设单位利益最大化的追求、拆迁安置和企业破产补偿等社会因素的压力、城市建设中的各种不确定因素的存在、原有控制指标的研究深度和预测性的不足等因素都是导致这种指标自身调整的根本原因[7]。其次，这些指标并不能代表对城市环境控制的唯一依据。在某些特定的城市区域，按照规划指标的建设模式只能导致机械的城市空间格局，应根据具体的城市状态进行深度的研究，制定合理的管控实施办法。例如南京市规定，在城市设计论证的城市区域，其建筑个体的建设不必完全按照规划要点的要求进行，可以按照城市设计提供的成果进行局部的调整，并经论证后实施。再者，某些控制性指标体系的设立往往基于当时的城市状态，随着时代的发展，这些指标设立的前提已经改变，因此，需要进行一定的调整。例如根据南京大学建筑学院2007年《南京城市空间形态及其塑造控制研究》，南京市关于建筑退让城市道路的相关规定可以追溯到1928年的《南京特别市市政府工务局退缩房屋放宽街道暂行办法》，并在其后的多次修改、完善中基本保持了其中的基本规定原则，直至2004年的《南京市城市规划条例实施细则》中将不同建筑高度按照不同等级的城市道路设定退让的距离(表5.1)。其中的根本原因在于安全方面的考虑。早在1935年由南京市工务局发布的《南京建筑规则》中就明确规定了建筑高度和街道宽度的关系，基于当时的技术条件，建筑高度和道路宽度的设置都基于避震的要求，即在地震的紧急状况下，仍能保持城市交通的紧急通道。如今，南京市的城市建设状况已和过去形成很大的差别，道路不是过窄，而是过于宽阔，如果还是按照退让道路的方法进行建筑的避震要求显然不合时宜，只能通过建筑自身的抗震设计来完成[8]。

表5.1 南京市各历史阶段对建筑退让道路距离的规定

	第一阶段 沿道路红线建设	第二阶段 统一道路红线退让		第三阶段 不同高度不同退让		
年份	1928—1977	1978	1987	1995	1998	2004
名称	南京特别市市政府工务局退缩房屋放宽街道暂行办法	南京市建筑管理办法实施细则	南京市城市建设规划管理暂行规定	南京市城市规划条例实施细则	南京市城市规划条例实施细则	南京市城市规划条例实施细则
退让	不退让	2.5米	1.5米	1.5—15米	3—25米	4—25米

来源:南京城市空间形态及其塑造控制研究，南京大学建筑学院，2007

3) 管控指标的调整

在法定程序上，《城乡规划法》明确了控规条件的严肃性。其第四十三条规定，建设单位应当按照规划条件进行建设;确需变更的，必须向城市、县人民政府城乡规划主管部门提出申请。变更内容不符合控制性详细规划的，城乡规划主管部门不得批准。这意味着在城市建筑的设计运作过程中受控性的存在。但控规条件，尤其是用地指标条件的控制是国有土地使用权出让、开发和建设的法定前置条件，直接决定着土地的市场价值，具有不可撼动的法定性。但一些非开发强度控制的设计条件仍可通过严格的法定程序，经由建筑设计的验证后提出并报请批复。

修改控制性详细规划的，必须严格按法定程序进行。

① 组织编制机关应当对修改的必要性进行论证。

② 征求规划地段内利害关系人的意见。

③ 向原审批机关提出专题报告，经原审批机关同意后，方可编制修改方案。

④ 修改后的控制性详细规划经本级人民政府批准后，报本级人民代表大会常务委员会和上一级人民政府备案。

⑤ 控制性详细规划的修改必须符合城市、镇的总体规划。

⑥ 控制性详细规划修改涉及城市总体规划、镇总体规划强制性内容的，应当按法律规定的程序先修改总体规划。在实际操作中，为提高行政效能，如果控制性详细规划的修改不涉及城市或镇总体规划强制性内容，可以不必等总体规划修改完成后，再修改控制性详细规划。

控制性详细规划的修改，必然涉及规划设计条件的修改，规划条件作为用地规划许可的核心内容和国有土地使用权出让合同的重要组成部分，涉及建设项目开发强度等多项规划指标，在一般情况下不得变更。确需变更的，必须由相关单位向城乡规划主管部门提出申请并说明变更理由，由规划主管部门依法按程序办理。《城乡规划法》第四十三条规定，建设单位应当按照规划条件进行建设；确需变更的，必须向城市、县人民政府城乡规划主管部门提出申请。城市、县人民政府城乡规划主管部门应当及时将依法变更后的规划条件通报同级土地主管部门并公示。城乡规划主管部门应当及时将依法变更后的规划条件进行公示并通报同级土地主管部门。土地主管部门依据新的规划条件与建设单位重新签好国有土地使用权出让合同；依法依规须组织招标、拍卖、挂牌出让等手续的（如非经营性用地改变为经营性用地），应需补交土地出让金差额的应足额补交。

5.2.2 城市设计对城市建筑的管控措施

1）城市设计的控制方法

城市设计是城市建设过程中必不可缺的一部分，它可以使城市空间在市场中的交换价值最大化，也可以为使用者创造更多功能和美学的使用价值，成为生产和消费的要素。开发机构在运用物质资源的过程中受到所处社会环境中规则和理念的约束，逐步、渐进地建设城市的建筑环境。城市设计在这个过程中扮演着提供规则、理念，实施控制的角色。为了获得高品质的公共价值域，城市设计的控制主要包括两个层面：开发控制和设计控制。

开发控制主要关注城市开发中的功能性目标，包括建筑的功能定位与建筑群组之间的功能关系，而对城市空间中人的使用和感受等要求以及城市开发所引起的社会空间的变化则较为忽略。同时，开发控制的法规性色彩较强，偏重于开发利益的公平表达，旨在克服私人利益之间的外部负效益的物质标准，而对公共价值域的形成和维护较为忽视[9]。因此，城市设计中的开发控制与城市规划中的土地开发控制有着一定的联系，是对城市建筑功能的引导，而与城市的空间形态并无太大的关联。在法理的角度，只要开发项目满足了开发控制的诸多要求，就能够获得开发许可。美国早期区划法规所导致的城市高层建筑层层退后的格局就是在这样管控下的“合法”产品，在实现城市建筑功能效益和经济回报的背后，是城市空间特色和公共价值的丧失与背离。

相对而言，设计控制是较为生动、充满活力和变化的交互性控制，是城市设计中关注于物质形态设计的内容。其作用主要是在建筑设计的方案阶段，通过制定设计要点和审查建筑设计方案两个环节，对建筑设计方案的运作进行管控。1990 年代初，美国学者迈克尔·索斯沃斯（Michael Southworth）和瑞科·哈贝（Reiko Habe）分别对美国的城市设计实践进行了调查研究。结果表明，现代城市设计的基本特征在于对经济利益的关注，通过设计控制保持城市和社区的整体环境质量，并通过塑造高品质的城市意象创造宜人的城市性格。尽管美学目标在城市中居于重要地位，但不是设计控制的唯一目的，城市的历史文化、城市生态、社区生活、使用者的需求等都是必须考虑的因素。因此，根据目标的性质和控制的深度,从宏观到微观,从抽象到具体,可以把设计控制的内容分为概念控制、结构控制、类型控制和要素控制四个方面[10]。其中结构控制是指对城市功能结构、空间形态形成过程中的结构性元素的控制;类型控制是以某些城市空间、建筑空间为基本范型,作为开发、设计的基础和参照,包括对使用功能的控制和空间形态的控制;要素控制是对塑造城市形态中的一些关键要素进行的控制,如建筑色彩、屋顶形式、立面材质、地面铺装等,是城市设计控制中最为具体和广泛的内容。这三个层次的控制均与城市建筑的属性密切相关,并通过设计要点的形式对建筑设计过程进行转化。

2) 城市设计的弹性引导

城市设计对于建筑设计的作用在于一种弹性的引导,它的意义不在于产生优秀的建筑,而是要避免产生最不利的城市空间环境。因此相对于城市规划,城市设计对于建筑设计的限定性要更为宽松,并富于可操作性。现代城市设计的阶段性成果主要有三种表达方式,即方针政策(Policy)、设计方案(Design Plan)和设计导则(Design Guidelines)[11]。其中设计导则采用系统控制的方法,不是孤立地针对某一个设计元素,而是将设计对象视为相关元素组成整体中的一部分,找出其中影响设计的关键部分加以有效的限制和激励,对于非重点元素则由建筑师自行把握。在实际运作中设计导则成为主要的媒介,并贯穿于运作的全过程。

每一项城市建筑的实施都是在一系列法定程序规定下的建设行为,对其管控的手段之一就是建筑规划设计要点的确立。设计要点应包括基于控制性详细规划的规划设计条件和基于城市设计城市的城市设计准则两个部分。目前我国较为普遍的做法是将城市设计准则纳入地块的控规导则,并辅以图则的形式指明设计要点。

在规划设计要点中往往存在一定的弹性。非规定性导则限定设计效果而不制约具体的控制方法,采用过程描述的形式提供能促成理想特征的方法。在多数情况下,设计要点中对建筑的不同限定可以通过语言上的描述进行表达,如"应""宜""可"等不同程度的表述表示对要点条目的相应等级。一般认为,除了其中严格限定的因素之外,一部分可通过协商进行适应性的调整,另一部分则完全由建筑师的主观能动决定,具有一定的发挥空间。在建筑方案的评审、审批过程中,对设计要点的理解和遵守往往作为基本的依据。因此,从规划部门到建筑师再到评审专家、审批部门,对设计要点中限定性与弹性的把握应置于一种广泛公允的标准之下,不能超越限定的等级对非限定要素的设计内容进行评价,也不能无视限定标准的存在,鼓励无节制的突破。

5.2.3 设计弹性与设计运作

城市规划不是一个静态的过程,城市设计也不是一个终极的目标呈现,需要依据城市发展而不断进行调整和适配。建筑设计中弹性的存在为建筑师创造多样化的城市形态提供了条件,同时这种弹性又使建筑能对城市整体功能秩序和形态秩序做出必要的反馈。反馈基于城市建筑与城市系统以及项目实施主体与规划管控部门的双向的互动。

1) 范式的转变与动态运作

1960 年代,系统和过程的规划思想产生了爆炸性的影响,象征着与传统理论的决裂[12]。系统的思想基于城市规划研究对象的观点，而理性程序思想与规划本身的过程相关。这两种思想与基于设计的城市规划理论相背离。这种转变可归为如下几个方面：首先，从本质上将城市作为物质或者空间形态结构的观点被城市是不断变化且相互联系的观点所取代；其次，城市空间的社会学概念取代了空间地理学或形态学的概念，物质和美学的描述不能作为观察和评价城市的标准；再者，城市作为"活"的功能实体，意味着城市规划应作为一个过程而不是终极状态；最后，所有这些理论层面的变化都预示着规划技术手段的变化，规划和控制复杂且具有活力的城市系统，需要更为科学的分析方法和运作手段。1960年代城市规划理念的变革，不是以一种规划思想彻底取代另一种规划思想，而是区分了两个规划层次，策略性、长期性规划层次和地方性、感知性规划层次。它们将原有的规划体系从强调结果的运作模式引向强调过程、基于多维关系的动态模式。

这一时期规划领域另一个范式的转变体现在城市规划师从技术专家到"沟通者"的地位变化。城市规划师是一些具有特殊机能，并获得规划师从业资格的人，从而使城市规划成为一个专门的职业。但随着规划思想的种种变化，对规划师所需要的专业技能方面的要求发生了改变。传统基于设计的城市规划范式需要审美和城市设计等方面的技能，而不需要系统和理性过程的科学和逻辑分析方法。但在1960年代以后，城市规划决策最根本的是创造或维护环境类型的价值判断。现在，多数规划理论家反对把城市规划师看作具有特殊资格并对城市做出更好决定的人，更倾向于视其为识别和调停涉及土地开发，满足不同利益集团需求的"协调者"角色。面对公众关于城市整体或局部应该如何规划的问题时，他们应更多地作为思想"协调者"出现，而非仅仅是技术专家。这种思想在保罗・达维多夫(Paul Davidoff)的"倡导"规划理念中有这样的表述："充满意味的对话语言——理解顾客的风格——是有效咨询的关键。开展咨询不是给出劝告或者迫使客户接受一个具体办法，而是使顾客充分认识自身的优势，并且发挥这个优势来取得个体的发展。"

在城市设计领域作为过程的动态城市设计也日渐成为话题的关键词。无论是城市设计的目标价值系统，还是城市设计的应用方法，对于任何一项具体的城市设计任务而言，都只是子项的内容，需要相互交织在一个整体的过程中，才能使得城市设计实践受益。城市环境的广延性、城市建设决策的分散性、城市设计层次的多维性均使得城市设计与实施不可能在短时间内获得即时的反馈，更不能对这种反馈进行立时的修正，需要城市系统在多重利益、多重关系的平衡和发展下，逐步得到改善。同时，在城市设计的各个层次构成中，低层级中的反馈作用是通过向上位的逐层反馈而最终作用于城市的整体，在这个反馈的传递过程中存在着一定的过程，通过各级元素之间和外部调控手段的综合作用实现整体的动态有序。

城市设计过程构建的意义在于明确了城市设计是一种无终极目标的设计，成果和产品具有阶段意义，在阶段目标实现的同时又激发新的设计目标。同时过程具有分解、组合的特点，并能形成一定的反馈机制，一旦在设计中出现问题，便可以通过次级的检查寻找到症结所在，并由后续的设计进行弥补[13]。设计的过程性还可由实际状态与期望状态差异的连续对比、反馈为城市的未来发展做出方向性的指引，通过城市元素的自组织能力，以微小的变化渐进地作用于城市整体。

城市设计的过程性决定了其动态性的本质。就其构成而言，城市设计不仅包括城市设计方案，还包括城市设计的整个运作机制和城市设计方案动态维护与循环反馈机制。最初的设计方案只是动态城市设计整体的一个局部，仅通过通常概念下的初始方案不具备贯彻始终的条件。因此，城市设计的动态性是对城市从整体宏观到各个局部在内的统一运作，而非仅仅指向其中的某一局部(图 5.3)。它既受到上位规划的指引，又对具体的城市建设项目提供引导；既受到局部条件的反馈，进行自我调整，又能将这种调整、反馈向上位传递，促使城市规划进行相应的调整。

当我们将城市建筑设计视为一种微观层面的城市设计，这种运作上的动态特征自然呈现于城市建筑的设计与运作过程。

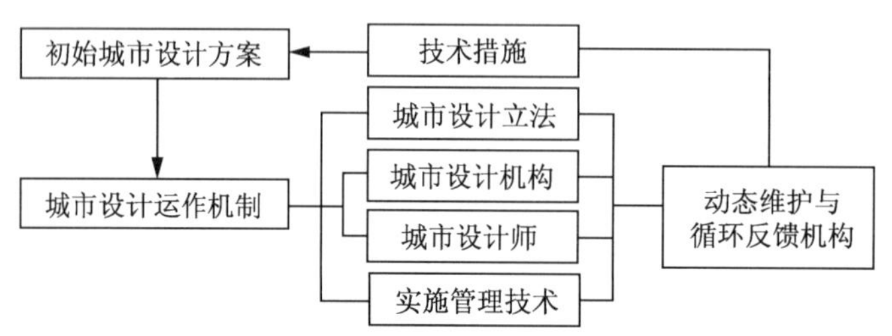

图 5.3 动态城市设计体系

来源：城市设计运作机制，2002，p108

2) 规划体系中的参与和反馈

我国规划中的公众参与是从西方引进的，在历史发展的不同阶段，参与的方式各有不同。在近代时期，城市租界、殖民地城市以及率先进行了近代城市建设的城市存在着一些绅商参与市政设施建设、维护的模式，这种方式一方面延续了古代绅商、家族聚议、个人慈善及行会组织的习惯做法，另一方面借鉴了外国工部局的管理经验，在实际工作中起到了听取民意、组织民众参与的作用。在改革开放之前，我国长期处于计划经济体制下，城市规划的编制、实施是完全的政府行为，公众一般无权、无须过问。在改革开放之后，现代参与机制在规划界广泛推进，但其基本形式一般流于将规划成果向公众的展示，反馈意见往往湮没在毫无实际作用的讨论之中。直至 1998 年 5 月《深圳市城市规划条例》中才将公众参与首次以法律文件的形式出现。深圳龙岗区通过借鉴台湾的经验，建立了“顾问规划师制度”，是进一步落实公众参与、推动城市化进程的有益尝试[14]。随着规划管理制度的完善，反馈机制在《城乡规划法》中也得到一定程度的体现，规划管理部门依法设置相应的流程处理控规修改、接受群众监督等职能。

从目前我国的规划参与机制来看，主要的问题在于这种参与是局部的、单向的。一方面，规划成果的宣传和展示虽然对提高公众规划意识有一定的作用，但一般不会涉及规划条款的制定、规划决策的评议，公众参与的效果似乎完全取决于职能部门主管者的价值取向和综合素质。另一方面，因为城市建筑，尤其是具有较高城市性级别的城市建筑不能仅视为局部的建筑问题，应在更为深层次、大尺度的规划层面上进行探讨，因此，建筑师的作用其实也是一种对城市建设过程广义上的参与,且是一种主动、积极的参与方式,对现有的规划模式起到有益的补充。但目前我国的规划管理体系中缺乏对这种模式的研究,城市建筑自下而上的作用不能反馈于规划层面,更没有相应的制度和规程相辅,将这种局部的作用投射于规划渐进性、动态性的调整与实施。

强调城市建筑在城市整体中的作用,建筑师在城市建设中的参与作用并不是试图消解城市规划的权利,否认城市规划的作用,而是希望借此建立一种政府与民众、宏观与微观、整体与局部之间良好的对话与协作关系。这种微观能动作用在于比自上而下的规划控制更能敏锐地把握城市中的变化以及多样化的非预设因素的出现,并以较快的速度将这种潜在的现象和因素物质性地呈现。同时它超出一般意义上的参与概念,强化了实施过程中双方利益和价值的对话与协作,以确保局部利益与整体利益、局部价值与整体价值的双赢。建筑师作为具有一定专业知识的市民代表,其参与的主动性、能动性较一般民众更强,也更容易搭建与政府规划部门的对话平台。政府规划管理部门所要关注的重点应聚焦在建筑师参与机制的制度化建设以及协作平台的搭建方面,一方面杜绝建筑行为的随意性,另一方面将建筑师的局部行为纳入整体引导的格局之下,将多方面的微观决策与城市的整体考虑相结合。在程泰宁院士主持的"当代中国建筑设计现状与发展"研究中提出的建立城市制度就是鼓励以建筑师的语境参与城市空间管理和项目决策。

3) 城市设计体系中的参与和反馈

城市设计中公众参与的意义在于它要求在城市设计过程面向没有充分表达意见机会的普通大众,改变我国长期以来计划经济体制下的"自上而下"的决策机制。城市设计的公众参与在社会系统中建立起一种"契约"关系,使更多的人和活动在顾及自身利益要求的基础上,有可能预先进行协调,并通过"契约"(合法的设计文本)相互制约,从而提高城市设计的可行性和可实施性[15]。

目前我国城市设计领域中的参与方式主要有三种方式。首先是人大代表、政协委员作为公众的代表可以参与规划设计的讨论和审查;其次是采用专家顾问咨询的方式,对拟建项目和城市设计进行评审;最后是通过宣传和公示,介绍规划设计的成果。从这些形式中可以看出,对于城市设计的参与和反馈实际上也是城市中少数人的行为,绝大多数城市市民是被排除在外的,这就导致了城市设计运作中参与机制的名不符实以及有效性的缺失。此外,这种参与方式与城市规划有着一定的相似性,即从主体上还是一种以自上而下为主导的方式,即便有各种不同的意见,能够落到实处的也是少之又少,更不要说建筑设计中对于城市设计中某些限定要素的突破和修改。

谢里·安斯汀(Sherry Arnstein)1969 年曾针对这个问题提出了 8 个参与等级的"梯子理论"(表 5.2)。最下面的是"非参与",是家长式的权威体现,其作用是教育公众遵循政府和专家的决策。它有两种形式:操纵和治疗。治疗是要求改变市民对政府的态度;操纵是请市民做无实权的顾问,或把相同价值认知的人安排进市民代表团体。中间段是"形式性参与",共有 3 级。首先是告知,即向市民报告既成的事实;然后是咨询,即民意调查、公共聆听等;再者是安抚,即设市民委员会,但这个组织只有参议的权利而无决策的实权。这些参与方式只是在状态上表现为对市民群体的积极态度,而没有实质性地将市民群体纳入运作过程的决议阶段。梯子的最上层是"实质性参与",涉及权力的重新分配,公众或全部地掌握决策权,政府则丧失了部分权力。共有3种形式:公私合作,即市民和政府共享权力和职责;权力委托,即市民可以代替政府行使批准权;市民控制,即市民直接管理、规划和批准,是整个梯级的最高层次,同时也是政府权力的消解。通过梯子理论可以看出,参与的理想状态既不是对市民利益的无视,也不是政府权力的完全瓦解。对我国现阶段而言,公私合作是较为贴合的一种理想状态,它有利于将社会中各种利益集团之间、局部与整体之间的关系协调到一个适配的位置,能够调动各方面的积极性,使城市的整体发展满足各方的目标。同时,城市设计最终决策权的部分转移意味着城市设计内涵与外延的扩大,城市的整体形态不仅由整体的构架决定,也可以由城市建筑的局部作用决定,城市空间品质不仅由城市设计专家控制,也可以由建筑在微观层面能动地推进。

表5.2 "梯子"理论的参与等级

参与层次(Levers of Participation)							
实质性参与(Degrees of Citizen Power)			形式性参与(Degrees of Tokenism)			非参与(Non-Participation)	
市民控制(Citizen Control)	权力委托(Delegated Power)	公私合作(Partnership)	安抚(Placation)	咨询(Consultation)	告知(Informing)	治疗(Therapy)	操纵(Manipulation)

来源:面向实施的城市设计,2005,p212

从实际运作的角度,城市设计的实施是一个复杂变化的连续决策过程,是一系列个别决策的叠加和综合作用的结果,它涉及政府、开发机构、社区居民以及全体市民,因此有必要建立一个开放的城市设计决策机制[16]。一方面要在城市设计决策机构中吸纳一定比例的专家和社会人士,另一方面要正确认识到城市建筑在城市设计中的重要性,明确城市设计和建筑设计的互动性,不但城市设计对于建筑设计具有松弛的限定,同时建筑设计也对城市设计具有能动的调节和修正作用。因此在城市设计中应当建立与建筑师更为密切的合作关系,将参与工作真正落到实处,对城市设计进行有效的反馈。

4) 建筑设计的能动

建筑师进行城市建筑设计的先决条件一方面来自项目建设主体的项目建议书,另一方面来自城市规划管理部门的规划设计要点。表面上建筑师的工作是在双重制约条件下的被动状态,但从其应具备的专业职能角度及对作为多重利益协调的角色来看,建筑师应具备从被动变为主动的可能。

项目建议书是从建设方使用的角度,对拟建建筑的规模、功能、空间使用以及建设造价的控制要求。相对重要的项目,建设方还会引入专业策划团队进一步完善、跟踪市场需求。不管从项目建议书的角度,还是专业策划团队的角度,其实都因其从建设主体的单方利益最大化出发,而忽视城市或其他利益主体的存在，因而存在着对局部功能合理性的误判。此时，建筑师的身份不仅作为专业设计人员出发，同时也应扮演利益协调者的角色，在建设项目与城市系统之间，建设方与城市管理部门之间，在局部利益与其他利益相关者之间建立良好的平衡。换位思考、角色扮演往往成为更加行之有效的方式，通过牺牲局部的利益谋求更大的综合性效益才是建筑师视角下的决策依据。就这点而言，项目建议书或者专业策划团队的结论仅是功能策划的内容之一，而真正的主导性应通过建筑师传递给建设方和规划管理部门。

在我国的规划设计要点中，往往附有建设项目的基地条件图，作为对建设项目地域空间的限定。条件图的内容一般包括用地范围、周边道路、地形变化、建筑控制线（红线、绿线、蓝线、紫线等）以及各种管线的走向。基地条件图是进行建筑设计的基本条件，但对于城市环境的解读不能仅依据条件图的表述。原因在于：一方面，基地条件图只是对建设项目有限地域范围内的客观描述，不能对更大空间范围内的城市环境进行综合性的说明；另一方面，这是一种简单信息的平面化表述，对建筑周边信息缺乏有效的表述手段。因此，建筑师在拿到设计条件时，其思考的视野不应仅局限于建筑基地，而应运用大数据平台、地图研究、文献追踪等多种方式着眼于现实中的城市和城市的发展脉络，在场地内、外寻找设计发展的潜在因素。

不论设计教学还是工程实践，最难的是“非命题作文”。在明确的限定下，设计反而能够有效率地进行，一旦需要超出建筑学的本体层面去思考设计逻辑，往往力不从心。这一方面是由于传统的建筑学教育仅从狭义的角度构建知识体系，很难建立多向思维和完整的知识构架；另一方面，建筑设计的从业者多数城市意识较为薄弱，更缺乏城市规划、城市设计的理论与方法支持。真正全面的建筑师应通过城市系统的认知，并在诸多潜在因素的发掘和呈现中找到合理楔入城市的建筑设计策略和方法。只有对城市环境深入的理解和诠释，才能为城市建筑找到有效的“落地”途径。最为典型的案例就是保罗·安德鲁（Paul Andreu）在进行国家大剧院的设计前，首先对天安门广场周边地区进行了一次类似于城市设计的研究工作。通过研究，他指出该项目的意义不仅在于创造一个具有新时期国家象征性的建筑，更是通过建筑的形成，重新整合与激活广场地区的空间形态。他在设计中主动将建筑沿长安街后退 200 米的做法就是对当初设计条件中后退 50 米的修正，这一改动基于其对大剧院与天安门广场东西轴线的空间序列完整起到了积极作用（图 5.4）。虽然这样的工作已经远远超出一般意义上的建筑师工作范畴，却表明了建筑师在城市建设过程中以城市研究入手的操作方式是最有效的工作方式之一。同时，这一工作的进行也表明了建筑师以城市为中心的创作转向，体现出对建筑基本问题的冷静面对和明确的价值判断。这一转变在某种意义上说是一种必然，它意味着城市重新回到建筑师的语境，并作为主导建筑实践的重要参照。

5）城市性理念下的城市建筑设计运作

在建筑城市性理念下的城市建筑设计与运作具有典型的过程性和动态性特征。一方面以自身功能和形态的组织作用于既有的城市系统，使

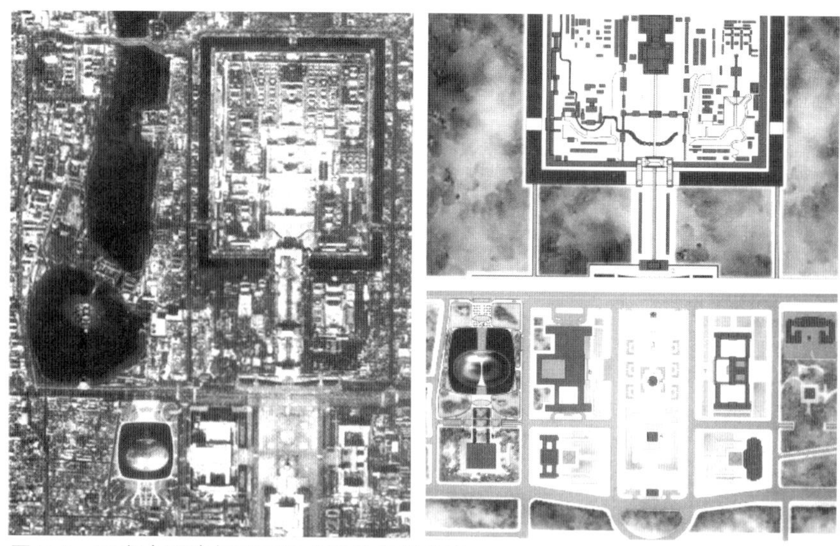

图 5.4　国家大剧院与天安门广场的空间关系
来源:保罗·安德鲁的建筑世界,2004

城市的功能秩序和形体秩序得到优化;另一方面通过局部与整体的双向作用,使局部的秩序成为系统调整的动力,使城市设计、城市规划产生应变,激发外部调控手段(编制、管控)的改变。这种动态的反馈机制是由当代城市规划、城市设计、建筑设计的相互关系所决定的。其职能范围的交叠促使双向互动的形成,城市规划、城市设计对城市复杂系统的认识促使原来单向性的决定作用向控制—反馈的双向作用演替,与城市设计、城市规划的运作产生了内在的关联,成为连续过程中不可或缺的重要一环。

基于建筑城市性的城市建筑运作具有间接性、过程性和利益相关性的特征。虽然城市建筑的运作基于特定的设计对象,直接面向工程的实施,但作为城市系统的有机组成,这种作用是通过局部作用的叠加而引发,并在渐进的实施中逐步呈现。局部对整体的作用是历时性的,通过元素之间以及元素与系统之间的互动实现,其中一系列的控制与反馈过程非同步呈现,需要经过一定时段才能达到平衡,并引导新的演化进程进行。正如乔纳森·巴奈特(Johnthan Barnett)所言,“日常的决策过程,才是城市设计真正的媒介”。城市建筑的建设通常是在一定利益驱动下的活动,往往以使用者自身的价值最大化为前提,但基于建筑城市性,建筑的功能、形态等方面的能动受到外部城市条件的制约和引导,并反馈于城市的功能、形态系统,自身的利益受到与之相关的其他元素或整体利益的平衡。在实际的运作中,是对各方利益预期的调节,以保证广泛的社会公允和系统整体运作的有机。

基于建筑城市性的城市建筑运作对城市规划、城市设计的管控提出了新的要求。对于城市规划,应做到权力的部分转移,建立规划的协同执行机制,将城市中的相关问题加以统合考虑,避免各部门之间的相互推诿,提高城市建筑的运作效率;鼓励规划编制过程中的多方参与,并把参与机制贯彻到实处,集思广益,使来自微观层面的反馈作用得到应有的重视;建立城市管控的数字化平台,通过建立 3D GIS 等方式将城市外部空间环境作为必要条件,提供给建设单位和设计单位,并将报批项目在数字化平台上实时模拟,以直观的方式检验其对城市形态的作用;建立必要的奖惩制度,对于给城市系统带来优化的城市建筑给予一定的鼓励,促使这种局部的优化得到社会的认可，进而成为一种设计的自觉。对于城市设计，应做到设计编制与管理的整合，改变由不同机构运作而产生的分离状态，将城市设计的技术性和制度性融为一体；建立与快速城市化相适应的控制与引导机制，以方法的控制取代对结果的控制，强化决策的开放性，鼓励局部建设对整体秩序优化的行为；建立城市形态模拟、预测机制，在动态的背景下对城市的建设行为进行监控，并加以有目的的引导；建立协调制度，对局部的建设行为在方案阶段到实施阶段进行全方位的协调，保证城市建筑的运作不以个体利益的满足而损害整体利益的实现，并达成对城市整体空间秩序的合理布置。

5.3 城市建筑运作中的利益博弈

在城市建筑的运作过程中，不能一味地将城市规划、城市设计视为左右一切、不可动摇的管控措施，也不能过于强调城市建筑的个体行为，放任其自组织行为。理想化的状态是，在城市建筑的运作过程中建立一种不同利益之间的博弈，在明确各自职能范围的前提下，使城市建筑的运作在保证城市整体利益的同时提升其能动作用，促进城市整体效益的激发。

5.3.1 非合作博弈与合作性博弈

博弈论又被称为对策论(Games Theory)，是研究具有斗争或竞争性质现象的理论和方法，它既是现代数学的一个新分支，也是运筹学的一个重要学科。博弈论对人的基本假定是：人是理性的，或者说自私的，使自己的利益最大化是他选择具体策略时的目的。在所有的博弈论模型中，基本的实体是参与人(Player)，参与人可以被理解为单个或一组做某项决策的人群。一旦定义了参与人的集合，就形成两种不同的博弈模型。一类是以单个参与人的可能行为集合为基本元素，人们的行为在相互作用时，不能达成一个具有约束力的协议，称为非合作博弈。它强调的是个人理性、个人最优决策，其结果可能是有效率的，也可能是没效率的。另一类是以参与人从自己的利益出发与其他参与者谈判，达成协议或形成联盟，其结果对联盟方均有利，称为合作性博弈。合作博弈强调的是集体主义，团体理性(Collective Rationality)，体现了效率、公平、公正。

无论是非合作性博弈，还是合作性博弈都存在一个最优策略的选择。在非合作性博弈中，最优的策略"利己策略"，但它必须符合这样的黄金律：按照你愿意别人对你的方式来对别人，但只有他们也按同样方式行事才行；如果仅仅从利己目的出发，结果损人不利己。个人理性与集体理性的冲突，个人追求利己行为而导致的最终结局是对所有人都不利的结局。在合作性博弈中，根据罗伯特·艾克斯罗德(Robert Axelrod)的研究，在次数已知的多次博弈中，对策者没有一次会合作；如果博弈在多人间进行，而且次数未知，对策者就会意识到，当持续地采取合作并达成默契时，对策者就能持续地保持中间状态；但如果持续地不合作的话，每个人就永远处于最差的状态。这样，合作的动机就显现出来。在他的《合作的进化》一书中解释了他的进化实验[17]，并将其中的哲理归于一个策略的成功应该以对方的成功为基础。

通过这两种博弈模型中最佳整体策略的选择，我们可以看出：在不同的参与者之间，虽然任何一方的最佳选择应建立在完全利己的基础上的，但最终的结果却是大家都选择了对彼此互利的方式达成整体利益的最大。在这种均衡的模式下，实现自身价值与风险规避的共赢。因此，无论在竞争或者协同状态下，系统中的整体利益是各组成元素共同的目标，只有在整体均衡、稳定的前提下，微观构成元素的自身价值才会得到最大的体现。这种博弈论下的策略选择，对于我们重新考虑城市建筑运作中涉及的各个相关部门之间的关系，具有一定的参考意义。

5.3.2 城市建筑运作中的博弈

1）城市建筑运作中的利益平衡

在城市建筑运作过程中，建设方、设计方代表的是城市中的局部利益，而规划管理部门和行政审批部门代表了城市的整体利益。在传统的价值观念中，局部利益必须服从于整体利益，在城市的整体框架中实现局部利益的满足。但现实状态是：城市整体利益并不完全建立在宏观构架的基础上，其中伴随着微观元素状态的叠加，是宏观和微观不同层级状态的综合。因此，不能简单地将整体利益置于局部利益之上。整体利益的实现能促使局部利益的满足，同时局部利益也能带动整体利益的提升。虽然这个互动的过程存在着主次、强弱对比，但不能对微观元素的利益视而不见。

城市的局部利益与整体利益之间的博弈也存在着两种状态。其一是在城市的局部之间（城市建筑与城市建筑）竞争与协同中的非合作性博弈。它们以市场机制下自身利益的最大化为前提，但为了保证其利益的实现，在相互的作用中不得不做出最优化的策略选择，通过自组织的方式，在彼此共存中获得整体利益的实现。其中的演化规则是隐含的，依靠自律达成。另一种是代表了城市局部与整体利益的各方在一种既定的操作原则下实现的利益之间的调配和重组，我们可将其视为城市状态下局部与整体之间的一种合作性博弈。其中的规定性是相对明确的，有着目的性的评判标准和价值标准，具有约束与能动、引导和受控的双向机制。

在当代城市中，城市建筑的实施体现为一定的城市开发行为。开发的主体由城市建筑性质的不同主要分为两类：一种是以政府为开发的主体，主要是城市中一些大型公共建筑的开发；另一类是以城市商业开发为主，包括商业建筑、居住建筑和相应的配套设施，土地的使用者、开发者和使用者相互分离。不论哪一种开发类型，其中都会牵涉方方面面的责任、权利和利益关系，因而导致该城市建筑在实际运作中面临各种问题。不同利益之间的利益平衡决定了这种标准的建立不是基于代表整体利益的一个方面，而是由多重利益的叠合共同设立。

2）政府为主体的利益平衡

由政府为主体的城市开发行为在计划经济时期是我国城市开发的主要方式，随着市场经济的推进，这种开发模式转向对城市民生具有重要影响的建设项目上，如对外交通建筑、大型公共类建筑等。这类建筑项目的建设资金有充分的保证，可以发挥政府调动各方面的资源优势，掌握权威的数据、资料，在实施的同时能得到各方面的理解和支持。

从总体来说，由于这类建筑是面向全体市民的，体现了城市的广泛公允和民主，其中所包含的利益冲突较少，运作过程也较为顺畅。但这种模式带有计划经济的色彩，在实际运作中常常会显现市民实质性参与较少、政府决策性强、政策变动性强等与城市发展不合拍的现象。

首先，这种建设方式通常是按照政府决策者的既定目标实施的，难以真正研究项目的可行性，并按照市场的经济规律进行项目的实施。在项目的前期研究过程中，建筑师基本是被排斥在外的，只有当项目进行到设计阶段时才会进入运作过程。这时建筑师拿到的只能是既成事实的结果，所做的工作只是将政府意志以物质形态完全或部分地呈现。这类建筑的功能的引导性对于地区的发展具有潜在的动力，基于建筑城市性的视角，建筑师的选择策略与政府不同。例如，南京河西新城在建设过程中为了激化地区活力，形成与主城多极并存的格局，在短时期内进行了高强度的城市建设。从最初的规划开始就确立了文化中心区的设置，在该区域内有大型图书馆、市级教堂、文化公园、文化中心等项目。从政府的角度，这样的策略在于局部的催化，形成具有凝聚力的城市副中心。然而这种策略的问题在于将多种具有催化作用的高等级建筑集中引起催化作用的重叠，不一定产生作用效能上的叠加。从河西中心区实施至今的公共设施使用率上可以验证这种判断。如果将这些建筑设置于城市不同区位，其引导作用将会更为有效。

城市中重要的建设项目需经可行性研究环节，以确保资金的投入能获得相应的社会及经济效益。但在实际的操作过程中，出于编制单位以项目落实为目的的预设，可行性研究往往流于形式，不能充分论证项目的经济性和科学性。另一种情况是，由本届政府决策的项目被下届政府否定，前期的投入不能得到持续的政策和资金的支持而下马，造成资源的极大浪费。究其原因，主要由行政干预过多，政策决策缺乏监管和权力制衡造成。政府作为人民大众集体利益的代表者，对城市资源的利用理应代表广大群众的集体利益而非个人的意愿，为此在这些项目的决策中，应充分调动社会力量进行监管，充分倚重专业技术在项目决策中的作用，排除行政干预。对此，新加坡在城市规划建设中以刘太格为首的专家团队获得李光耀政府的鼎力支持的例证说明了专业评价代表的群体利益应集中体现于项目决策的科学、民主、公开、公正中。

其次，由于我国计划经济的痼疾，各相关职能部门之间的条块分割现象严重，会影响城市建筑的运作效率和实施效果。究其根本，在于过于明确的职能分割造成城市相关系统之间内在关联的人为割裂。在这种状态下，系统内的独立管理对于本系统最具效率，也体现了部门内的利益最大化。但这种方式却并不能体现城市整体系统的最佳效率，也不能体现城市整体利益的最大化。因此，需要建立一种更为综合的系统控制进行统筹规划、管理、运作，实现各部门之间的横向联系、交流，在一种合作性博弈状态实现城市整体效益的提升。

对于政府主导的城市开发项目应该确立系统控制原则和优化、可行原则。前者是用系统的方法和手段去分析项目内在、外在的关联性，将社会、经济、文化、环境因素作为一个复杂的整体看待，相应的职能部门彼此协作，促使系统和系统行为向特定的方向转化，实现开发者的建设目标。

后者则要求开发者对建设项目进行充分的研究,针对目标市场的需求确定基于宏观的整体构架以及微观的个体行为,对可能的方案进行优化。在这些项目的运作过程中,应该提倡建筑师的全程介入,通过建筑师的专业视角,对项目的全生命周期做充分的评估。

3) 商业性开发中的利益平衡

随着市场经济的推进,城市开发逐渐进入以市场为主导的阶段。政府由大包大揽的开发者转变为城市经营的主体,通过土地的有偿出让,将开发权部分转移。开发商成为城市开发的主角,根据市场的需求进行城市商业、居住等项目的开发。使用者以有偿购买或租赁的方式对建筑进行使用。土地所有权、开发权、使用权的分离促使城市建筑的运作走上市场化途径,同时也由于权属的分离带来了不同利益集团之间矛盾的纷争。

规划管理部门与开发商之间的利益冲突主要在于开发商的基本出发点是以商业盈利为目的,项目的选择、定位、指标的控制等都基于自身经济利益的最大化,而规划管理部门则要按照城市发展的既定方针,有目的地对城市开发、建设进行一定的限制和管控。在多数情况下这种矛盾的调和通过开发商与政府之间的"讨价还价"实现,政府在遵守基本原则的前提下做出一定的让步,使开发商的经济利益得以保证,开发商也放弃一些利益以满足城市规划的基本要求。在这种状态下,建筑师在处理二者关系方面相对较为顺畅,设计过程也相对简单。

以南京市南门老街的复兴项目为例,在项目设立之初,根据南京市政府的有关规定,在限定时期内要在夫子庙和中华门城堡之间的中间地带打通一条商业步行街区,结合这条步行街的开发带动周围老旧区段的更新。按照规划部门的规定,该地段的容积率、覆盖率指标规定较低,商业部分主要集中在原定的沿南门老街的两侧地带,面积受到限制,这就造成了开发商开发成本无法回收的局面。该项目的设计委托南京大学建筑研究所的赵辰教授之后,确立了保护和再现历史风貌、更新与整治历史环境、发展和构建地区活力的基本目标。经过多轮的方案论证,在规划部门和开发商之间达成了设计原则。将原有的建筑密度提高,以保证对城南建筑空间格局的再现;将线性的商业空间布局结合分段的规划渗透到街区,使项目由单纯的步行街加商业住宅变为融合了商业、文化、传统手工艺作坊、居住的综合性功能配置。一方面使土地利用效率得到提高,增加了建筑的商业附加值,另一方面通过对原有规划指标的修正,提升了城市空间的品质(图 5.5)。开发商在此方案中也得到了极大的利益保证,坚定了将这一项目打造成具有南京地域特色建筑群体的信心。

开发企业之间往往通过对竞争对手形成压迫性的姿态,使竞争对手处于劣势,以利于自身的销售和经济效益的提升。这种竞争的格局在相邻地块的土地开发状态下表现得尤为明显。竞争的结果往往是先行开发的一方由于占有多种条件的优势而获得最大的利益,而后开发的一方由于增加了限制性因素而增加了开发的难度。竞争的结果是不同区块之间空间形态的相互背离和空间秩序的混乱。

这种情况的发生主要是两方面的原因。首先,政府对开发商的行为缺少有效的市场监督,只要开发商在本地块内的开发行为没有超越规划部门限定的指标,按照合法程序进行建设,就认定合法,而不会对该开发

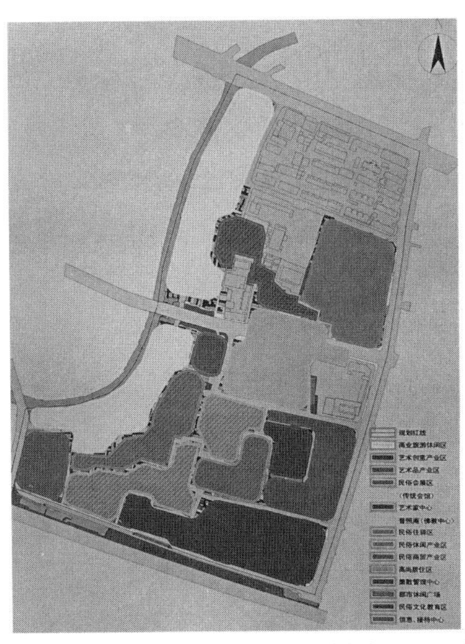
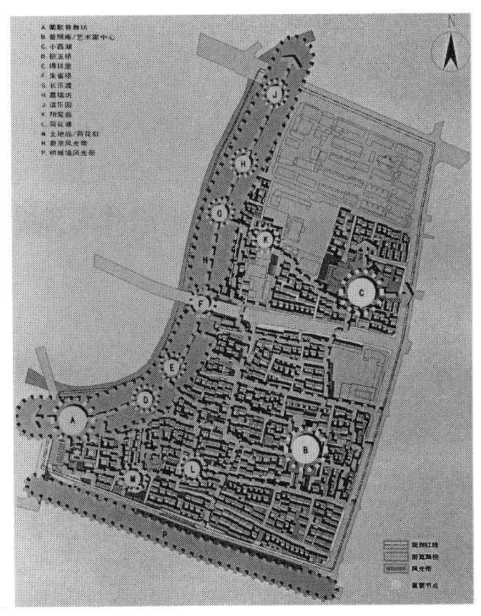

图 5.5 南京市南门老街规划功能配置与空间结构
来源:门东长乐渡老城复兴项目修建性详细规划,南京大学建筑学院,2006

行为对后续城市建设的影响进行评估,这就导致了后进入的开发企业只能接受先者既已成型的限制。其次,在城市开发的不同阶段,缺乏相应的组织对城市同一地段不同地块之间的开发行为进行统一的管理和协调。虽然城市设计在这一方面应做出相应的规定,对城市区段的整体空间格局进行明确的指导,但在我国快速城市化的背景下,城市设计往往严重滞后于城市建设的步伐,大量的城市开发只能寄希望于开发商和建筑师的自觉,这样只能导致以自身利益为本的城市商业开发行为走向无序。祈望各开发企业在城市建设中达成一致的"游戏规则"是无效的,唯一的途径是设立相应的管理部门对其局部行为进行统一的管制和利益平衡。

综上,在城市开发中"规则"的制定十分必要,它是衔接各个相关职能部门和开发企业之间的纽带,也是使不同的利益集团之间建立合作、达成利益平衡的基础。规则制定的主体不可能是以自身利益为主的开发商,可能是政府、城市规划管理者或者城市设计专业人员,也可以是建筑师。因其工作范畴更多地集中于城市的微观领域,更能有效地调节各相关因素,在局部利益之间实现平衡。同时建筑师的城市视角使其具有不同的城市认知视角,能成为规则制定者中的一员表明了传统建筑师职责在现代社会的回归,局部入手的运作策略能为城市整体利益的实现提供有效途径。

5.4 城市建筑的运作模式

建立项目与项目之间、建筑师与建筑师之间的良性合作,在我国建筑主要的形式是一种"集群设计"。集群设计的项目根据建造目的的不同可分为一般的房产开发与特殊的建筑事件,如博览会、建筑实践展等。就字面的意义而言,集群设计是建筑师群体参与建筑创作的实践活动。集群设计在中国的源起有着一定的学术价值、商业价值和社会意义[18]。这种设计方式在我国较多地通过明星建筑师的共同参与,以形成一定空间范围内具有探索性、实验性的建筑集合。但这类建筑往往过于放任建筑师的个人意志，是一种对独特的过度彰显。这样的建筑集群也就与我们普遍认知的城市无关(图 5.6)。因此，集群设计不能成为我们探讨合作性设计的基本模式，应当寻求更具有针对性的运作策略。在这方面，国外的一些研究成果和运作经验成为我们借鉴的对象。本书认为协商控制区规划(Z. A. C)模式和 MA-BA 模式是值得我们参考的两种基本方式。

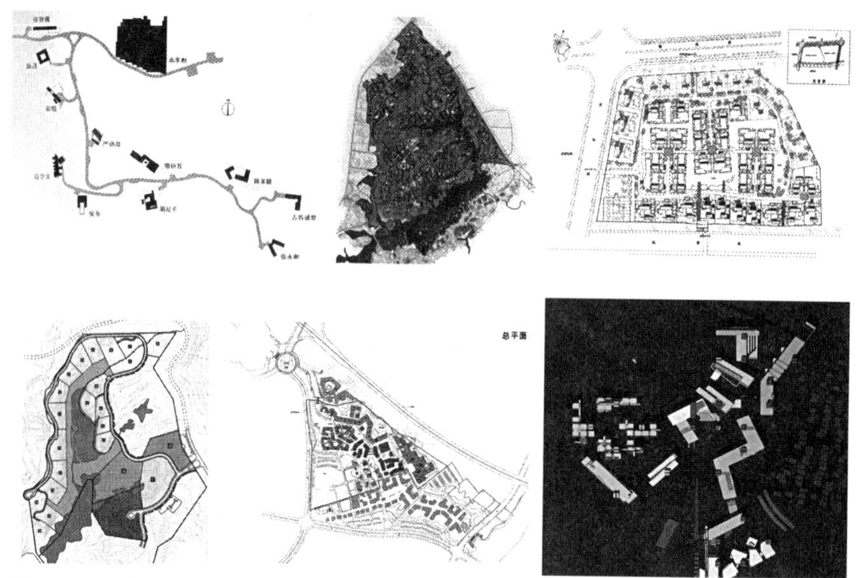

图 5.6 国内的集群设计

来源：中国当代建筑集群设计现象研究，时代建筑，2006(1)，p27、28

5.4.1 美国的城市建筑管控方法

美国在市场经济下，适应并发展了与之匹配的城市建筑管控方法，并在国际上具有相当的影响力，日本、中国台湾等国家与地区都与之有着千丝万缕的联系。总体而言，美国对城市建筑设计的管控方法经过了区划管控与导则管控两个阶段，并对建筑设计保持着较大的弹性空间，在一定程度上促进了建筑设计的开放性。

1) 区划制度下的建筑设计管控

区划(Zoning)是在美国城市规划体系中，美国地方政府基于警察权(Police Power)管理土地(包括公有和私有)，保护诸公众利益的一种土地利用规划工具。将城市划成各种区，并制定一定的法规对土地和建筑物的用途、选址、空间布局及尺度进行管理。本质上，区划是一种地方法规，是城市政府为了对城市土地开发进行控制而制定的条例或规章；同时又是一门独立的技术，对城市用地进行合理分类，对土地开发的强度进行合理的拟定；更为重要的，它是一种实行社会财富再分配的手段，它规定的土地使用模式决定了城市政府税收(其中以财产税收为主要部分)的多少，又决定了不同层次、组群的城市居民在城市土地问题上所能获得的收益或蒙受的损失[19]。

以纽约为代表的分区法于 1916 年颁布，先后经历了建筑高度和密度控制、容积率控制到弹性控制三个阶段，并逐步实行了一套体系化的建设强度控制方法。建设强度的基准分区与土地用途分区一致。具体而言，首先，主要分为住宅、商业和工业三大类用地，每类用地又细分为若干小类，分别对应不同的容积率区间及建筑密度、高度等指标数值。其次，对于同一类用地，包含若干可选择的规则，例如高度系数、优质居所规则等。最后，纽约区划包含丰富多彩的特别意图区，具体可以分为鼓励发展区、特色发展区、风貌保护区三个类别。

一份区划包括文本和图纸两个部分。区划地图作为政府文件，以单张或多幅图纸的形式表现，内容包括表格或图例。分区的情况在叠加了街道和土地权属的基础图上表现(图 5.7)。作为地区管理法规，不同地区的区划文本表达方法各不相同，但在内容方面基本包含定义、总则、分区管理规定、专项开发规定、管理和实施等几个部分。由此可见，区划管控从形式上看与控制性详细规划类同，是一种外在规则下的设计管控技术。

同时，我们可以看到，在完全的市场经济下对土地利用高效性的追求使得区划管理在具体的实施中，易于导致在每个建设用地中空间模式的单一。在纽约城市中建筑随高度增加后退建筑界面的做法就是这种管控方式的直接结果。为了使得城市空间品质得到改善，导则管控作为一种公共政策管制方法孕育而生，并在城市建设管理中发挥着越发重要的作用。

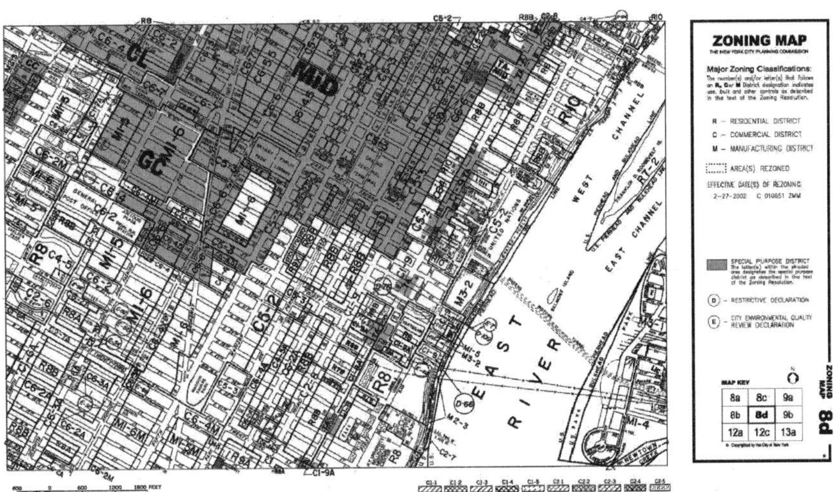

图 5.7　2007 年 8 月纽约市编号为 8d 的区划图纸

来源：美国区划发展历史研究，清华大学硕士学位论文，2007，p16

2）导则管控

美国的导则管控是建立在城市设计基础上的空间管理技术手段。为了明确哪些元素需要在城市设计层面加以控制，哪些可由建筑师自由发挥其创作能动性，需要从整体系统控制角度提出一套方法体系，不孤立地针对设计范围内每一个个体或元素，而是找出影响设计的关键部分加以限制。因此，在美国的导则控制方面，其内容的选择并不强调概全，而偏向于针对问题的有效性，做到张弛有度，既对影响整体设计效果的重点内容做出充分限定，也将其他非重点元素交由建筑师自行把握。由此，在导则管制的深度上，形成了规定(Prescriptive)管制和绩效(Performance)管制两种方式进行调节。

规定性导则限定设计采用的具体手段，如确定建筑的高度、体量、色调、材质等。绩效性导则主要采用过程描述的形式,按照作用的方式刻画事物,提供生产具有希望特征的事物的方法。遵循这一思路,绩效性导则并不限定设计采用的手段,而提供设计必须达到的特征与效果,并通过"为什么""怎么做"的原因和方法鼓励达到设计效果的途径(表 5.3)。

表 5.3　规定性导则与绩效性导则的内容比较

规定性导则	绩效性导则
• 停车场地必须位于建设场地后补的 1/2 区域 • 混合使用的建筑底层玻璃率必须在 4%—60%之间 注:玻璃率(Glass:Wall Ratio)指一定范围内玻璃与外墙面的面积比值	• 停车场地应通过绿化、墙体或其他构筑物遮蔽的形式减少对过往行人的视觉影像 • 混合型建筑应根据功能变化在立面处理上采用不同的玻璃率,如较小的玻璃率适用于居住功能单元,较大的玻璃率适用于商业功能单元

来源:美国现代城市设计运作研究,2006,p20

由于绩效性导则不会过多地限制建筑师的设计思路而受到美国建筑师的偏爱,以至于目前的普遍观点是除了历史保护性地区等少数地区以外,尽可能多地使用绩效性导则的方式,并在文字限定中通过诸如推荐、宜、可等非强制性文字进一步减少对设计的限制。但另一方面也要看到这样的弹性约束往往给后续的操作管理带来缺乏定量标准与设计依据的问题,增加核定设计有效性的难度;同时绩效性导则中"推荐"性要求过多也为别有用心的设计人员提供可乘之机,从而使得弹性约束失去其约束性的实质特征。由此可见,两种导则的并存既是一种技术手段,也是一种裁量方式,是一种互补的形式,缺一不可。

3) 激励机制

城市设计中的激励机制是为理顺城市建设过程中私人开发与社会整体发展方向之间的关系,确保运作媒介与运作程序之间的潜在联系而采用的一系列外在性措施。相对于导则管控手段,激励是一种引导所需求的个人或群体为实现目标而使用的方法,同时也因其利益相关性,它体现了在城市建设与建筑设计管控中最大程度的能动性。

通过一定的激励手段对私人开发加以引导,调节个体开发与社会整体发展方向之间的偏差,促使开发环境恢复到积极匀质的状态。根据私人行为以经济利益获取为驱动的基本原则,激励措施也应充分利用市场经济规律,对私人投资提供实质性的奖励与打压,提高希望行为的发生频率,降低不希望行为的出现可能,力争在维护公众利益的同时确保私人开发在市场竞争中的合法收益,形成所谓的公私合作(Public-Private Cooperation),谋求利益双赢。与此同时,私人开发为减少竞争压力,加快个人利益的实现,也会逐步自愿地在激励措施的作用下向城市设计组织目标逼近,成为促使城市设计运作过程实现的有力工具。

常见的激励手段有资金策略、开发权转移、连带开发和容积率奖励。其中容积率奖励与建筑设计关联度最大,并在最大程度上影响到开发者的根本利益,因而也成为主导建筑设计运作的根本因素。它是在满足各项利益平衡与转移中,单项项目可获得的数量不等的面积增加奖励,以实现项目容积率的提升。在城市建设中，由于私人利益与公众利益的不对等，反映在城市空间层面就表现为建设项目对城市公共空间或公共资源的态度方面。为了有效地引导建设与设计向公众利益倾斜，从而创造良好的城市公共空间秩序，有条件、有目的地设置若干导向性的奖励政策，促使开发者和设计者在其中通过选择全部或者部分能在公、私之间互利的方面从而获得容积率的奖励。西雅图华盛顿互助银行因执行了十项附加建设，累计获得了 28 层额外奖励面积的典型案例说明了这种激励机制在引导设计导向的积极性。容积率的提升实际上意味着城市开发容量的提升，而这种提升进一步丰富了城市的公共生活，在良性的运作下，这种正向的反馈与互动机制是走向城市空间有序的经济且积极方式。纽约高线公园的建设因建立了良好的城市景观和公众活动使得项目周边的容积率从 6.5 提高到了 12，而增加的城市空间直接导致了周边城市公共生活的产生，增加了对高线公园空间使用频度的增加，使其具有更强的生活性特征。

5.4.2 法国的城市建筑管控方法

法国的城市规划主要采用两种方式：土地使用规划（P. O. S）和协商控制区规划。这两类的规划方式的使用范围、设计手法互不相同，但都是通过对私有空间的限制来实现公共空间的秩序化、人性化的平衡。一般来说，P. O. S 模式主要针对旧城区的保护和更新，而 Z. A. C 模式主要应用于城市的更新与新城区的开发。它们之间具有较强的互补性。

1) P.O.S 模式

P. O. S 主要是对建筑高度、建筑形式、建筑密度、容积率等方面的严格控制。在法国的 P. O. S 中很多的相关规定是由历史延续而来，并根据当今的城市现状不断变化、发展。巴黎市政府以这一规划方式对以往的规划与建筑指引做了全面的修正，以土地使用规划图作为巴黎建筑规划的指导方针。这种方式与 1960 年代至 1970 年代的最大差别在于强调在今后的城市建设中，必须尊重原有传统街区的空间尺度，保证原有街道沿街立面的延续。不符合当地建筑传统风格的建筑，无论设计质量好坏，都不能在传统街区中实施。由此可以看出，P. O. S 在对私有空间进行控制的同时，也间接影响了公共空间的发展，使公共空间得以更好地协调、统一，从而实现了控制城市形态的目的。P. O. S 模式可以看作在城市建设过程中，人为制定的一种建筑运作的强性规则，并被旧城区中所有的建筑行为共同遵守。除 P. O. S 规定之外的相关因素完全由开发商和建筑师自行掌握，根据市场要求、开发品质的设定以及建筑师的个人价值取向，采用不同的设计方法进行。这就在保证整体有序、完整的前提下，实现了建筑设计的多样化。总的来看，P. O. S 的控制方式是一种规则控制，但这种控制的松弛有度对于旧城区传统风貌的保持是有效的。

2) Z.A.C 模式

一般来说，Z. A. C 的面积较大，土地使用多样，适合于城市的大规模改造和开发。其运作方式为：在规划之初，首先确立公共空间的形式、规模，然后对私有空间进行规划，并通过这种方式间接地满足公共空间的需求，如立面形式、建筑风格等。由于其适用的范围在于城市新区和更新区,因此相对于P.O.S方式有着更为多样的规划手段,建筑风格、形式的变化也更加灵活,并在此基础上要求达成整体上的和谐。Z.A.C模式自1967年首次提出之后,作为一种法律手段已经被应用于各种目的。就设计控制而言,优先开发规划(P.A.Z)代替了P.O.S成为开发商和Z.A.C管理机构之间的协商基础。Z.A.C的管理机构通常由地方政府或者其他公共、半公共和民间组织构成,这些组织通过委托建筑师进行总体设计,来确保达到所设想的目标。为此,建筑师要对该设计地段进行深入的历史和形态的研究,并将研究结果纳入优先开发规划的相关规定或者地段内单体项目的竞标文件中。这一工作类似于城市设计,所不同的是城市设计的文件不是由我国的城市规划设计部门或专业的城市设计部门制定,而是由建筑师操作,也正因如此,Z.A.C更有利于各单体项目建筑师之间的交流与对话。

Z.A.C的文本一般包括三方面的内容:总则、规划特征和附录,其中第二部分是重点,包含自然条件和土地利用条件两部分。土地利用条件是文本的核心,主要包括入口和道路、网络联系、建筑布局、与邻接地块衔接、土地利用控制、建筑外表面控制、最大用地面积、分类规划等内容。在每个部分中又包含众多的条款,对每一建设行为进行深入的控制。如巴黎塞纳河左岸工程中一片紧邻法国国家图书馆的住宅小区在文本中规定了以下的控制内容:土地性质、用途;建筑高度小于6层;建筑向南侧必须开敞空间,并面对小花园;部分玻璃屋顶向小花园开放;学校向小花园开放等(图5.8)。对于每一个独立建筑,文本更是对建筑的基地面积、建筑间距、层高、车辆出入口、地下车库的停车数量、建筑立面、色彩、材质和铺地等细节做出了规定[20]。在实际的运作中一般由政府划定要求改建或发展的范围,制定改建后或发展后的目标,并计算出所需的预算,然后交由发展商承包建设。在区内的建筑设计和城市规划的控制方面,可以不执行巴黎城内对新规划建筑的土地使用以及建筑高度在内的限制性条件,对建筑师而言,其创作的自由度得到很大的提高。

创作自由并不意味着建筑师的个体行为是不受约束的完全"自由",他们的设计过程一方面受到协调建筑师的管控,并在协调建筑师的统一调配下,明确各个项目所共同遵守的具体设计要求;另一方面源于建筑师的"城市自觉",能够主动响应Z.A.C的条款。协调建筑师的产生一般借由两个途径,主要的产生方式来源于地块城市设计的方案投标,中标者作为协调建筑师介入地块内各个具体项目的运作全过程;此外是由政府或Z.A.C管理机构委派国家建筑师进入一些重要建设项目的运作过程。法律赋予协调建筑师在技术层面上的权力,包括建筑的外部界面、容积率、建筑密度等在区内的分配和平衡。一旦其中某一项目的设计超出设计的控制要点,协调建筑师就有权要求其进行方案的修改,直至恢复到预定的设计目标。由于在决策层面上有了专业人员的加入,能将Z.A.C文本的规定性贯彻到底,杜绝了设计层面的随意性,使城市公共空间与城市建筑的品质共同得到关注。虽然Z.A.C区域内的建筑由不同的建筑师负责设计,但在协调建筑师的作用下,能使各建筑的风格有了统一沟通的平台,所有建筑物的体量和外部特征能够取得相互的协调。

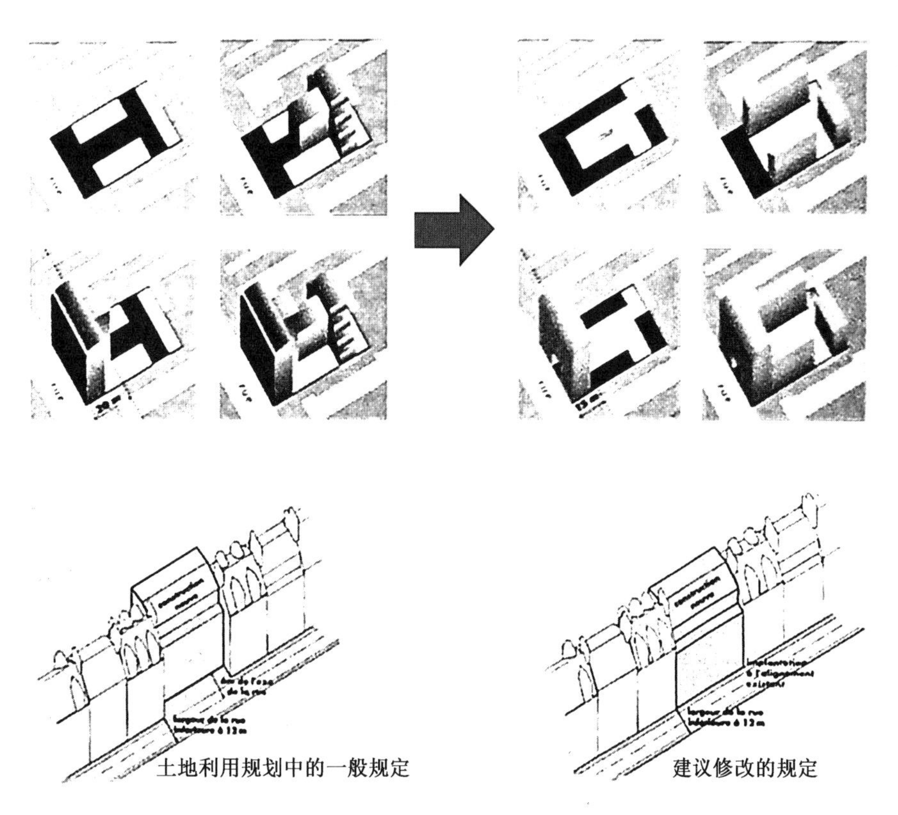

图 5.8 Z. A. C 模式对建筑形态的控制
来源:在城市上建设城市:法国城市历史遗产保护实践,2003,p184、185

3) Z.A.C 模式的成效

Z. A. C 模式在法国取得了很大的成功,贝尔西社区、塞纳河左岸的开发以及德方斯新凯旋门地区的开发都是在这种模式下实现的(图 5.9)。首先,我们可以认为 Z. A. C 模式的核心环节在于协调建筑师身份的存在,这关系到城市设计成果的有效实施,对管辖区域内城市建筑的管控贯彻到底。这就避免了我国城市建设体系中城市规划、城市设计的成果在实际操作时,最终的结果与原有设计目标的背离。其次,协调建筑师具有一定法律赋予的权力,使其在协调工作中的作用具有严格的法律依据和工作保障。再者,协调建筑师的职责在于保证城市街区在开发过程中整体空间的品质,而不仅仅作用于单体建筑的实施结果,避免了只注重单体而忽略城市整体的现象。最后,协调建筑师制度是一套严格自律的体系,为了保证其在项目运作中的公允,政府对此也制定了相应的措施,如其一旦介入项目的运作就不能再承担这一项目中的建筑设计工作。

虽然协调建筑师使同一开发计划中不同建筑师之间具有了相互沟通的可能,但也有着一定的弊端:首先,由于协调建筑师需要具有超出一般建筑领域之外的城市设计背景和综合、协调能力,因此对于协调建筑师的选择往往成为直接左右项目能否成功的关键;其次,对于协调建筑师制度还没有明确的法规对其权力进行有效的监管,这就易导致其在行使职责时自律的失效,为建筑指标确定等方面的权钱交易埋下伏笔,此类事件在巴黎东区的开发过程中已有发生。

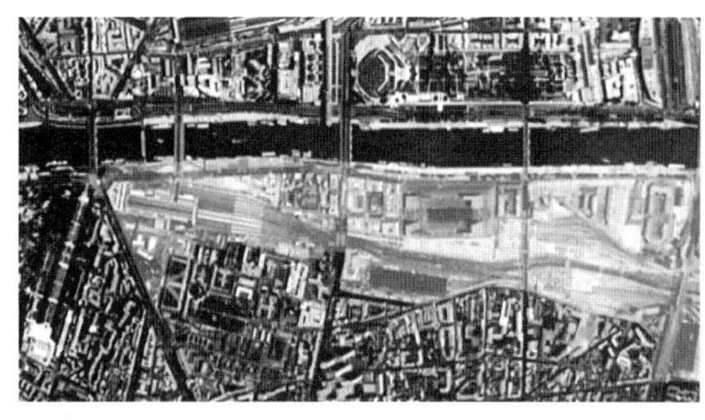

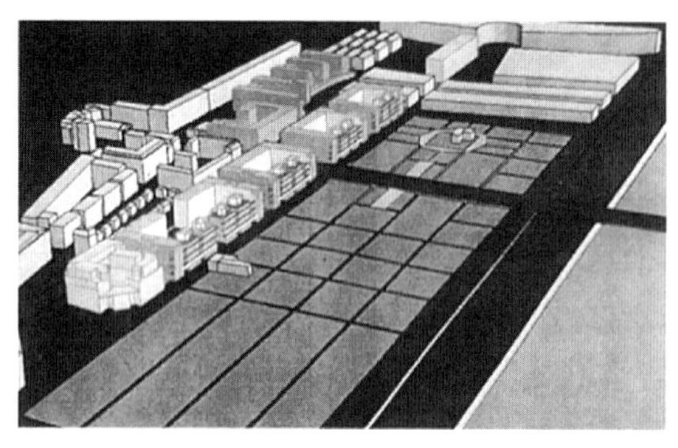
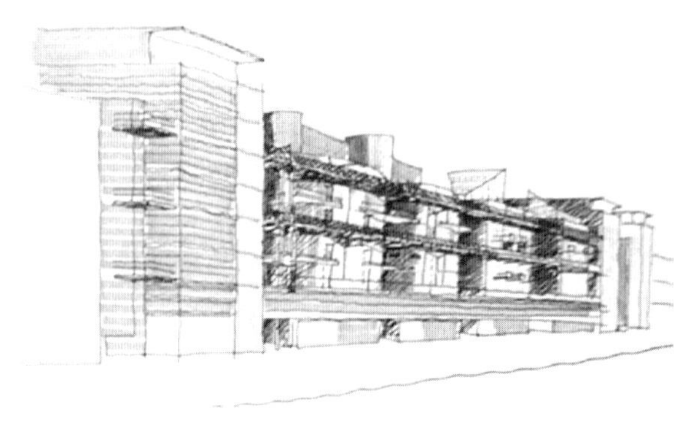

图 5.9 Z.A.C 在贝尔西社区、塞纳河左岸开发中取得的成果
来源:在城市上建设城市:法国城市历史遗产保护实践,2003,p203、217、221

5.4.3 MA-BA 模式

现代主义中期以后,随着第二次世界大战后重建以及大规模城市开发的进行,要求建筑师们合作完成大型的城市项目,促使 MA-BA 模式作为一种建筑师之间特殊的合作方式出现。MA(Master Architect,总建筑师)模式是城市设计者或是具有城市设计和景观设计知识的建筑师,在与其他建筑师、工程师以及客户的合作中起到组织、协调的作用,使设计的运作过程呈现一种多方的紧密合作。总建筑师力图在城市设计和城市规划中带来了建筑尺度上的意义。BA(Block Architect,地块建筑师)模式是设计每一个具体地块上独立建筑的建筑师,在总建筑师的统合下进行工作,而非完全独立的设计行为。MA-BA 模式是一种注重实效和过程的运作方式。总建筑师制度的确立,不是单方面地强调其管控作用,而是强调其合作核心的作用。地块建筑师通过贯穿于设计运作的协商,有效、及时地共享信息反馈和设计信息,为各设计团队的协作创立基础。实施的结果不是完全复刻城市规划或者城市设计的成果,而是在充分考虑了设计运作中多种因素变化后的综合,并排除了先验的价值标准。可以认为 MA-BA 模式是将相关区域不同设计团队协同工作,共建价值、空间和美学标准的模式,是一种基于城市系统复杂性的操作方法。

1) MA-BA 的组织方式

总建筑师的人选由两种方式确定。第一是通过设计竞赛的方式,获胜者将作为总建筑师。参加者为了获得成功自然会在总体设计上显示出清晰的特征。中选后,他将会要求地块建筑师按照他的建筑语言进行进一步的深化,这样能在整体和局部的关系上更好地进行控制。第二是从参加地块设计的建筑师中选出。由于没有预先的设计控制或者预设的协调工作,每个建筑师的设计相对比较自由,实施的结果往往整体上具有多样性，个体建筑具有较为鲜明的个性。

地块建筑师的人选主要有 3 种方式。首先是由总建筑师推荐给客户，推荐的原则一般是其设计理念与之相近，设计语言的表达能够清晰地反映总建筑师的价值取向等。这种类型往往能激发每一个单体建筑师设计表达的能动性和促进设计团队的合作，同时总建筑师的个人权威也较容易树立，利于不同建筑师之间的沟通与交流。其次是由总建筑师和客户共同选择。由于总建筑师和客户的倾向不同，他们对于建筑师的选择标准也就不同，这就使得最终的设计趋向于一种难以预料的方向，很难预测设计过程中的最终协商结果。最后是由于建筑师的设计风格与该项目的概念相近而被选择。这样的单体建筑设计一般会与整体保持一种内在的延续性，从而使整体的和谐得以保障。

在 MA-BA 模式下，总建筑师或以个人的方式，或以一个团体作为协调的主体。团队的规模对运作的结果影响十分重要，并最终影响设计共同目标的确立。合作设计的人员组成根据项目规模而有所不同，成员少至 4、5 名多至 20 多名建筑师合作。从实际的运作效率来看，中、小型的合作组织更为合理，在讨论和协商的过程中更具效率，大型的合作组织也可以划分为若干小型化的合作团队，按照项目的空间区域或关联程度分别进行协商。一旦总建筑师和地块建筑师进入合作设计团队，就以一种"契约"的方式达成了组织关系，并最终影响着设计运作的决策。组织的方式有 2 种。第一种方式，由一个客户拥有一个大的街区，并由他直接邀请总建筑师和地块建筑师合作，称为"单地块类型"。在这种方式下，总建筑师具有较强的组织权威性，能够给地块建筑师明确的设计指导，设计的结果也往往比较和谐，具有较强的整合性。另一种方式是"多地块类型"，是由多个拥有相邻土地开发权的客户整合成一个较大的开发地块，每一个客户选择自己的建筑师对各自的地块进行设计，总建筑师被邀请来进行合作设计的组织工作。在这种状况下，总建筑师处于相对弱势的地位，在最终的设计运作决策方面的权威性较小。同时由于每个客户对于设计的预期不同，最终的结果往往在项目的整体协调方面有所欠缺，各个独立的单体建筑也容易出现注重各自特征的现象。

2）工作方法与设计决策

为了合作设计的顺利进行，总建筑师使用设计导则实施协调工作。设计导则有两种途径，包括图形化的图则和文字描述为主的设计导则或关键概念。

总平面布置往往由总建筑师或者客户制定，然而对于总平面的解读有着不同的方式，这就使得最终的结果不可精确地做预设。当总平面由总建筑师设计，或者由总建筑师与地块建筑师共同设计，各地块上的单体建筑往往具有鲜明的特点，且整体保持和谐。有时总平面是由非参与该项目具体设计的人员制定，那么后续合作就较为薄弱，缺乏明确的方向。相同的情况也会发生在设计导则的制定方面。导则由总建筑师和地块建筑师制定，或者仅由地块建筑师制定，将使合作设计走向完全不同的方向。

一般而言，当总建筑师在设计初始提供总平面和设计导则，整个合作设计的运作将在他的调动下进行。但设计的结果因为参与多方的信息反馈与交流带来动态性的“再创造”，尚不能精确预期。一旦总平面和设计导则被总建筑师制定，以具体环境为基础的设计决策就在参与各方的协商中进入实际的运作环节。如果不参与设计策略的制定，地块建筑师将自行决定各自的设计方向，局部建筑形态具有较强的个性特征，而项目的整体性会受到影响。如果合作设计开始之前，每个地块的设计方向均被固定，每个参与建筑师将按照既定的目标发展设计，各单体将对整体的协调带来多样化的激励。如果总建筑师在合作设计之初提出清晰的设计方向，并被地块建筑师严格遵守，但在合作设计的中途改变原有的设计策略，会使整体的设计特征随之改变。如果地块建筑师彼此之间保持一种良好的互动，在深化设计的过程中吸取了其他建筑师的设计方法，最终在局部和整体两个层面上都会表现出不确定的趋势。如果主要设计的决策在合作设计后半程才被提出，地块建筑师往往进行小的调整，在维持各单体特色的同时使整体保持一种和谐状态。如果在整个合作设计过程中没有任何的修改和调整，对于项目整体而言，各部分的协调将无从谈起。由此可见，总建筑师的工作能使局部的设计与整体的项目运作和谐共存，他不但作为设计成员的一部分，将自己的设计决策贯穿于全过程，同时作为协调者，在地块建筑师之间建立共同遵守的设计原则，在促使项目的整体方向得到保证的同时，最大限度地激励地块建筑师的合作积极性。

在实际的运作中，总建筑师常常采用两种决策方式。一种是引导和调整方式，即由总建筑师制定总平面和设计导则，并根据合作设计的进展对原先的总平面与设计导则进行调整。在与地块建筑师的合作过程中，他将设计目标引介给各地块建筑师，使其在必要的时候修改各自的设计。另一种为调整方式，即地块建筑师先各自发展自己的设计项目，然后由总建筑师对各项目的设计进行总体调整，使其既保持个体项目的特色，又能总体上彼此协调。为此，总建筑师往往设定若干设计元素，将其作为规范不同地块建筑师设计语言的基本方式。设计元素包括建筑、地块和城市公共设施等多个层次。表 5.4 列举了在实际运作中较常出现的设计控制元素。

表 5.4　设计控制元素的主要内容

<table>
<tr><th></th><th></th><th>设计元素</th></tr>
<tr><td rowspan="2">建筑</td><td>建筑</td><td>立面、屋顶、天沟、墙体、窗、围墙、照明、室内空间、楼梯、色彩</td></tr>
<tr><td>外部空间</td><td>广场、花园、人行道、路堤、基地边缘、绿化设计、大门、照明、座椅</td></tr>
<tr><td rowspan="2">街区</td><td>建筑</td><td>墙体、窗、娱乐室、太阳能板、入口大厅</td></tr>
<tr><td>外部空间</td><td>车道、人行道、广场、大门、路堤、绿化设计、基地边缘、照明设备、垃圾收集站、纪念物</td></tr>
<tr><td colspan="2">城市基础设施</td><td>车道、人行道、广场、路堤、河道及堤岸、桥梁、绿化、照明设备、花坛、座椅、招牌设计、色彩</td></tr>
</table>

来源：Collective Urban Design: Shaping the City as a Collaborative Process，2005，p172

3) 和谐特征的达成

合作设计的过程是一个充满变化的动态运作过程，其最重要的目标是在整体和谐基础上创造个体多样化的统一。在此过程中取得整体和谐的方式可以归结为三种：在整体和谐下的类似局部；多变整体状态下独立的局部；结构联系下的局部与整体（图 5.10）。

图 5.10 合作设计中取得和谐特征的三种方式
来源:Collective Urban Design: Shaping the City as a Collaborative Process,2005,p317

(1) 整体和谐下类似的局部

相似性的产生出于以下几种情况:

① 总建筑师评估设计、建议设计目标,并向地块建筑师提供设计信息以及修改设计的要求,修改会使各个局部设计表达相似的特质。

② 在合作设计的交流中,地块建筑师在材料使用、细部结构、设计语言表达和建筑与外部公共环境的塑造方面达成共识,遵循共同的设计原则,会使整体得以和谐地呈现。

③ 一个地块建筑师的设计特征在总建筑师的指导下被其他建筑师所采用,他的设计元素成为整体项目中被共同使用的基本元素。

④ 在设计发展的过程中,总建筑师通过设计导则(诸如共同的整体形态、建筑局部的共同特征等)提出特定的设计元素,被地块建筑师所采纳并加以发展,这种做法能促使地块建筑师创造相似的建筑特征。

有时地块建筑师并不能对设计要求取得一致的意见,这时总建筑师要对这些意见加以筛选,提出有效的解决途径,并使之贯彻于各地块建筑师的设计工作。一般而言,共同的设计元素,如形体、材质、细部、建筑小尺度的构件等可以使得各个建筑呈现相似的特征。

(2) 和谐整体下局部的个性化表达

在合作设计中,总建筑师作为建筑协调者的作用是相对薄弱的,更多的是作为建筑师的协调者出现。这使得地块建筑师对深化各自的设计有着相对较大的自由度,也使得各个建筑物自身具有较强的个性化特征。这样的合作过程有助于在整体的和谐下产生局部多样化的表达。多样化的实现有以下的几种途径:

① 当一个地块建筑师被给予一个与其他合作者不同的设计任务,并与他们的设计没有太大的关联,会使他的设计区别于其他建筑师的工作。

② 当各个地块建筑师在合作过程中提出各自的修改策略,并按各自的方式进行设计深化,会使各个局部具有独立的特征。

③ 当地块建筑师在设计一个具有空间、形态关联性的建筑时缺少与其他合作建筑师的交流、互通,也会使其特征区别于周边的建筑。

④ 在设计发展的过程中,地块建筑师根据项目的不同,各自有目的地在共同设计元素条目中选择部分因素进行设计,依据自己的个人理解进行设计元素的解读和表现,或者选用超出条目以外的设计因素进行设计表达等都会使局部建筑具有个性特征。

⑤ 总建筑师在制定总平面和设计指引时就对各个单体建筑的个体特征进行了描述，在交由地块建筑师深化时，由他们分别提出各自的设计元素选择，将这种建筑的独特表达方式进一步推进。

⑥ 总建筑师在总体考虑时就在整体结构中注意了各个地块可调整和更改的因素，随着项目的进展，他可以依据地块建筑师提出的修改建议进行调整，并将这种调整反馈于各个地块的同步设计。这样也会促使修改后的设计具有一定的独特性。

每个地块中建筑的特定表达是整体形态中的一部分，总建筑师在肯定这种多样性的同时必须保证整体项目的和谐、统一，不能因为个体间的差异而导致整体特征的丧失。

(3) 结构性联系下局部与整体的和谐

合作设计的关键在于将各个独立地块的设计纳入一个系统性的构架，各个体建筑也必然形成一个相互关联、联动的整体。总建筑师作为建筑师协调者的角色要在共同设计理念的基础上在各个地块建筑师之间创造这种联系。他要为各个地块建筑师在处理城市基础设计(人行道、绿化、街道家具)等方面的设计时提供顺畅的交流环境。在多地块模式下，每一个地块的建筑师通过交流达成共同的设计理解，这个前提将决定后续的设计发展过程。一个地块的设计特征只要对这种共同设计有利，就会被其他地块建筑师吸纳，并运用到所有的地块设计之中。同样，一个设计元素的提出也可借由这样的方式被引入合作设计。这时，一种共存的发展格局显现:这些建筑师将要考虑如何对已有的设计进行调整，以容纳新加入的设计元素，使设计的连贯性得以实现。这就是合作设计中的“设计联系”。

合作设计中的结构联系可以通过两种方式实现，一种是对设计目标的集体讨论，另一种是建筑师之间的局部协商。总建筑师与地块建筑师之间的讨论目标往往在于找出使所有参与各方都能满意的解决途径，而地块建筑师之间的协商则注重于局部利益之间的平衡。通过这种“讨价还价”，设计各方能够使相互疏离的独立设计成为一个有机的整体。

(4) 整体和谐与多样性的呈现

在合作设计中，建筑师们以两种方式进行讨论和设计运作，一种是放射模式，一种是集群模式(图 5.11)，它们将建筑师们的独立设计整合为一个整体。地块建筑师向其他参与者介绍其选择的设计细节，同时对其他建筑师的工作提出质疑，对设计问题交互性的讨论和建议有助于使不同项目的合作设计产生和谐。随着设计的深入，地块建筑师可以用不同的方式对设计导则进行解释，确定设计元素的范围。一旦这些不同的解释被合作群体所接纳，将在设计中体现出和谐与多样性的共存。实际上，设计导则是允许被建筑师以不同的方式解读的，它以语言进行描述，只涉及整体层面的基本愿景，而不牵涉设计的细节，为建筑师的后续操作留下足够的自由空间。

总建筑师作为专业的协调者解决各个地块建筑师之间的争执。有时他会选择一个地块建筑师的提议，排除非认同方面，将这个提议加以实施。而不同参与者对这些提议的理解程度和配合程度直接影响到对设计项目的最终结果，也正因为如此，在保持项目整体和谐的同时，各个地块的建筑呈现不同的特征。

总建筑师通过排除与项目整体性无关的因素，帮助地块建筑师寻找到有效地将自身设计关联到项目整体的途径。他的工作中始终存在一个简单的结构性概念，这种内在的结构联系使整体项目中的不同建筑保持着和谐与多样的共存。在实施项目的总体设计中，也因此不该是完整、终结性的，允许有一定的“空白”存在，为合作设计中的变化留有余地。在设计的发展阶段遵循着3个连续的过程：参与各方对设计意象的肯定对形式元素的肯定以及设计的实施。这三个阶段相互关联，形成如图5.12所示的环状结构。这些工作既是地块建筑师的工作范畴，也是总建筑师的工作范畴，他们的职能相互联系，并相互影响。这样的工作结构有助于将局部设计与整体设计整合，保证项目整体的协调和各个建筑的个性表达。

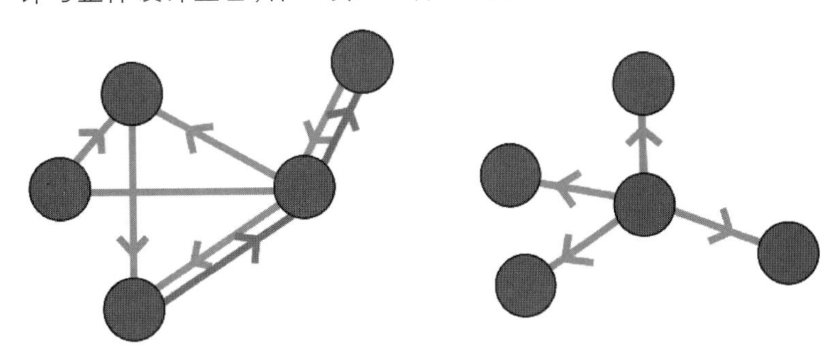

图5.11 合作设计中的联系方式（左图为集群模式，右图为放射模式）
来源：Collective Urban Design: Shaping the City as a Collaborative Process，2005，p320

4）设计过程的结构图解

（1）设计合作与设计交流的结构

总建筑师与地块建筑师之间的讨论逐渐使项目的整体和局部改变了原有的既定方案，向更有利于实际操作的方向发展。总建筑师可以接受地块建筑师的提议，同时地块建筑师也可以因总建筑师和其他建筑师的提议修改自己的设计，这样就形成了一个具有动态特征的连续运作过程。地块建筑师有几种方法发展自己的设计，比如消除在原先总平面中的相关特征，增加新的设计元素，改变原有设计元素条目，或将设计元素进行再次细分，增加原先总体设计中没有的相关特征等。他们在运作过程中不必遵守总体设计和设计导则的所有建议，可以有针对性地进行建议和修改。

合作设计的内容往往不是事先设定好的，一些特定的设计内容在不同时间段中才出现，这取决于建筑师们的交流和项目运作的发展状况。同时每一个建筑师在设计中的发展程度也不一样。当地块的设计中出现违背整体的和谐的状态，该地块的建筑师就必须修改他的设计。另一方面，总建筑师有时也需要修改总体设计的结构以满足局部调整的需要，调整后的总体设计将进一步作用于各个地块。这种连锁状的相互作用结果可以由图5.13表示。总建筑师和地块建筑师都需要调整自己的设计以适应外部条件和设计决策的改变，他们在项目的运作过程中应以寻求地块中显性或隐性的联系为目标。总建筑师通过行使自身的权力使地块建筑师创造某种程度的相似性、独立的建筑表达或者与其他相关设计的联系而达成不同地块中内在的相互作用。在设计发展阶段，互动作用在合作设计结构中渗透得越深，他们之间的协调将越彻底，所解决的问题也会越多，能将不同地块中设计的冲突减至最小。

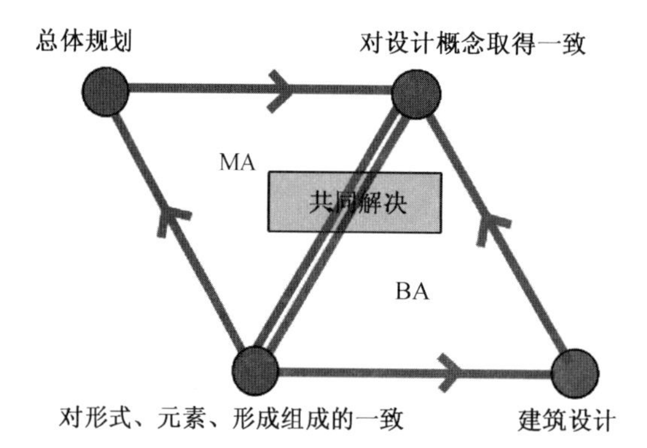

图 5.12 设计发展阶段 MA 和 BA 工作范畴
来源:Collective Urban Design: Shaping the City as a Collaborative Process,2005,p286

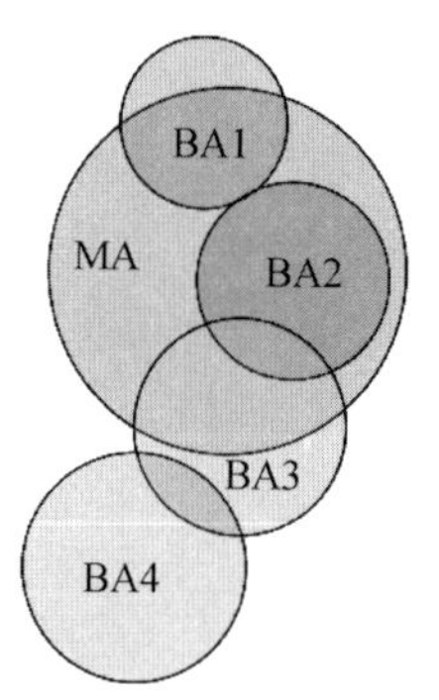

图 5.13 MA 和 BA 的关系
来源:Collective Urban Design: Shaping the City as a Collaborative Process,2005,p322

(2) *设计的发展结构*

在设计发展阶段,总建筑师与地块建筑师互动的程度可以由图 5.14 表示。首先,地块建筑师独立地进行设计的深化,可由 A1、A2、A3 表示。图中 C 表示在总建筑师协调下的项目整体,B 是由总建筑师和地块建筑师互动的结果,与项目中各个建筑的具体特征相关。左侧的图表具有类似的表达:第一行是总建筑师的职责范畴,与右侧图表中的 C 对应;第二行是地块建筑师的职责范畴,与 A 对应;第三行是总建筑师和地块建筑师共同的职责范畴,与 B 对应。

B1 是 A1 的一部分,表示 A1 中的一个更小的建筑特征;B2 是 A1 和 A2 共同建筑特征的一部分;B3 与 B2 有着细微的差别,因为它直接受到总建筑师的作用,总建筑师还对 A1、A2、A3 建议使用共同的设计特征;B4 与 B2 类似,是地块 2 和地块 3 自发联系的结果,是另一种建筑形态特征;B5 是 A3 的一个独立的建筑形态特征,同时受到总建筑师的支持。这样,B1 至 B5 是 A1、A2、A3 的设计发展和深化,表现出相同、相似或者独立的形态特征,并由总建筑师与各个地块建筑师之间互动的程度所决定。整体 C 是由若干小部分组成,这些小部分之间相互联系,并与更高一级的层次相联系,可以看作一个统一的复杂运作结构,由一系列的层次构成,同时又是构建更高一级城市区域设计运作的组成元素。在这个层级系统中,局部运作的作用在于它们是构建整体的组成环节,对整体运作的结果非常重要;同时不同局部的运作能够在总建筑师的统一协调下共存,折射出不同局部的建筑特征,并使之在整体的和谐中同步实现。

(3) *互动关系的动态结构*

在合作设计中,总建筑师与地块建筑师之间的互动最终影响到设计的结果。互动的程度越高,设计中所表现出的共同特征越多;同时地块建筑师之间的协作越多,整体的设计效果越强。因此,可以说运作整合的程度取决于多方互动的程度。有几种途径促使这种合作的整合:总建筑师可以定义互动的程度,地块建筑师也可以自发地加以决定。这种合作即使在实际运作中被不断地重新解释或讨论也一直保持。这体现了合作多方在项目整体运作中所导致的运作结果的动态。

通过图 5.15 可以看出,在合作设计中总建筑师与地块建筑师之间

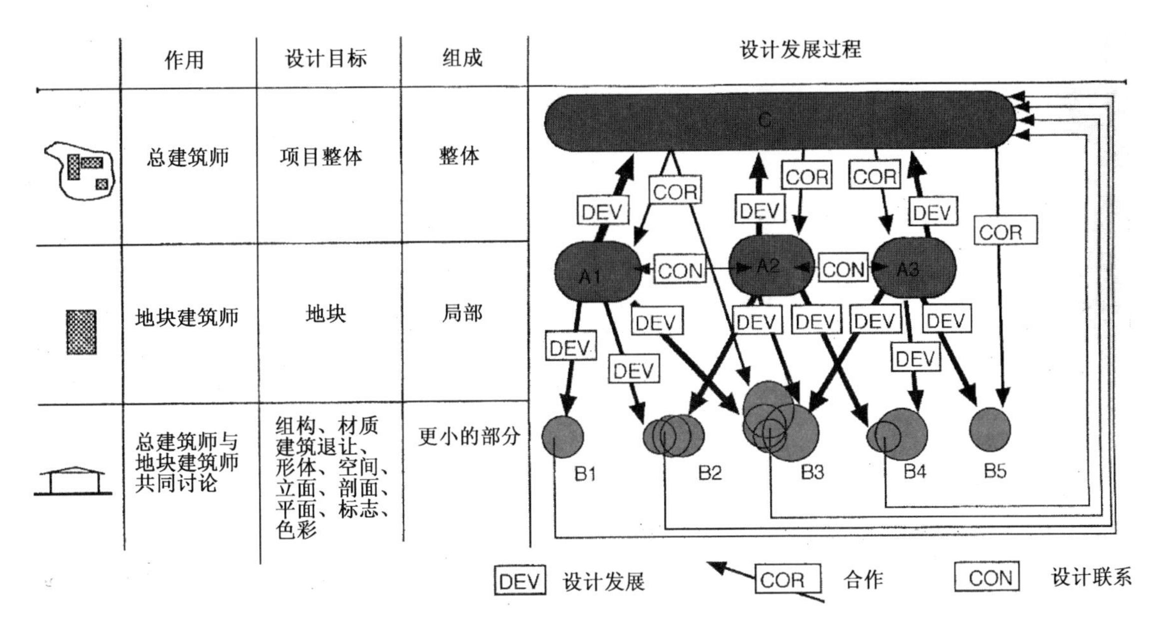

图 5.14 设计发展阶段总建筑师与地块建筑师的互动图解

来源:Collective Urban Design: Shaping the City as a Collaborative Process,2005,p323

实际上呈现出一种半网络关系,这种半网络结构存在于合作设计的各个层次,具有强烈的弹性特征,并由局部的运作影响到整体的运作效果。因此,总建筑师并不是按照一个固定的设计方案去实施,而要保持一定的弹性,允许局部的变动带来整体优化。

在合作设计中,如果想要得到一个这样充满弹性的运作效果,地块建筑师必须要与总建筑师分享设计的相似表达和相关的知识,使一个设计动因被合作的团体所接受。这也相应地对为什么应该由建筑师承担合作设计中协调者的角色的问题做出了回答。因为只有建筑师才能分享合作形式中的这个基本动态愿景,从各个尺度上(从建筑的细部到更大尺度的城市环境)了解与设计相关的知识和建筑语言的表达,并有效地与其他建筑师达成平等对话的状态。

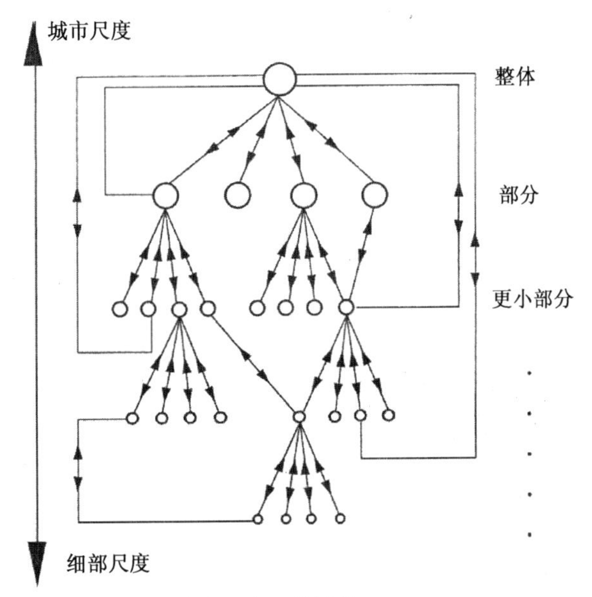

图 5.15 合作设计中的半网络结构

来源:Collective Urban Design: Shaping the City as a Collaborative Process,2005,p324

5) MA-BA模式的意义

如果说P. O. S模式还是一种以管控为主的城市建筑运作手段，那么MA-BA模式就完全是基于建筑师的工作方式，它所强调的是城市建筑运作中的非预设性和互动性。它不以宏观的整体目标作为出发点，但整体的协调与适配始终存在于总建筑师的视野中，通过与地块建筑师的良性互动，将局部的运作直接反馈于整体的操作层面，实现整体特征与局部特征的共同呈现。同时这一基本模式可以向更大的层面扩展，即每一个总建筑师调控的设计范围也是城市总体空间范围下的一个“地块”，配合总体层面的控制手段，可以为现代城市快速增长背景下城市的设计、运作策略提供另一条自下而上的实施途径。

对于我国现阶段而言，开发商对土地的获得主要通过土地竞标的方式，在项目的设计中将利益置于最为重要的位置，这就造成了城市局部之间种种不协调现象。除了一些重要的大型项目之外，较少有相应的设计运作措施对城市相邻地块之间的设计进行平衡。从城市规划和城市设计的角度，也缺少有效的管控手段调和、化解不同利益集团之间的利益冲突。很多的实际工作还有赖于建筑师的城市自觉。MA-BA模式无疑建立了一条有效的运作模式，在不同地块、不同利益、不同设计理念之间达成一种合作性的“默契”。可以说，该模式是针对我国目前城市发展状态的一种有效运作手段，应该得到有关部门的重视，并在实际的城市建设中逐步推展。

MA-BA运作模式的核心在于总建筑师职责的认定及其在合作设计中的权威性。在完全市场化的背景下，总建筑师的地位如果没有一定的制度进行保障，那么他在合作设计中的协调作用将无法完全呈现。对于我国而言，较为可行的方法是针对大面积开发的地段首先进行修建性详细规划设计或城市设计工作，由该设计单位或个人担任该地段的总建筑师，负责对不同地块的设计、开发进行总体的协调和控制。在责任认定的同时，赋予相应的权力，使其协调工作得到一定的制度保证，各地块的设计必须置于总建筑师的监管之下。

本章注释

1. 王建国. 城市设计[M]. 南京：东南大学出版社，1999：37-39.
2. 李浩.《城乡规划法》实施后的控制性详细规划[C]//中国城市规划学会. 规划创新：2010中国城市规划年会论文集，北京，2010：75.
3. 陈纪凯. 适应性城市设计：一种实效性的城市设计理论及应用[M]. 北京：中国建筑工业出版社，2004：66.
4. 周畅，崔愷，邓东. 建筑师的城市视角：一次关于城市与建筑的对话[J]. 建筑学报，2006(8)：46-52.
5. 参见本书第一章第二部分。
6. 童明. 政府视角的城市规划[M]. 北京：中国建筑工业出版社，2005：132.
7. 李浩. 控制性详细规划的调整与适应：控规指标调整的制度建设研究[M]. 北京：中国建筑工业出版社，2007：39.
8. 此为“南京城市空间形态及其塑造控制研究”项目，南京大学建筑学院，2007.
9. 王世福. 面向实施的城市设计[M]. 北京：中国建筑工业出版社，2005：153.
10. 陈纪凯. 适应性城市设计：一种实效的城市设计理论及应用[M]. 北京：中国建筑

工业出版社,2004:143-147.
11. 高源.美国城市设计运作研究[M].南京:东南大学出版社,2006:14.
12. 泰勒.1945年后西方城市规划理论的流变[M].李白玉,陈贞,译.北京:中国建筑工业出版社,2006:151.
13. 王建国.城市设计[M].南京:东南大学出版社,1999:230.
14. 冯现学.快速城市化进程中的城市规划管理[M].北京:中国建筑工业出版社,2006:234-235.
15. 王建国.城市设计[M].南京:东南大学出版社,1999:239.
16. 王世福.面向实施的城市设计[M].北京:中国建筑工业出版社,2005:214.
17. 进化的实验:艾克斯罗德做了一个实验,邀请多人来参加游戏,得分规则表述为:A和B各表示一个人,选择C代表合作,选择D代表不合作,如果A、B都选择C合作,则两人各得3分;如果一方选C,一方选D,则选C的得零分,选D的得5分;如果A、B都选D,双方各得1分。什么时候结束游戏是未知的。他要求每个参赛者把追求得分最多的策略写成计算机程序,然后用单循环赛的方式将参赛程序两两博弈,以找出什么样的策略得分最高。
18. 蔡瑜,支文军.中国当代建筑集群设计现象研究[J].时代建筑,2006(1):20-29.
19. 石楠.Zoning·区划·控制性详规[J].城市规划,1992,16(2):53-54.
20. 陈一新.建筑设计控制:读"法国城市规划中的设计控制"有感[J].城市规划,2003(12):71-73.

参考文献

外文专著

1. ALLEN S. Points+Lines [M]. New York: Princeton Architecture Press, 1999.
2. ARNHEIM R. The Dynamics of Architectural Form [M]. Berkely: University of California Press,1977.
3. ATTOE W, LOGAN D. American Urban Architecture: Catalysts in the Design of Cities [M]. Berkely: University of California Press, 1992.
4. BUNSCHOTEN R. Urban Flotsam [M]. Rotterdam: 010 Publishers, 2001.
5. CHI T N. Urban Flashes [M]. Taipei: Garden City Publishing Co Ltd,2002.
6. CUTHBERT A R. The Form of Cities [M]. Oxford: Blackwell Publishing Ltd, 2006.
7. ELLIN N. Postmodern Urbanism [M]. New York: Princeton Architectural Press, 1999.
8. GALLION A B, EISNER S. Urban Pattern [M]. 6th ed. New York: Van Nostrand Reinhold,1986.
9. GIFFORD J L. Transportation Planning Methods [C]//Flexible Urban Transportation. Amsterdam: Elsevier, 2003.
10. HALL P,Pfeiffe U. Urban Future 21 [M]. London: E & FN Spon, 2000.
11. HAYS K M. Architecture Theory since 1968 [M]. Cambridge: The MIT Press, 2000.
12. HOLL G P. City of Tomorrow [M]. 3rd ed. Malden: Blackwell Publishing,2002.
13. KOOLHAAS R, MAU B. S, M, L, XL [M]. New York: The Monacelli Press,1995.
14. LAI S K. Self-Organized Criticality in Urban Spatial Evolution [M]. Amsterdam: Gordon and Breach Science Publishers, 1997.
15. MVRDV. Far Max [M]. 3rd ed. Rotterdam: 010 Publishers, 2006.
16. PANERAI P. Analyse Urbanie [M]. Paris: Editions Parentheses, 1999.
17. PARKER S. Urban Theory and the Urban Experience [M]. New York : Routledge, 2003.
18. POWELL K. City Transformed: Urban Architecture at the Beginning of the 21st Century [M]. Krefeld: The Neues Publishing Company,2000.
19. RICHARD T. Le Gates, Frederic Stout, The City Reader [M]. New York : Routledge, 2007.
20. ROSSI A. The Architecture of the City [M]. Cambridge: The MIT Press, 1984.
21. SHANE D G. Recombinant Urbanism [M]. London: Wiley-Academy, 2005.
22. SIEVERTS T. Cities without Cities[M]. New York : Routledge, 2003.
23. SINGH V N. Spatial Urban Pattern and Growth of Urbanization [M]. New Delhi:Interindia Publications, 1986.
24. SLATER T R. The Built Form of Western Cities [M]. Leicester: Leicester University Press,1990.
25. SOUTHALL A. The City in Time and Space [M]. Cambridge: Cambridge University Press, 1998.
26. TAFURI M. Architecture and Utopia [M]. Cambridge: The MIT Press,1976.

译著

1. 埃森曼. 彼得·埃森曼:图解日志[M]. 陈欣欣,何捷,译. 北京:中国建筑工业出版社,2005.
2. 奥斯本,鲁宾斯坦. 博奕论教程[M]. 魏玉根,译. 北京:中国社会科学出版社,2000.
3. 奥斯瓦德,贝克尼. 大都市设计方法:网络城市[M]. 孙晶,乐沫沫,译. 北京:中国电力出版社,2007.
4. 波普尔. 开放的宇宙[M]. 李正本,译. 北京:中国美术出版社,1999.
5. 巴奈特. 开放的都市设计程序[M]. 舒达恩,译. 3 版. 台北:尚林出版社,1983.
6. 根特城市研究小组. 城市状态[M]. 敬东,译. 北京:中国水利水电出版社,2002.
7. 哈耶克. 自由秩序原理[M]. 邓正来,译. 北京:生活·读书·新知三联书店,1997.
8. 卡莫纳,希思,欧克,等. 城市设计的维度[M]. 冯江,袁粤,万谦,等译. 南京:江苏科学技术出版社,2005.
9. 科斯托夫. 城市的形成[M]. 单皓,译. 北京:中国建筑工业出版社,2005.
10. 科斯托夫. 城市的组合[M]. 邓东,译. 北京:中国建筑工业出版社,2008.
11. 克鲁夫特. 建筑理论史[M]. 王贵祥,译. 北京:中国建筑工业出版社,2005.
12. 拉兹洛. 系统哲学引论:一种当代思想的新范式[M]. 钱兆华,熊继宁,译. 北京:商务印书馆,1998.
13. 林奇. 城市形态[M]. 陈朝晖,邓华,译. 北京:华夏出版社,2003.
14. 林奇. 城市意向[M]. 方益萍,何晓军,译. 北京:华夏出版社,2001.
15. 林奇,海克. 总体设计[M]. 黄富厢,吴小亚,译. 北京:中国建筑工业出版社,1999.
16. 卢本. 设计与分析[M]. 林尹星,薛皓东,译. 天津:天津大学出版社,2003.
17. 卢原义信. 外部空间设计[M]. 伊培桐,译. 北京:中国建筑工业出版社,1985.
18. 罗,科特. 拼贴城市[M]. 童明,译. 北京:中国建筑工业出版社,2003.
19. 麦克哈格. 设计结合自然[M]. 芮经纬,译. 天津:天津大学出版社,2006.
20. 迈因策尔. 复杂性中的思维[M]. 曾国屏,译. 北京:中央编译出版社,1999.
21. 芒福德. 城市发展史[M]. 宋俊岭,倪文彦,译. 北京:中国建筑工业出版社,2005.
22. 美国城市土地协会编. 联合开发:房地产开发与交通的结合[M]. 郭颖,译. 北京:中国建筑工业出版社,2003.
23. 培根. 城市设计[M]. 黄富厢,朱琪,译. 北京:中国建筑工业出版社,2003.
24. 皮亚杰. 结构主义[M]. 倪连生,王琳,译. 北京:商务印书馆,1984.
25. 普利高津. 确定性的终结[M]. 湛敏,译. 上海:上海科技教育出版社,1998.
26. 斯泰西. 组织中的复杂性和创造性[M]. 宋雪峰,译. 成都:四川人民出版社,2000.
27. 西特. 城市建设艺术[M]. 仲德崑,译. 南京:东南大学出版社,1990.
28. 亚历山大,奈斯,安尼诺,等. 城市设计新理论[M]. 陈治业,童丽萍,译. 北京:知识产权出版社,2002.
29. 亚历山大,西尔佛斯坦,安吉尔,等. 俄勒冈的实验[M]. 赵冰,刘小虎,译. 北京:知识产权出版社,2002.
30. 詹克斯,伯顿,威廉姆斯. 紧缩城市[M]. 周玉鹏,龙洋,楚先锋,译. 北京:中国建筑工业出版社,2004.
31. 詹克斯,克罗普夫. 当代建筑的理论和宣言[M]. 周玉鹏,雄一,张鹏,译. 北京:中国建筑工业出版社,2005.

中文专著

1. 陈纪凯. 适应性城市设计:一种实效的城市设计理论及应用[M]. 北京:中国建筑工业出版社,2004.
2. 段进. 城市空间发展论[M]. 南京:江苏科学技术出版社,1999.
3. 方可. 当代北京旧城更新[M]. 北京:中国建筑工业出版社, 2000.
4. 高源. 美国现代城市设计运作研究[M]. 南京:东南大学出版社,2006.

5. 顾朝林,甄峰,张京祥. 集聚与扩散:城市空间结构新论[M]. 南京:东南大学出版社,2000.
6. 韩冬青,冯金龙. 城市・建筑一体化设计[M]. 南京:东南大学出版社,1999.
7. 扈万泰. 城市设计运行机制[M]. 南京:东南大学出版社,2002.
8. 黄亚平. 城市空间理论与空间分析[M]. 南京:东南大学出版社,2003.
9. 李浩. 控制性详细规划的调整与适应[M]. 北京:中国建筑工业出版社,2007.
10. 刘捷. 城市形态的整合[M]. 南京:东南大学出版社,2003.
11. 刘先觉. 现代建筑理论[M]. 北京:中国建筑工业出版社,1999.
12. 卢济威. 城市设计机制与创作实践[M]. 南京:东南大学出版社,2005.
13. 陆地. 建筑的生与死:历时性建筑再利用研究[M]. 南京:东南大学出版社,2004.
14. 马文军. 城市开发策划[M]. 北京:中国建筑工业出版社,2005.
15. 齐康. 城市建筑[M]. 南京:东南大学出版社,2001.
16. 童明. 政府视角的城市规划[M]. 北京:中国建筑工业出版社,2005
17. 汪丽君,舒平. 类型学建筑[M]. 天津:天津大学出版社,2004.
18. 王富臣. 形态完整:城市设计的意义[M]. 北京:中国建筑工业出版社,2005.
19. 王建国. 现代城市设计理论与方法[M]. 南京:东南大学出版社,1991.
20. 王建国. 城市设计[M]. 南京:东南大学出版社,1999.
21. 王诺. 系统思维的轮回[M]. 大连:大连理工大学出版社,1994.
22. 王世福. 面向实施的城市设计[M]. 北京:中国建筑工业出版社,2005.
23. 王文卿. 城市地下空间规划与设计[M]. 南京:东南大学出版社,2000.
24. 吴彤. 自组织方法论研究[M]. 北京:清华大学出版社,2001.
25. 张兵. 城市规划实效论:城市规划实践的分析理论[M]. 北京:中国人民大学出版社,1998.
26. 曾国屏. 自组织的自然观[M]. 北京:北京大学出版社,1996.

期刊论文

1. 陈果,顾朝林. 网络时代的城市空间特征及演变[J]. 城市规划汇刊,2000(1):33-44.
2. 陈纪凯,姚闻青. 现代城市设计理论多元转向及其启示[J]. 华中建筑,2000(3):77-80.
3. 高源,王建国. 城市设计导则的科学意义[J]. 规划师,2000(5):37-46.
4. 韩冬青. 谈建筑策划中的城市意识[J]. 规划师,2001(5):16-18.
5. 何春阳. 陈晋,史培军. 基于 CA 的城市空间动态模型研究[J]. 地球科学进展,2002(2):188-195.
6. 黎夏,叶嘉安. 基于神经网络的单元自动机 CA 及真实和优化的城市模拟[J]. 地理学报, 2002,57(2):159-166.
7. 黎夏,叶嘉安. 基于元胞自动机的城市发展密度模拟[J]. 地理科学,2006(4):165-172.
8. 李诗和. 系统哲学与整体性思维方式[J]. 系统辩证学学报,2002(2):25-28.
9. 刘洋. 混沌理论对建筑与城市设计领域的启示[J]. 建筑学报,2004(6):32-34.
10. 王湘君. 从理性的起源走向辩证的终极:读《辩证的城市》有感[J]. 新建筑,2002(3):65-69.
11. 席晓涛. 剖面思维解析[D]. 南京:东南大学,2005.
12. 许念飞. 南京新街口街区形态发展变迁研究 [D]. 南京:南京大学,2004.
13. 熊国平. 90 年代以来我国城市形态演变的特征[J]. 新建筑,2006(3):18-21.
14. 余颖,陈炜,王立. 城市结构:理性还是非理性[J]. 城市发展研究,2001(6):39-43.
15. 张杰,吕杰. 从大尺度城市设计到"日常生活空间" [J]. 城市规划, 2003(9):40-45.

16. 周畅,崔恺,邓东. 建筑师的城市视角:一次关于城市与建筑的对话[J]. 建筑学报,2006(8):46-52.
17. 朱东风. 非线性对城市规划的影响[J]. 规划师, 2003(6):84-89.
18. 朱嵘,俞静. 从"建筑语汇"到"城市设计语汇":《城市设计图说》评介思考[J]. 新建筑,2006(4):117-119.
19. 庄宇. 城市设计的实施策略与城市设计制度[J]. 规划师,2000,16(6):55-57.
20. 莫拉莱斯. 现在与未来:城市中的建筑学[J]. 张钦楠,译. 建筑学报,1996(10):6-11.
21. 施蒂曼. 图底城市[J]. 董一平,译. 时代建筑,2004(3):32-47.

结　语

本书作为建筑设计学习的参考，旨在为未来的建筑设计从业者提供一个体察建筑现象的“广角镜”，使其从纯粹的建筑学本体中跳脱出来，居于更高的视角观察和研读城市建筑，在充分认知城市系统复杂性的基础上，建构科学的建筑观。作为建筑设计从业者的参考，本书旨在提供建筑本体的功能与形态逻辑框架，曾经隐性存在的设计操作在建筑城市性(Urbanism)的建构下将建筑设计与城市系统的动态演进牢牢地栓接，使建筑设计具有更为强烈的“在地性”。作为城市建设管理者的参考，本书倡导以微观、渐进、动态的监管视角，在“存量”社会里，以多维的价值取向和精细化的空间管控措施，实现有限的城市空间内的系统效益最大化。无疑，无论从理论与实践角度，“建筑城市”的理念均具有强烈的现实意义。

城市建筑就是城市系统中的一个元素。在演进过程中，城市由建筑的累积、发展而成；同时，随着城市系统的发展也影响、促生了建筑的演化、更迭。在建成环境的语境下，从来就没有孤立存在的建筑可以提供单独的审美、使用。在经历了快速的城市化发展阶段，目睹太多无视城市与建筑设计内在逻辑关联的现象之后，我们真的到了一个以建筑或城市为中心转为将建筑与城市的互动为讨论基础的阶段。此时，城市成为建筑设计生成的逻辑与背景，建筑成为城市实施效能的保障和机会。此时，建筑对城市空间的填充、置换表象上呈现出“生长”的特征，但已不同于单纯的空间占据和资源的利用，从而与传统的建筑与城市关系做出了严格的区分。“建筑城市”从不自觉的自然生长演化成能使建筑与城市系统更具效能的主动行为。这既是城市走向有机、高效的可能，也是建筑的一种必然状态。

本书的研究基于城市的物质空间，但由于研究的出发点在于复杂系统构架下的局部与整体互动关系，因此其适用性不仅面向城市与城市建筑。在讨论城镇与村落的建成环境时，也具备一定的话语指向。未来的学科发展和职业范畴均将超出狭义的建筑学领域，在纵深发展的同时显现出极大的横向整合趋势。建筑学或许将真正地实现对本源的回归，而城市永远是其中永恒不变的主题之一，与城市建筑相生相伴，同步演进。

这，才是建筑城市的正解。